U0198986

LANDSCAPE GRAPHICS

景观设计制图与表现

（韩）张泰贤　著
王丽芳　译

辽宁科学技术出版社
沈　阳

图书在版编目（CIP）数据

景观设计制图与表现 /（韩）张泰贤著；王丽芳译. —沈阳：辽宁科学技术出版社，2012. 7
ISBN 978-7-5381-7495-3

Ⅰ. ①景… Ⅱ. ①张… ②王… Ⅲ. ①景观—园林设计—建筑制图 Ⅳ. ①TU986.2

中国版本图书馆CIP数据核字（2012）第101886号

出版发行：辽宁科学技术出版社
（地址：沈阳市和平区十一纬路29号 邮编：110003）
印 刷 者：辽宁美术印刷厂
经 销 者：各地新华书店
幅面尺寸：285mm×210mm
印 张：15
字 数：300千字
出版时间：2012年7月第1版
印刷时间：2012年7月第1次印刷
责任编辑：闻 通
封面设计：Linna
版式设计：李 彤
责任校对：栗 勇

书 号：ISBN 978-7-5381-7495-3
定 价：48.00元

投稿电话：024-23284740
投稿信箱：windy-t@hotmail.com
邮购热线：024-23284502
http://www.lnkj.com.cn
本书网址：www.lnkj.cn/uri.sh/7495

作者简介

张泰贤 1943年10月出生于首尔
（韩国）弘益大学 建筑工学系 毕业
（韩国）弘益大学 环境大学院 景观设计专业（美术学）硕士
（韩国）弘益大学 大学院 城市规划专业（工学）博士
现任 清州大学理工学院环境学部环境景观学系教授（1981年3月始）
经历：韩国景观学会副会长，夏天景观学校校长
清州大学产业科学研究所、城市地域开发研究所所长
清州大学理工学院院长兼产业经营大学院院长
中央建设审议委员，忠清北道地方建设技术审议委员
清州市地方建筑委员
作品：《景观设计制图技法》（共著），技文堂，1981年
《景观设计表现技法》（共译），技文堂，1990年
《景观制图·表现Ⅰ，Ⅱ》，图书出版 造景，1994年

前　言

景观设计经历了30多年的发展，已经取得了显著的成果。该领域与其相邻的环境设计和建筑设计领域相比毫不逊色，世人有目共睹。

景观设计发展到今天，我们要感谢那些不遗余力地为此做出奉献的各位专家学者，同时，也要感谢那些与制图、表现技法相关的其他图书所做出的贡献。

但是，我们也必须承认，景观设计在不断的发展过程中，无论是与相邻技术领域协力发展，还是在授课时，都因某些失误导致了基本制图的技法仍然还不完善，也经常有一些谬误。

本书从现存的这些问题出发，为弥补上一版的不足，出版此修订版。当今世界的发展对计算机的依赖程度越来越高，但是以准确的语言表达和以手绘为基础的景观设计方法依然占据着非常重要的位置。

时代的变迁带来了技术的进步，技术的发展又促进了时代的前进，这是毋庸置疑的真理。但是，“景观设计”的基本概念和“依赖于人工手段”的沟通方式是不会改变的，这就需要我们不断地摸索如何理解信息的基本内容和表现方式。

本书立足于上述主旨，主要介绍了景观制图的基本原则和表现技法，即：本书不是一本仅介绍理论的书籍，而是一本指导实际应用的实践性书籍。

图示语言是世界各国的共通语言，它在不同地域、不同国家间都可以作为技术交流上的一种表现手法。

无论时代如何变迁，设计内容如何更新，图示语言作为一种基础语言也不能以变革之名随意加以改变。即使改变势在必行，也必须在取得世界各国共识的前提下才有可能进行。同时，作为介绍表现技法的本书，也肯定不会成为古板的教科书。

如果把图示语言（制图）看成语言沟通中的修饰成分，并根据设计内容、深入情况以及个人的能力和需要，将其作为如强调、省略或感官性表达要素使用，则会取得很好的效果。

在此基础上，如果本书可以进一步激发读者通过自己的方式开拓个人能力，笔者将甚感欣慰。希望本书可以做到这一点。

制图过程中，设计意图的表达，应该选用什么材料、何种工具，以及通过哪种方式表现，这些都需要在设计进行阶段以及沟通过程中根据具体需要选择最为有效的解决方法。正因为如此，其表现方式也会随时发生变化。

本书主要介绍作为基础工具的铅笔和墨水笔，在肯特纸和描图纸上使用的水彩笔，还有彩色铅笔等多种辅助色彩工具的使用方法。

在各大高校的授课过程中，有的将制图和表现技法区分开来，有的则将两者融为一体。在本书中，将制图和表现技法有机地融合在一起的同时，在体例编排上，又将其区分为两个不同的部分和阶段。

本书所介绍的内容作为一个学期的学习量来说，强度多少有些偏大。但是，不管何时，本书都重视并强调各种实践体验的重要性，同时也希望本书能够成为广大读者的良师益友。

我相信，学习实践过程中会有枯燥、痛苦和苦闷，但是只要坚信会收获“艺术性环境创造果实”的甘甜和喜悦，就一定可以坚持下去并取得成功。

本书肯定存在一些不足之处，期待大家毫无保留地批评指正。今后笔者会不断地改善，特别是不断补充完善细部设计表现方面的实例，希望会把书写得越来越好。

在这里，感谢在本书编辑和校正过程中给予笔者大力帮助的（韩国）清州大学景观系的徐远溢、林炳云及各位研究生同学。

最后，借此机会，再次向一直为我们提供宝贵资料和协助的众多景观设计事务所，特别是SYNWHA经营咨询公司（株）表示由衷的感谢！

2006.8

清州 牛岩山麓

编者 按

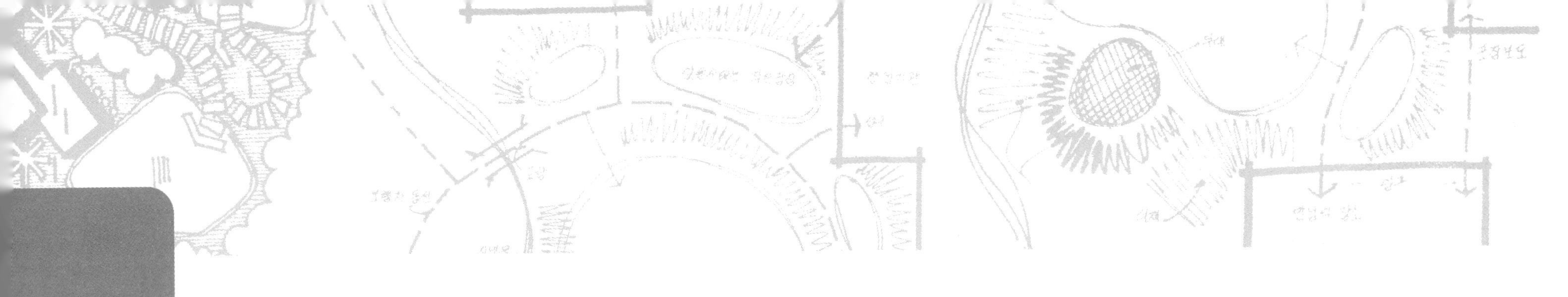

目录

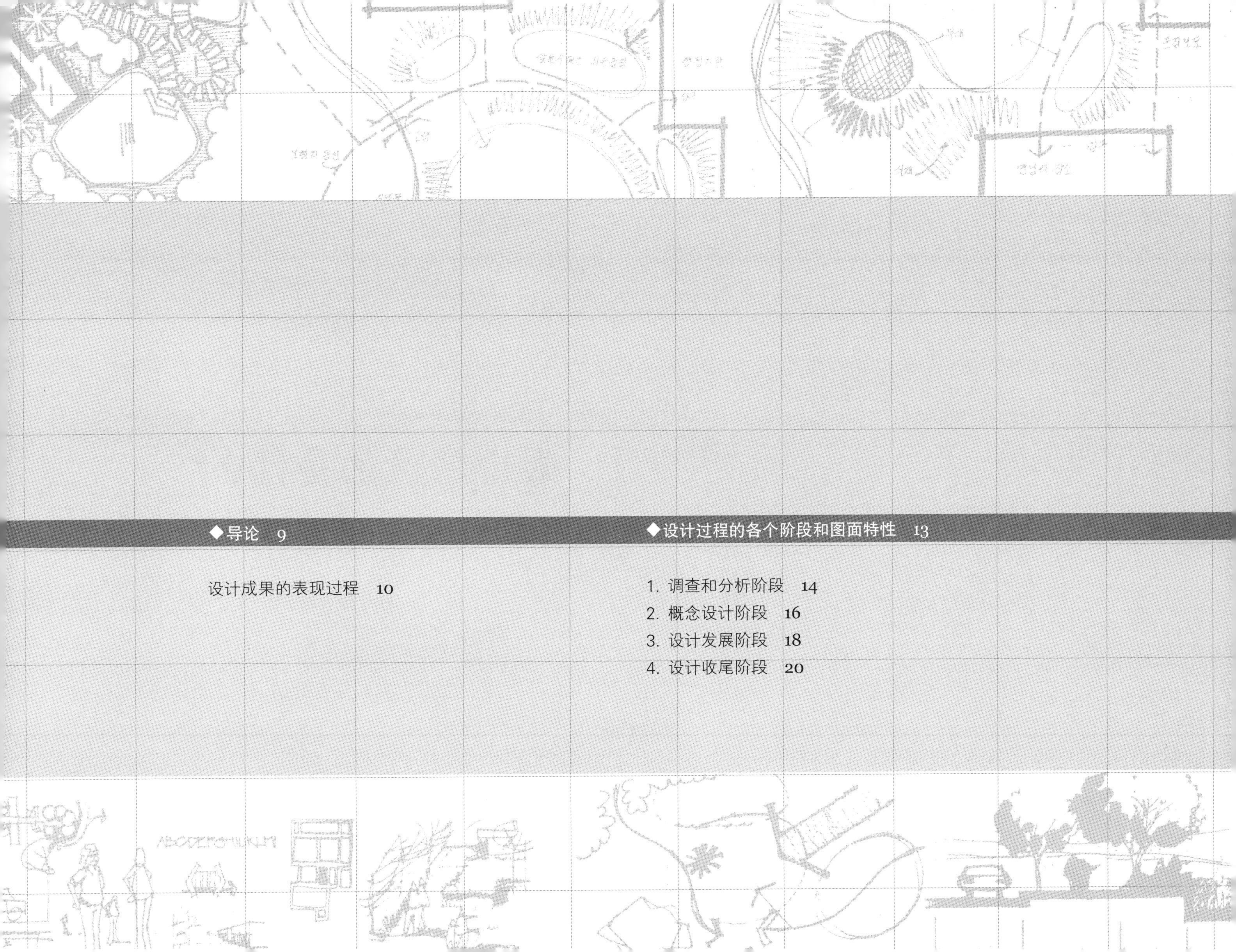

Ⅰ. 表现的目的是什么?

I. 表现的目的是什么?

◆ 导论

【美术作品展示会】

设计成果的表现过程

人们可以通过各种各样的方式表达自己对美的感受。就像音乐或者诗歌、文学、舞蹈、美术等那样，追求美的目标都是一致的，只是它们的表现方法和时间性要素有所不同而已。

通过听觉来感知的音乐，从时间来看它是持续存在的。视觉艺术则是通过空间、形态、色彩等传递美感，它是视觉的，也是可瞬间感知的。

如果说这两者之间存在本质的区别，就只是存在于美感刺激相互间的空间性、时间性间隔的性质差异之中。即：音乐是一种在时间上持续的音调（节拍）；视觉艺术则是空间、形态、色彩、明暗等因素相互刺激间的差异。

舞蹈则是一种介于这两种艺术间的所谓的“视觉音乐”。

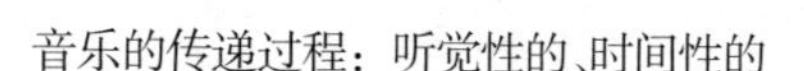

音乐的传递过程：听觉性的、时间性的

美术的传递过程：视觉性的、即时性的

舞蹈是视觉音乐

1）设计的意义和过程

作为视觉艺术其中之一的设计，是将设计的各种要素有机地组合在一起，并通过某种方法展示其效果的一种实施方案。

换言之，所谓的设计就是按照人们的生活目标，规划既具有实用性又具有美感的形态，并把它们展示出来的过程。

即：首先在脑海中勾画形态样貌，然后制图，最后精密研究讨论使用的材料、制作方法等。

通过这样的过程来进行设计，需要我们很好地把握要使用材料的特性以及相应的使用方法。

另外，必须详尽了解处理材料时所使用工具的方法。如同不同的材料具有不同的特性一样，工具在使用上也同样具有不同的特征。

同时，设计的结果就是我们使用合适的工具，按照技术需求选择合适的材料而得出的。

对使用工具的特性把握

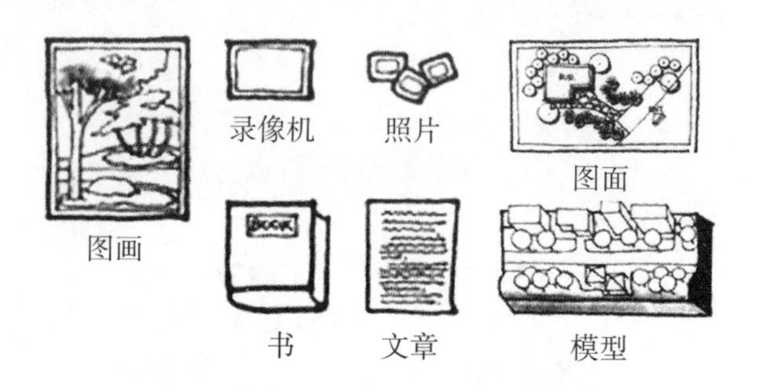

【可以通过视觉传递的媒体】

【有效的传递方法——同时使用各种不同的传递媒体】

相同目的下，情况不同，方法也有所不同

制图有两种目的：创新思维、向外界传递信息

2）设计目的的理解

我们在表达自己的想法和意图时可以有各种不同的方式。可以采用可视性的文章方式，可以通过印刷或漂亮的书写或绘画的过程来表达，也可以采用一些更为高效的方式，比如照片、幻灯片、音频、视频等，更可以通过二维图面和三维模型等更精确地传达个人的想法和计划。

最为理想的状态是综合利用上述的影像、音频、视频以及图面和模型等方式，立体地去传达自己的想法。但是在实际操作中，我们总是要根据实际需要及时间、经济等各方面的限制，有选择地去使用合适的表达方式。在这里，我想强调利用制图法来传递想法的重要性。这种方法就是动员所有有可能的传递媒体，最大限度地达到传达个人想法的目的。下面，就制图的意义和表现方法做详细的说明。

景观设计中的制图是指为了按照预定目的，在达成空间感和一定形态之前，预测可能的结果以及各种问题，尝试画出合适大小、可视的图面的一种行为。在这个过程中，相比较制图者的个人兴趣等而言，设计内容本身更为重要。所以，景观设计中的制图不是作者的随性发挥，而是必须按照设计内容的要求正确表达出来的创造成果。

从这个意义出发，制图包含两层目的：第一，设计者不断地开发创新设计思维；第二，用这种方式向外界和他人传递设计信息。这属于总括的设计目的表述，其具体表现方式随设计过程和图面的特性等会有所变化，图面的目的也会有所变化。

为了达成这样的设计目标，并寻求恰当的接近方法，我们应该熟练地运用一般制图、徒手制图、字体设计等技巧，然后灵活运用，进一步思索应该如何表现设计的过程。

最终可以这样认为，为了正确表现我们的目的，就必须熟知如上所述的各种基础事项。当然，更重要的是首先必须明确我们的目的是什么。

图面因其特性不同表现技法也不同

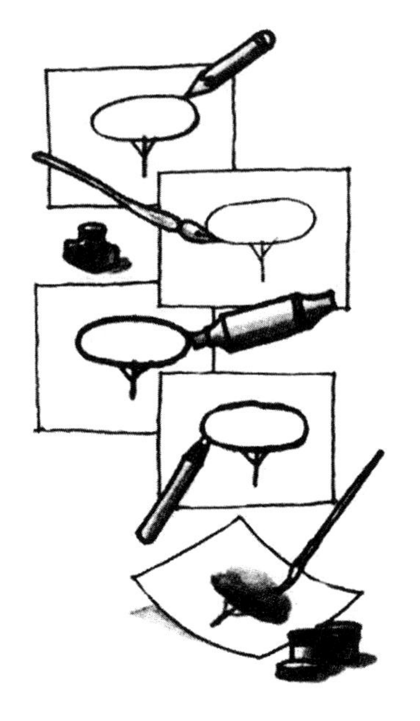

【工具带来的效果差异】

◆ 设计过程的各个阶段和图面特性

图面随其表现技法的不同可以获得不同的效果，技法得当可以给人留下非常深刻的印象。那些表现犀利、整洁、重点突出有力的图面总能比不简洁、迟缓的图面给人留下更强烈的印象。有时这也可以成为决定最终结果的重要原因。但是，图面本身并不能成为最终的手段，它在整个设计过程中更重要的是起到一种工具的作用。即：设计在不断形象化的过程中，设计思路需要不断地更新，设计者也在不断地讨论分析具体内容，这对设计的最终完成会有很大的帮助。因此，图面的特性或者表现技法也会随之发生变化。初期阶段的图面可能只是简单的速写，后期方案中就会要求图面更加精密、更加体系化。但是，不管图面的特性如何，也不管它处于何种设计阶段，为了让设计最终得到实现而图面内容技巧的方式是不可行的，制图者应该认真考虑看图者将如何理解并根据具体情况继续绘图。

在制图时，应尽可能追求不需要任何语言上的追加说明就可以完全传达自己设计意图的目标。但有时也会出现如果不加以口头或者文字说明就无法尽善尽美的情况。无论如何，图面的目的就是传递设计信息，所以应该排除任何妨碍其明确性的因素。

为了更有效地传递表达有关设计的信息，可以使用一些成品化的材料来取得特殊的效果。如：色彩的使用、立体表现或者制图效果等，关于这些材料的说明及使用方法请参照相关专业书籍。

设计内容是按照合理的计划依次进行的，但在此基础上使用的不断完善设计的方法是主观的、直观的，它特别重视创造性和艺术性，这一点与一般的计划过程形成了对比。

设计中所使用的图面表现方法没有普遍性，而是多种多样的。它在很大程度上也要依赖于个人的素养、努力程度、经验、美感等。因此，为了培养这种能力，需要设计者保持持续的创新姿态和进行不懈的努力。

使用材料的不同其表现效果也会不同。这里提及的材料，不管是干性材料还是湿性材料（材料按其使用方法可以有很多种不同的分类），都应尽可能按照一般性的表现方法来加以说明。

1. 调查和分析阶段

为了制定大致的设计方案，我们需要收集基本资料并进行分析。为了方便起见，一般把设计项目的全部问题点划分为几个小的分类。

景观设计规划及其分析一般可以分为物理生态分析、社会形态分析和视觉美学分析等三个方面，下面将就这几个方面做详细说明。

◆ 分析目标及其表现的特性

1）目标

·在调查分析阶段，景观设计师将会收集基地周围的物理环境特性、背景及影响等方面的信息资料。

·所谓调查是指记录所收集的信息资料，而对这些资料进行主观解释说明的过程则是分析。

·这里所说的分析内容将成为设计方案最终完成的基础依据。

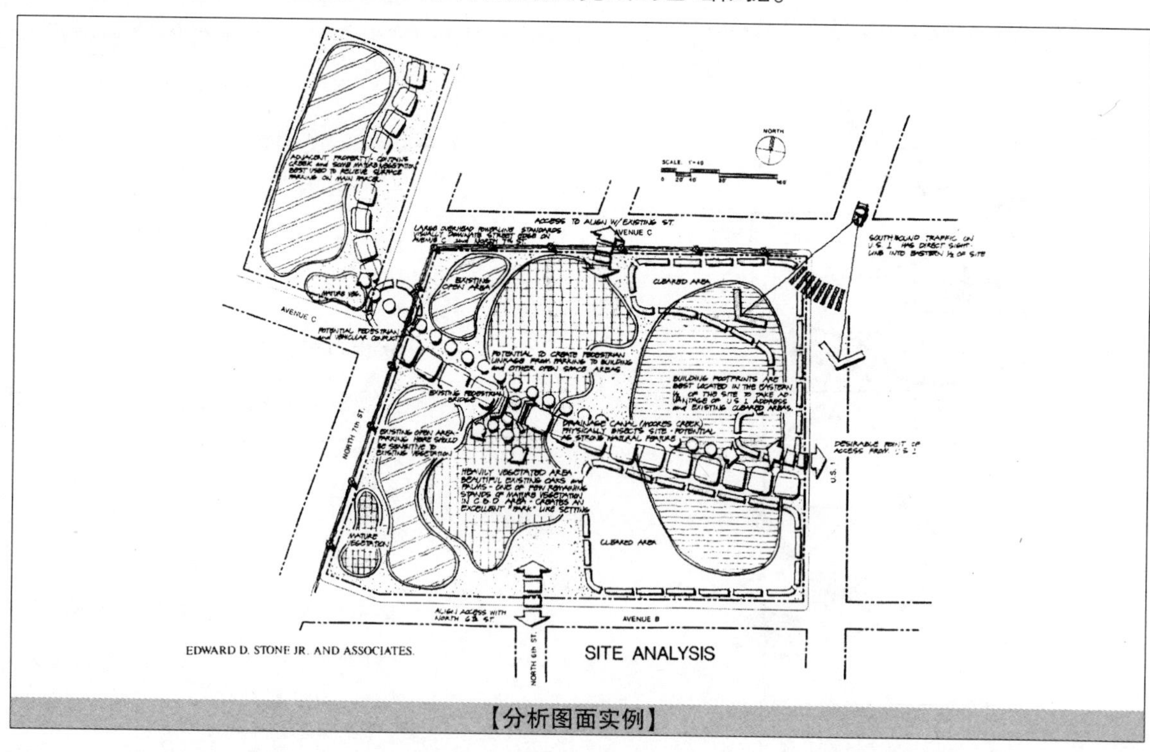

【分析图面实例】

【整理个人想法阶段的图面】

2）表现的特性

·可以将调查和分析内容分开制图，也可以根据实际情况综合制图。

·调查或分析内容都应做到详细精密，但在实际表现时则应概括粗略。因为我们的最主要目标是优先把握相关信息，而不是表现其实际形态。

·所表现出的内容会在随后的设计中有所体现，由于这种表现内容是通过抽象的概念来体现调查对象的形态的，这就决定了它不可能与最终阶段的设计表现完全一致。

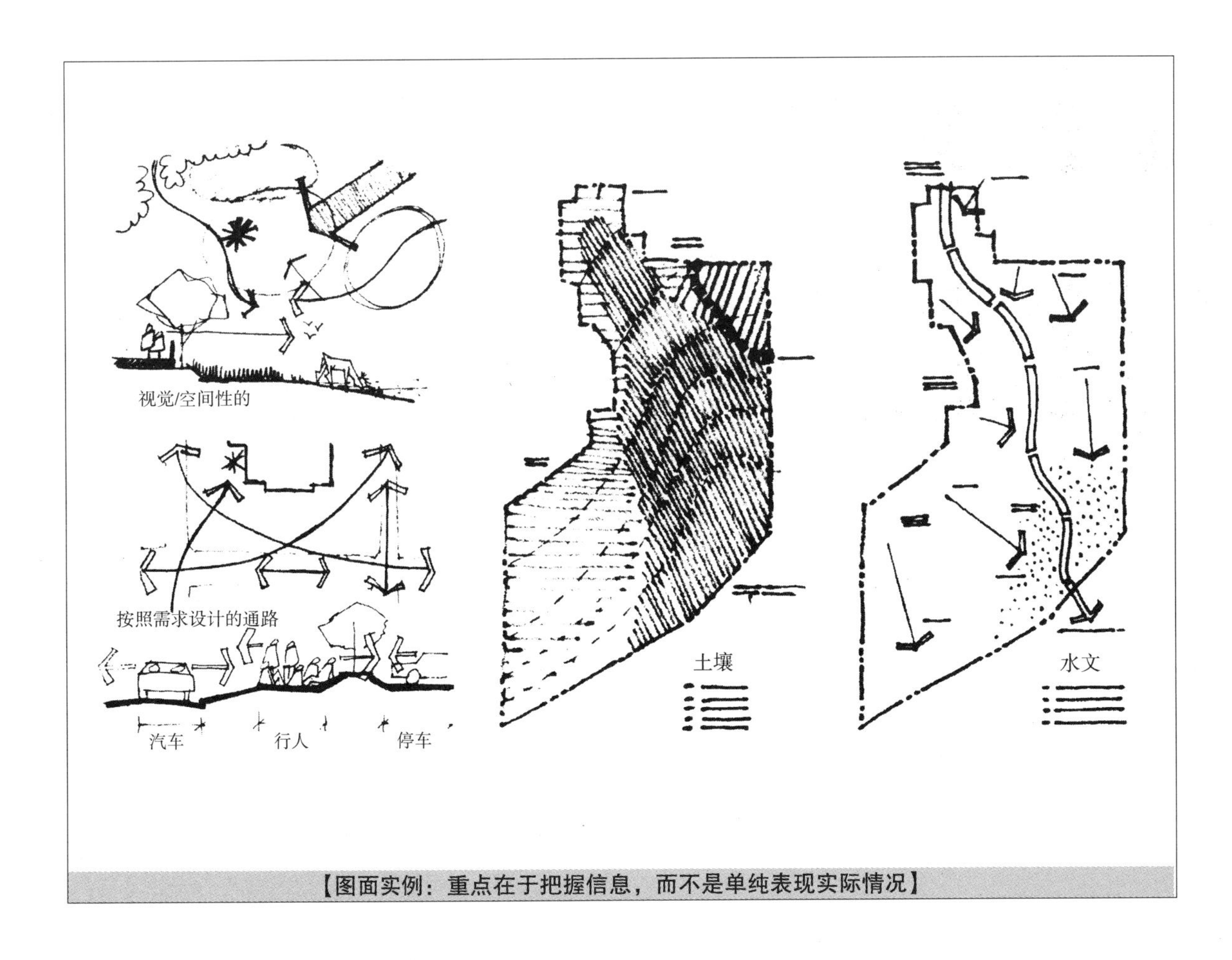

【图面实例：重点在于把握信息，而不是单纯表现实际情况】

2. 概念设计阶段

以上述分析内容为基础，依据设计项目所规定的规划方向，确立具体规划方案的基本概念。这一阶段应不拘泥于细部事项，而是着眼于可左右全局规划的各种要素，提出各种可行性的构想，在经过比较、讨论后绘制出大致的表现图或者比较性图表，通过这种方式来展示设计者大致的设计理念和想法。

随后，设计者针对获得的各项内容中具有相对重要作用的因素加以商讨，将其作为设计基本构想的基础资料。

◆ 目的及表现的特性

1）目的

·考虑到设计初期的想法和使用上的技能等的关系，该阶段的制图成为概念图及各种技能图解的草图或者略图。

·这是一个为开发新思维而把基础性的要素形态化的过程。

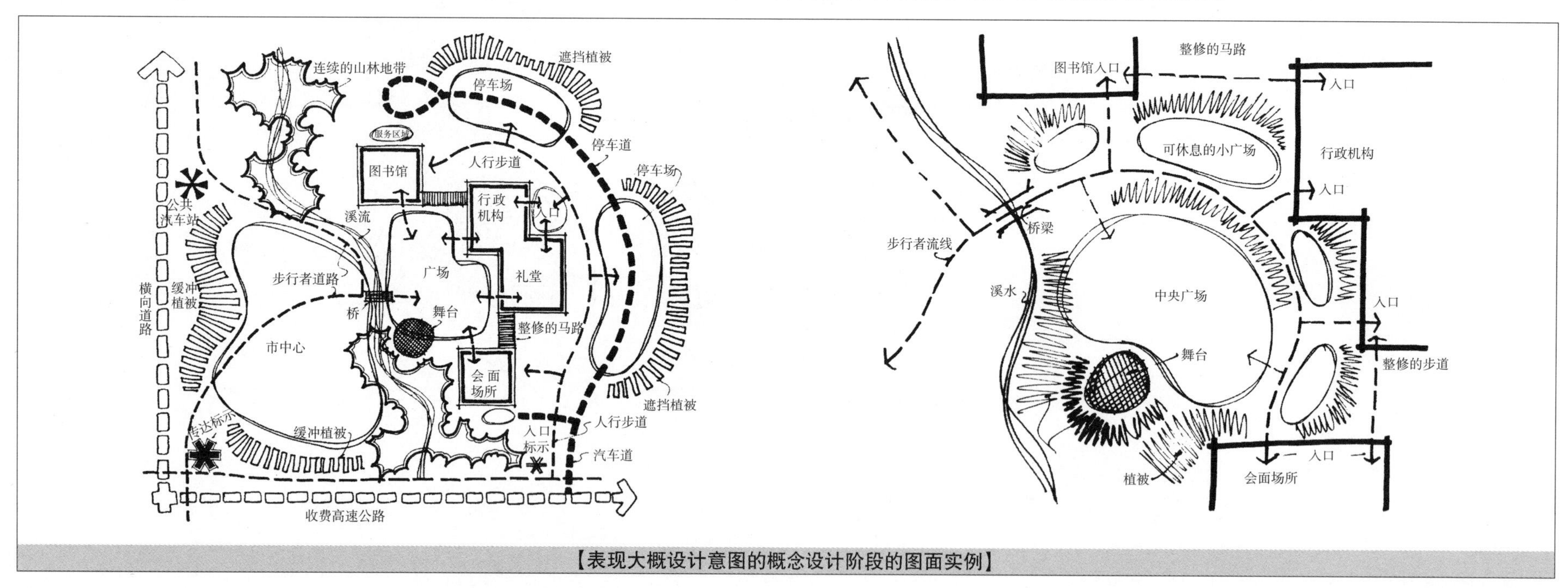

【表现大概设计意图的概念设计阶段的图面实例】

2）表现的特性

·为整理设计思路，可通过徒手画草图或随笔等进行简单、自由的表现。

·初始阶段的表现虽然随性、不够详细，但这个过程是整理设计思路并解决各种问题的必经阶段。

·这个阶段的表现可能会不够精练，但其内容包含了敏锐的判断力和基于经验的直觉，因此这种表现必须是能够充分评价设计表现者能力的表现。

·可以使用简单的平面分析图、娴熟的剖面表现，或者草图、漫画等方式。

·虽然表现方式可以随性、自由地进行，但重要的是必须保证所使用的符号或要表现的形态可以让人联想到舒适的空间感和功能。

·粗略的表现必须要按照设计意图自由奔放地快速制图，制图时要充满自信、表现大胆。

·应避免因过于重视展示个人表现力而导致的夸张美。

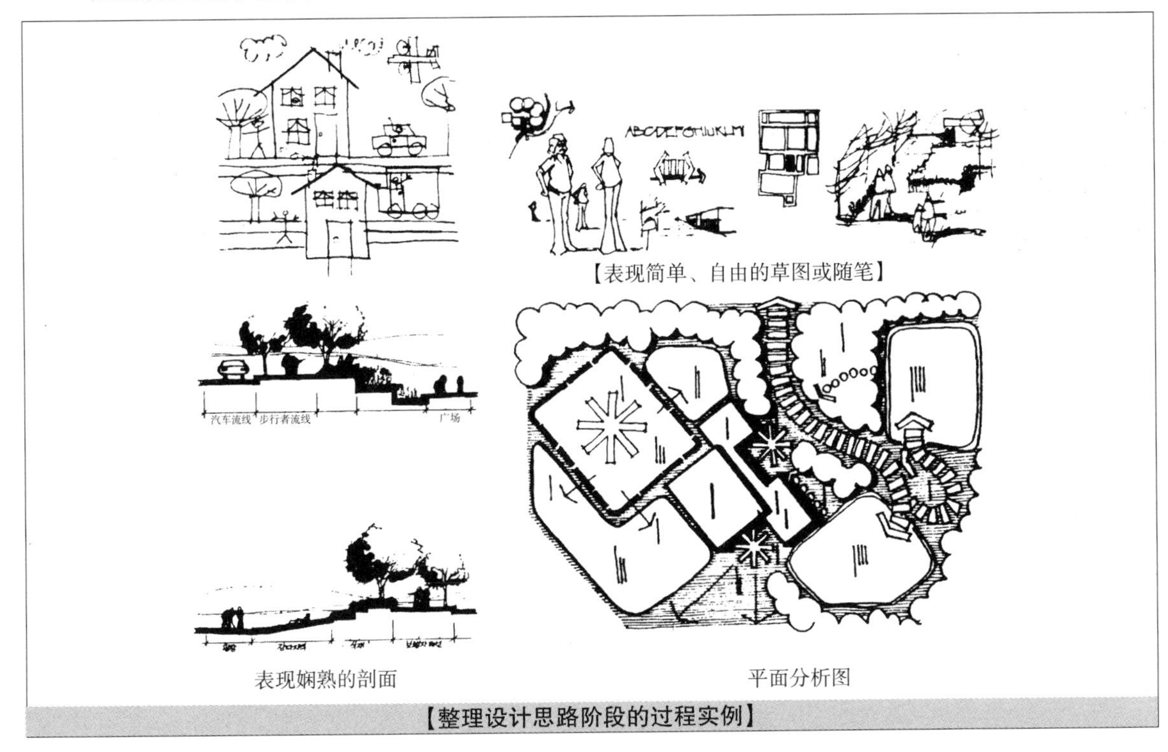

【表现简单、自由的草图或随笔】

表现娴熟的剖面

平面分析图

【整理设计思路阶段的过程实例】

3. 设计发展阶段

对于基本构想阶段的规划方案来说，其物理的、空间的大致轮廓开始浮现，在确立规划方案的过程中，关于整体空间的使用则开始形成确实的轮廓。

在把抽象的规划设计目标变为具体的、物理的空间形态的中间过程中，相比较那些机械的、合理的要素，经验和直觉往往起到更重要的作用。

综合考虑前一阶段的概念性内容制定出各种可行性方案，比较优缺点后选定最合适的方案。方案表现图面包括构想图和不同性质的基本规划图等。

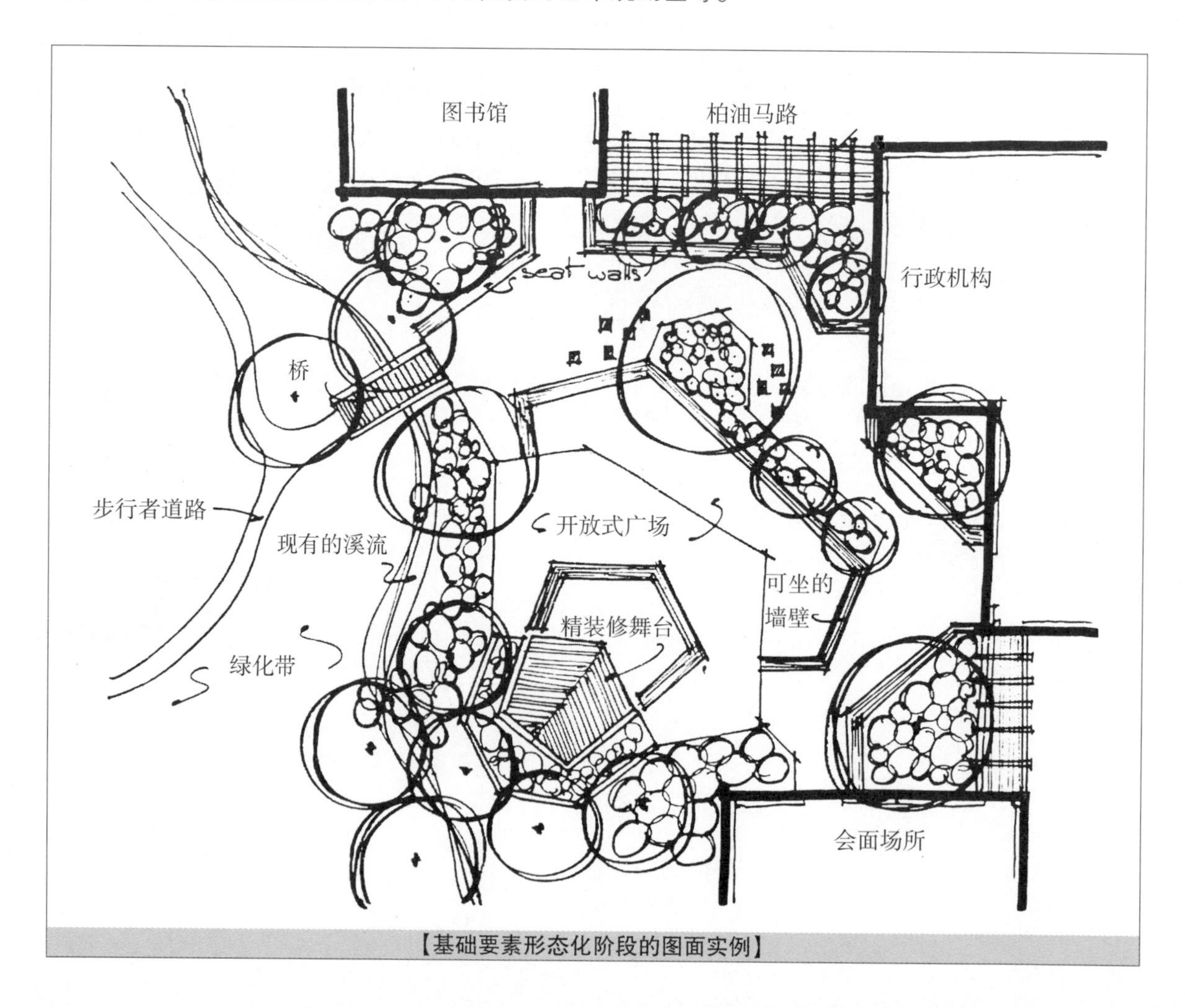

【基础要素形态化阶段的图面实例】

【与委托人商讨或召开公开协作会阶段的图面】

◆ 目的及表现的特征

1）目的

·在设计进行阶段，各种设计想法开始具体化。

·为客观评价设计的各种方案，可利用徒手制图的方式，但对于设计对象的空间感和形态必须具有一定的说明作用。

·综合考虑设计的功能性及审美性，设计过程中要通过设计内容充分体现出空间感、形态的色彩、材料以及使用者的构想。

·设计者应追求自由化的表现，在内容处理上应留有一定余地，以保证其设计方案可以随时做出相应的修改或添加。

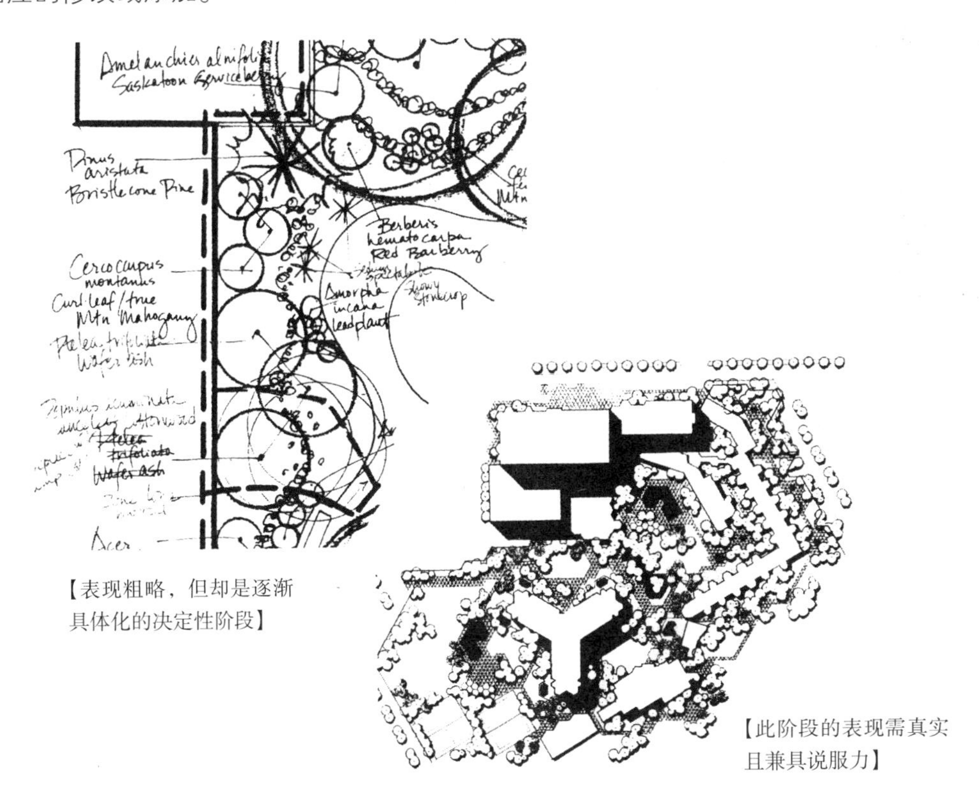

【表现粗略，但却是逐渐具体化的决定性阶段】

【此阶段的表现需真实且兼具说服力】

2）表现的特性

·在设计进行阶段初期所制定的方案或构想图，一般比较粗略，通常使用徒手制图来加以表现。如有必要，也可使用一般的制图手法或者在内容上涉及制图的决定性要素。

·在设计的收尾阶段，各种想法逐渐具体化和细化，其表现也必须真实并且具有说服力。

·灵活使用各种色彩，选用剖面图、透视图、照片、模型等各种表现技法。

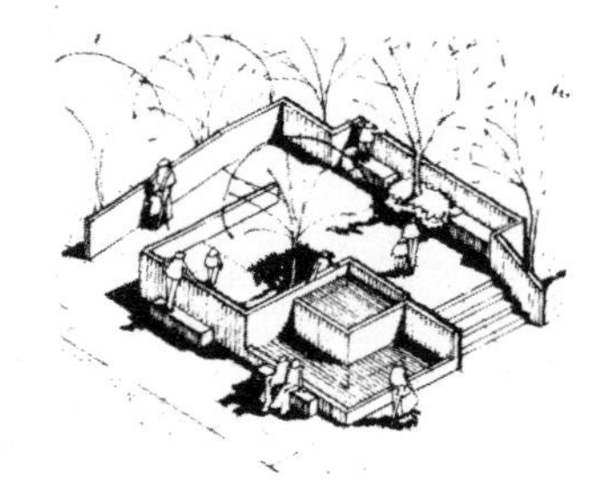

使用模型或者透视图等技法

4. 设计收尾阶段

在确立基本规划方案后需得到设计委托人的认可，随后设计内容会进一步细化并要求更高的准确性。为保证施工严格按照设计内容进行，需要绘制可施工的图纸，也可称为设计施工图。

此阶段很大程度上要倚重于设计者的经验及创新能力，但同时应注意再次确认前期阶段所收集的资料在经过了之前设计规划阶段后有无使用上的疏忽或者是否合理。

把各个不同部分的计划扩大并绘制成图，图面的内容主要包括整地规划图、设施布置图、植物规划图、各种设施详图以及结构图等。

◆ 目的及表现的特性

1）目的

·主要由确保施工顺利进行的各种设施施工图、设计说明书、明细表等构成，为方便以后大量的复印使用，应使用复写纸。

·按照实际尺寸，详细、准确地说明具体的使用材料、结构方法、位置及数量等。

·此设计图由施工方使用，因此制定应慎重，以避免出现施工过程中设计内容理解不足或者使预定设计金额与施工金额出现差值。

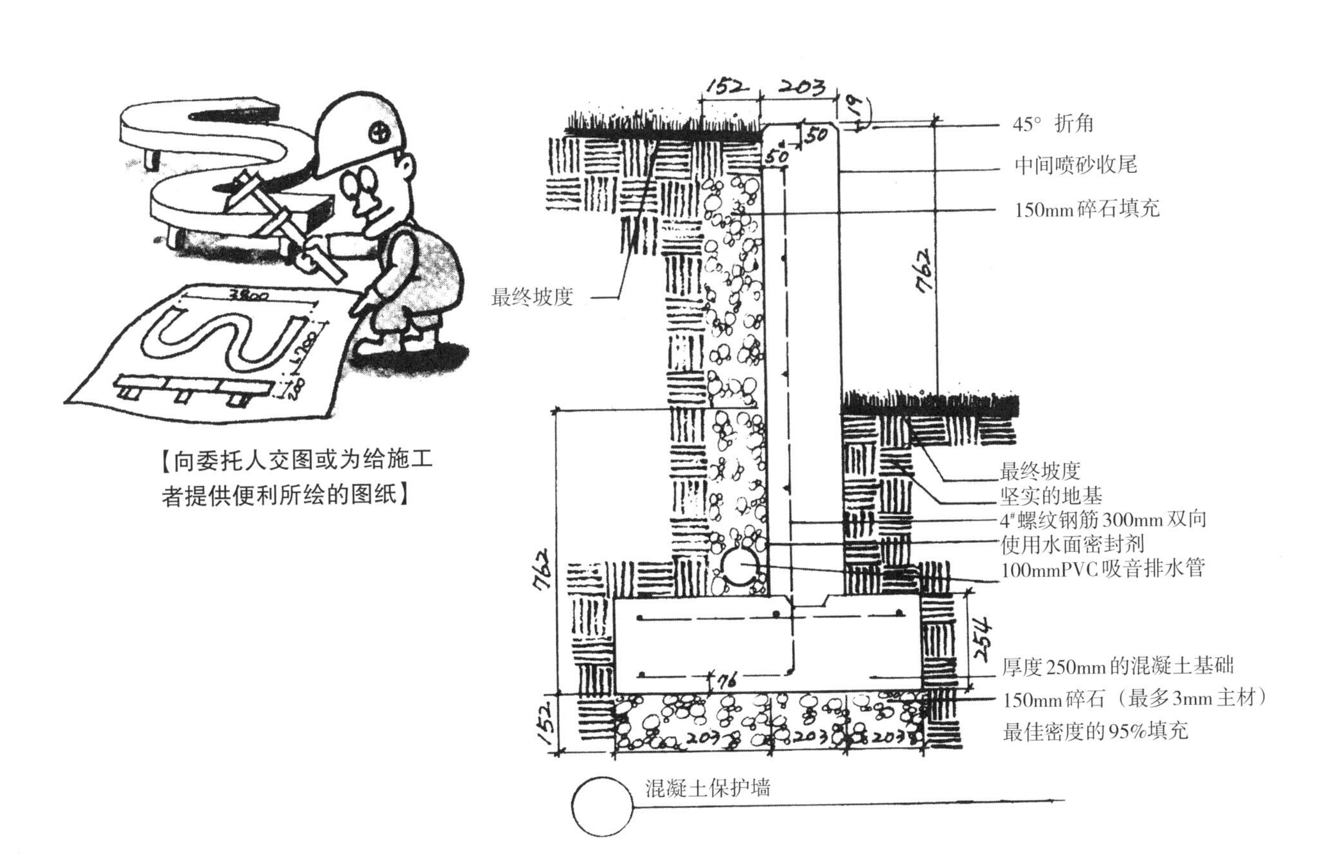

【向委托人交图或为给施工者提供便利所绘的图纸】

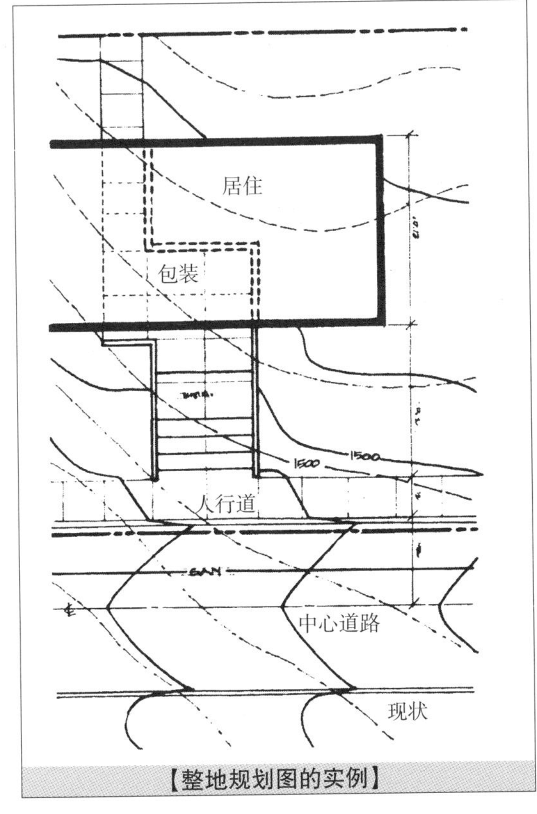

【整地规划图的实例】

2）**表现的特性**

·图面说明文字及通用符号等用徒手绘制，其他表现则尽可能使用制图工具来辅助完成。

·图面表现要做到完整、明了、准确。

·原图绘制使用铅笔或墨水笔，尽量避免因色彩的使用而可能造成的理解偏差。

·按照制图通用原则绘制，对于设计要素的表现应在易于理解的范围内尽量使用一般性的表现方式。

·规模较大且内容较为复杂时，图面构成及其表现要做到一目了然。

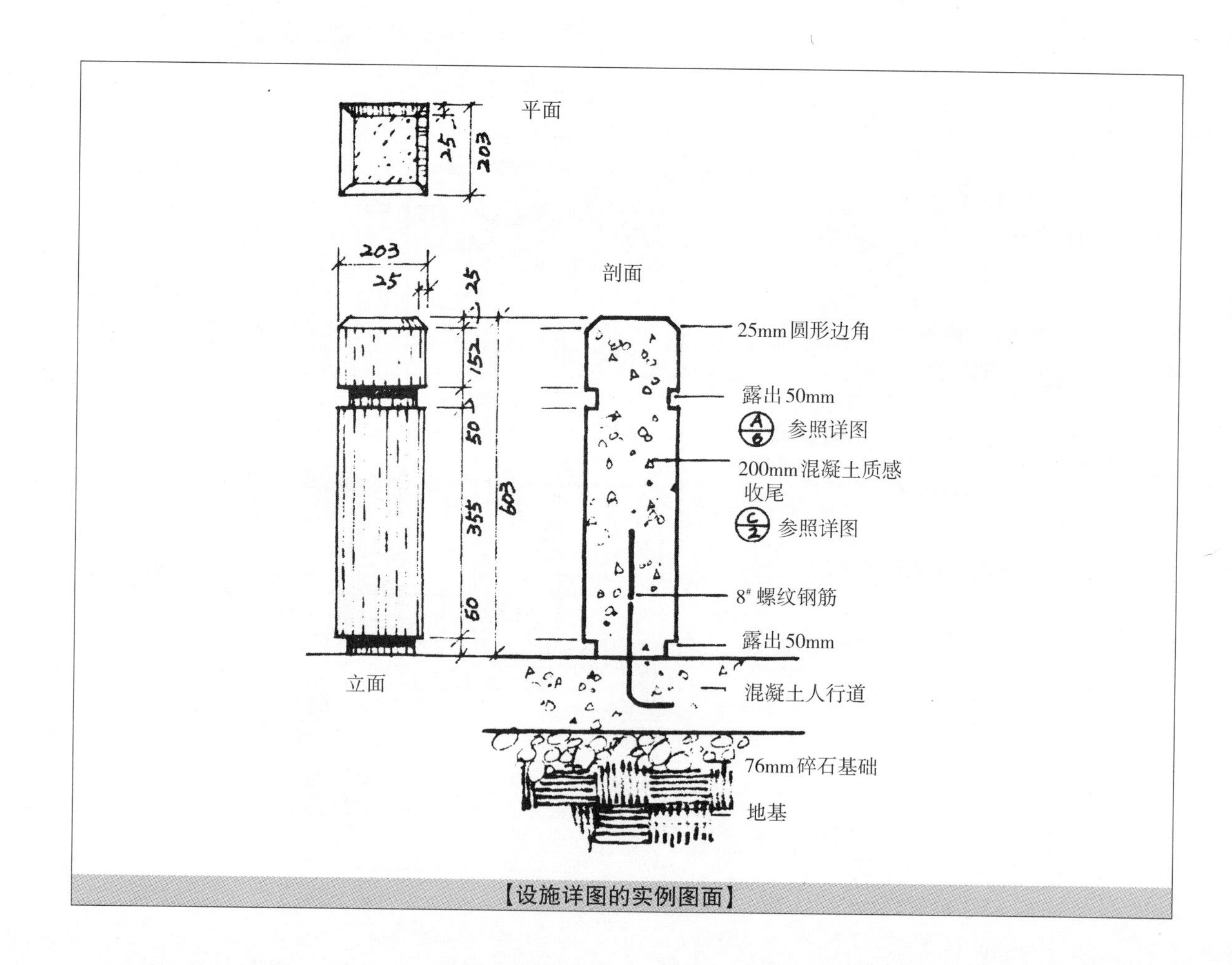

【设施详图的实例图面】

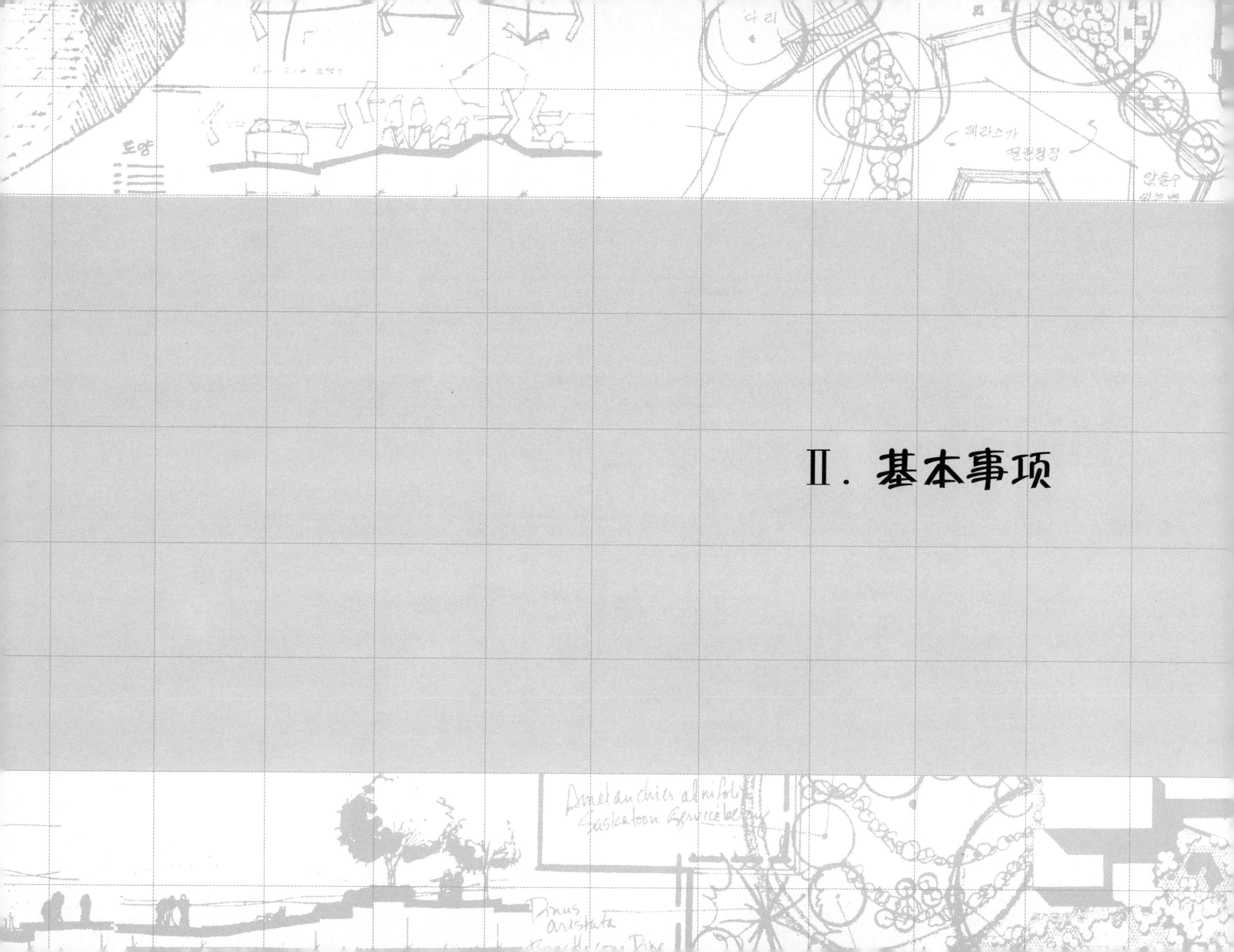

Ⅱ. 基本事项

II. 基本事项

◆ 普通制图

在本章中，首先介绍一下制图的基本概念，如：制图的意义及设计的进行过程等，同时也会介绍有关平面图、立面图、剖面图、详图、草图以及透视图等各种图面的表现方式。

制图时需要使用制图板、制图架、丁字尺（又叫T形板）、三角板、曲线板、各种模板、三角比例尺、制图工具套装、字体工具套装、测面仪、擦图板等工具。本章将就以上各种工具的使用方法作介绍说明。了解常用制图工具的构造和性能，并掌握其正确的使用方法将大大提高制图的效率。

另一方面，本章也将就图面的大小、轮廓及标题栏，设计图的布置、比例、尺寸、尺寸标注、角度及倾斜度标注、线、引出线、位置标注、文字标注等内容作出介绍。同时，也会介绍行业通用的标注规范等相关内容。在实际制图过程中，对于各种材料和对象很难完全表现出其实际形态，因此，需要我们利用各种规范化的符号来表现。不管任何阶段的规划或设计，方位和比例的标注都是必需的，因此也要求我们熟练掌握方位标注和图形比例标注的基本内容。

本章最后将会介绍几种制图的工具、材料、特征及制图顺序。在设计内容和目的相同的前提下，设计制图常会要求设计者根据自己的个性去表现，而铅笔制图不但可以调节线的粗细及强弱，同时又可以随时变更设计内容，从而成为大多设计者的首选制图技法。但与墨水笔制图相比，铅笔制图则缺乏连续性，绘制时容易弄脏画面或不能长时间保持均衡的线条粗细，因此此种制图法不适合用于蓝图的晒制。但不可否认，铅笔制图对于初学者来说，在各个方面都占据着重要的地位。

1. 制图的基本内容

◆ 设计与制图

1）设计制图的意义

·所谓设计制图，就是设计者按照一定的目的，就要设计的规模和环境进行规划，在此基础上，按照制图的规范和基本要求，使用一定的线、符号以及文字等将其表现出来的一种视觉语言。

·设计图纸作为一种展示作品，要求内容简明、表现准确，具有作为商品的价值。因此，它首先要具有观赏的美感，其次其图示方法、线、文字等应该保持前后一致，同时还应避免标注的遗漏。另外，应保持图面整体的整洁性。

2）设计的进行

·设计的阶段可以分为设计构思阶段和具体的景观规划阶段。正如前面所提到的，一般来说，设计过程就是先对自然、人文环境等现状进行调查，在此基础上进行材料的分析和综合，最终确立基本计划并依次进行设计的过程。

·一般意义上的设计阶段，根据内容进行的程度，又可以分为战略性的基本设计和具体的实施设计（也称为“本设计”）。

3）普通图面的分类

一般意义上所说的图面可以分为两种：为整体规划提供帮助的信息图面和可以实施的规划图面。

·总平面图。可以全面了解规划用地周围的条件，道路、土地的高低差，各种设施的布置，以及方位和比例等情况。作为一种俯视图面，它需要表现设施的屋顶部分，由于它的比例要小于平面图的比例，因此它的表现范围需要同时包括设计场地的外围部分。

·平面图。一般来说，把从构筑物底端到1.2~1.8m的部分水平剖断，俯视制成平面图，它包含了设计内容中最基本的要素。对于要表现的其他内容和地下部分则可以利用点、线或者曲线来标明其位置和规模。

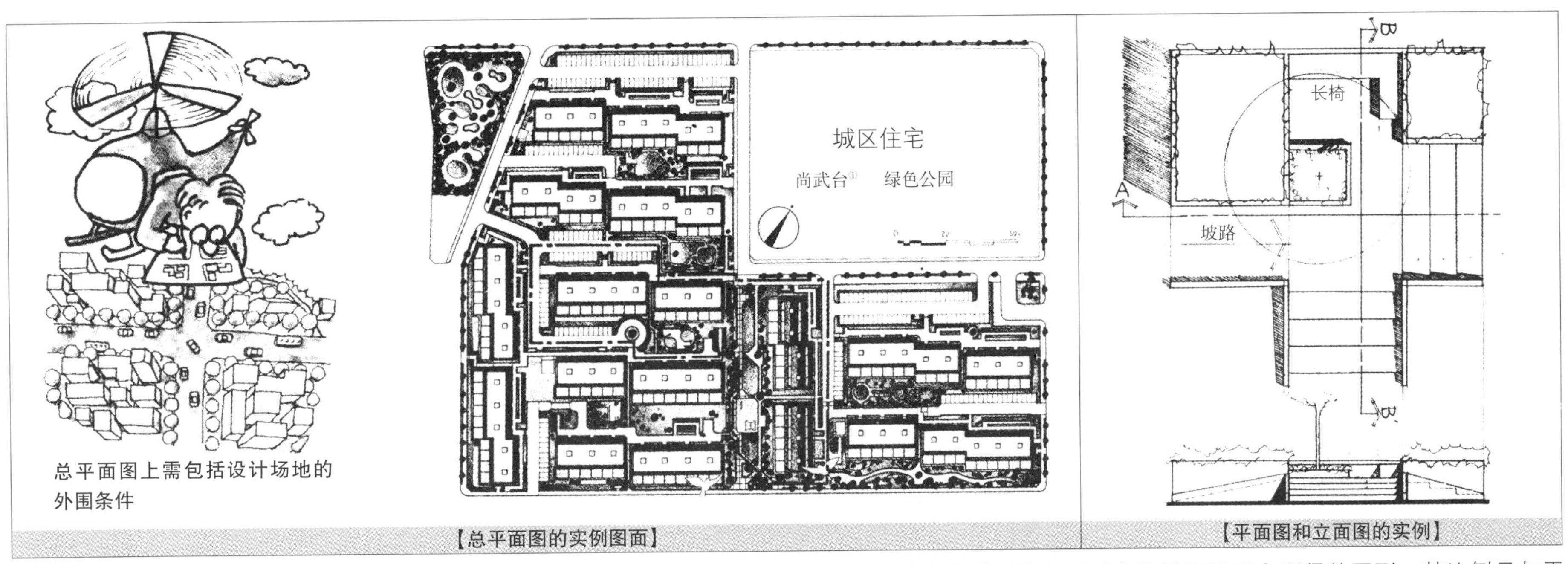

总平面图上需包括设计场地的外围条件

【总平面图的实例图面】

【平面图和立面图的实例】

·立面图。立面图是将设计内容外形的各面垂直投影到平面上所得的图形。其比例尺与平面图一致，根据角度不同可分为正面图、侧面图、背面图。

·剖面图。剖面图是将地形或设施物在垂直方向切开，沿水平看过去的图面形状。它可以分为两种：沿长轴方向截断的纵剖面图和沿短轴方向截断的横剖面图。剖面图在表现地上及地下各个构成要素和条件方面会给我们提供很大的帮助，剖切标注一般使用直线，剖切位置必须在平面图中标明。同时，必须标明由截断线看过去的方向，在右侧标注具体出现的各种要素。

·详图。详图是表现结构细部的图面。绘制时，一般使用较大的比例，主要是将平面、立面和剖面的重要部分做进一步的细化表现。它一般用于说明异质材料的连接方法和方向相左的场所的结构说明等。详图在施工方法具体化方面是具有决定性作用的重要因素，因此，其表现必须保证严谨准确。

·草图和透视图。它作为一种立体画面，可以有效提高对设计内容的理解。为激发设计者在设计过程中的思维发展，此类图面也可在设计的最终阶段绘制。

① 尚武台：韩国地名，位于韩国全罗南道（译者注）。

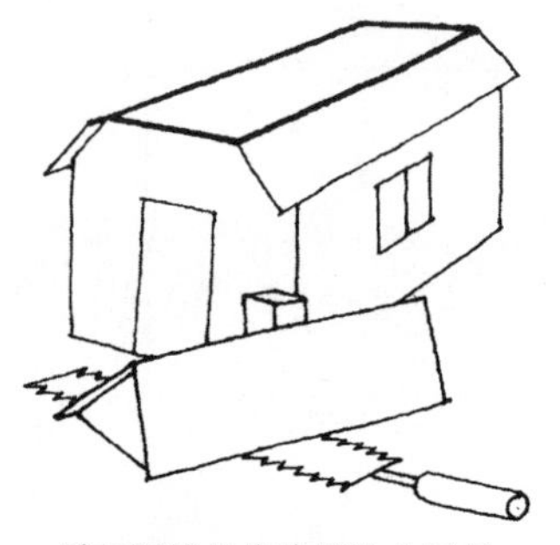

平面图就是将建筑物水平剖开俯视得来的图面

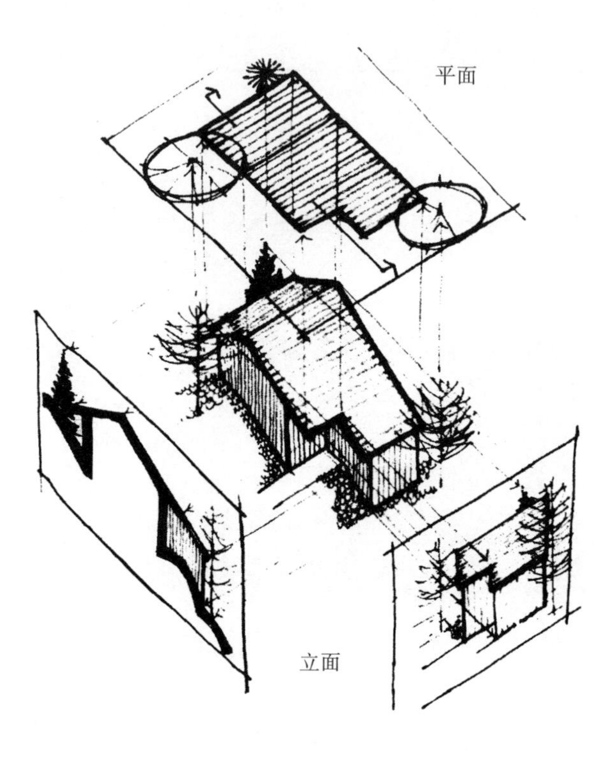

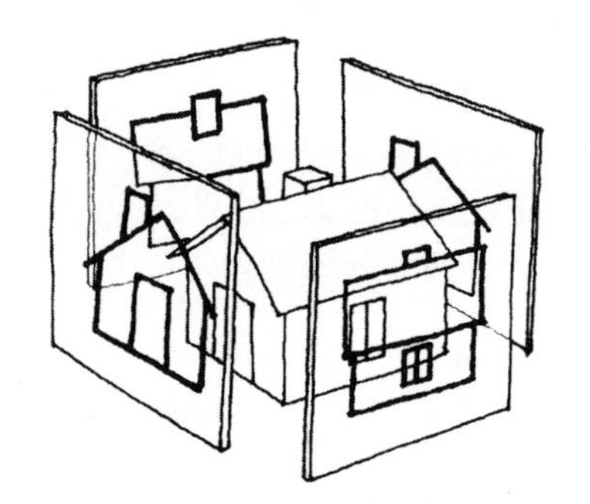

【平面图、立面图、剖面图的区分】

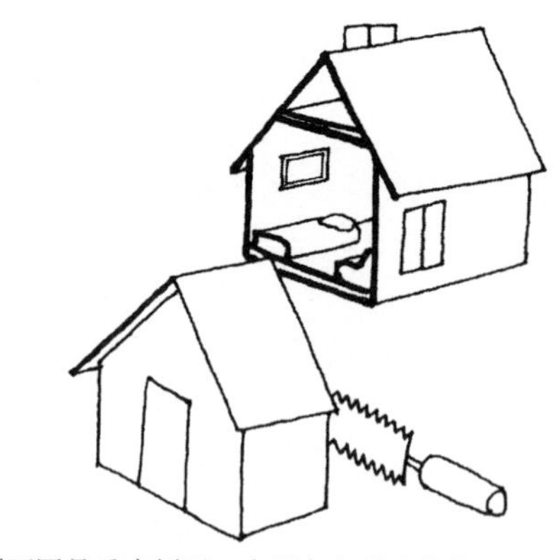

剖面图是垂直剖开、水平方向看过去的图面

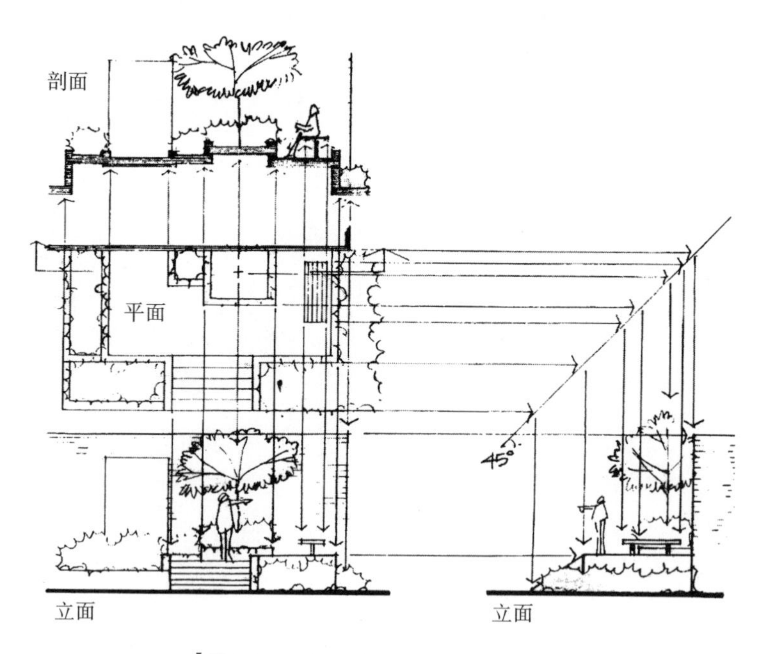

【用平面图形式绘制立面图的过程】

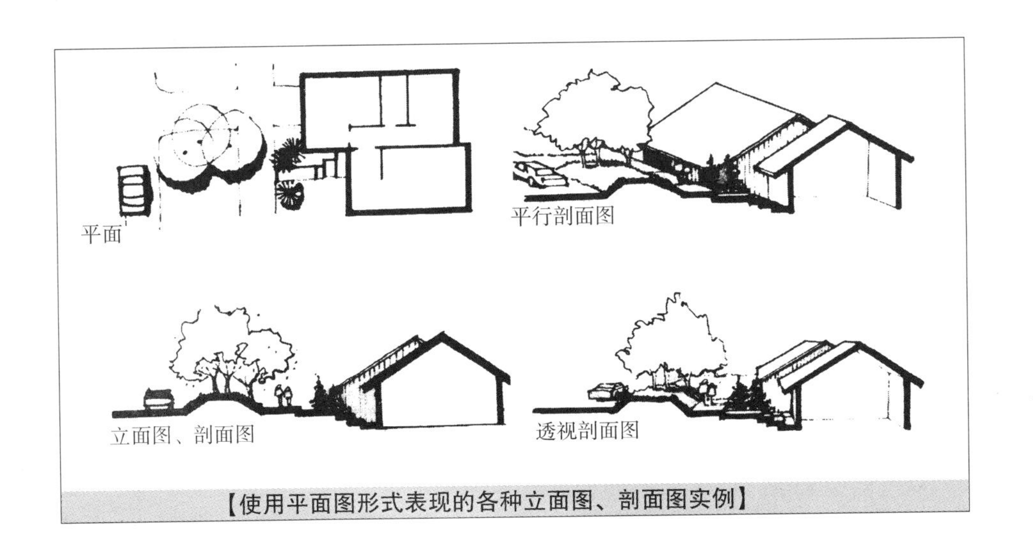

【使用平面图形式表现的各种立面图、剖面图实例】

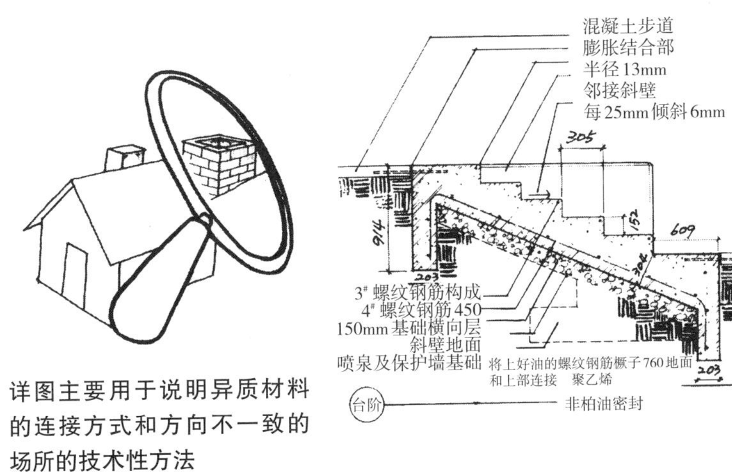

详图主要用于说明异质材料的连接方式和方向不一致的场所的技术性方法

【草图的绘制过程】

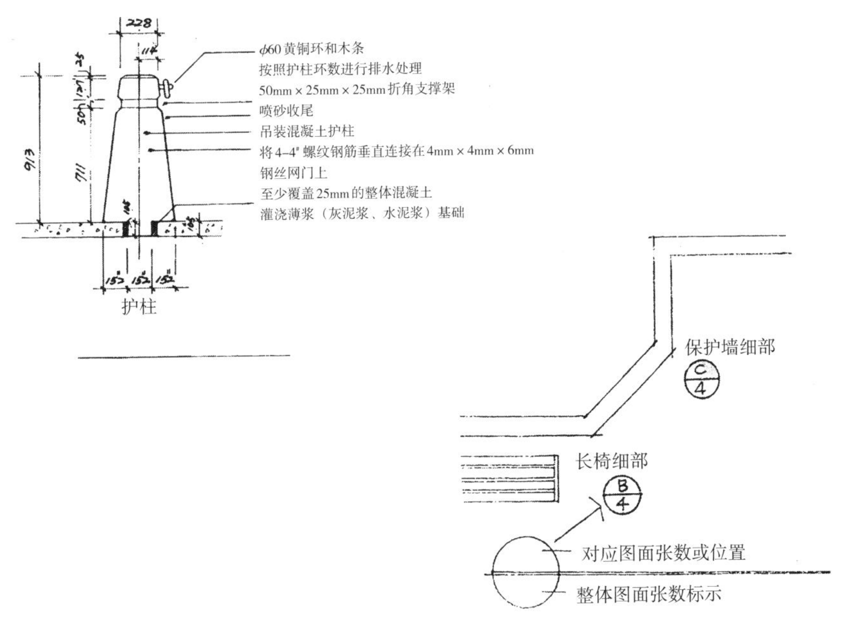

【详图和图面介绍】

4）制图与环境

·设计过程中的制图要求设计者精神高度集中，强调精确性，因此，这是一种强度极高的重劳动。在制图过程中，很多设计者不善于调整自身周围的各种环境和条件，导致经常在一种散漫的环境中长时间制图，这不仅仅会降低工作的效率和效果，同时还会诱发各种健康问题和职业病。

·应尽量维持愉快舒适的环境，保持清洁，减少噪声，同时还应保持通风和换气良好。

·要充分考虑光线因素，保护眼睛。

·作为人工光线，需同时使用白炽灯和日光灯，光线应置于制图板的上端正面或左侧。

·自然光线也应保持同一方向，一般来说，变化较少的北侧窗的光线要好一些。

·制图板上方的亮度维持在200~400lx为最佳，室内亮度的最佳范围是100lx（1lx：1m范围内100根蜡烛的亮度）。

·应选用符合人体工程学的制图工具，要有充足的空间放置辅助桌子和工具。

·虽然有个体差异，但一般来说，制图架的高度在65~75cm之间为最佳，椅子的最佳高度为40cm左右。

另外，制图板的倾斜角度在7°～15°最舒适，但其摆放角度可根据制图内容和制图架的具体情况进行调整。

·最后还需综合考虑制图时的室内温度和湿度以及周围环境色彩等因素。

◆ 制图工具的使用方法

1）制图板

·制图时需将用纸平铺，保持干燥并避免皱褶。现在常用的是用胶合板制作的产品。

·规格有如下四种，这与T形板的长度以及作为成品的描图纸和晒图纸的大小有关。

·特大板：120cm×90cm　　大板：105cm×75cm

中板：90cm×60cm　　小板：60cm×45cm

【制图板】

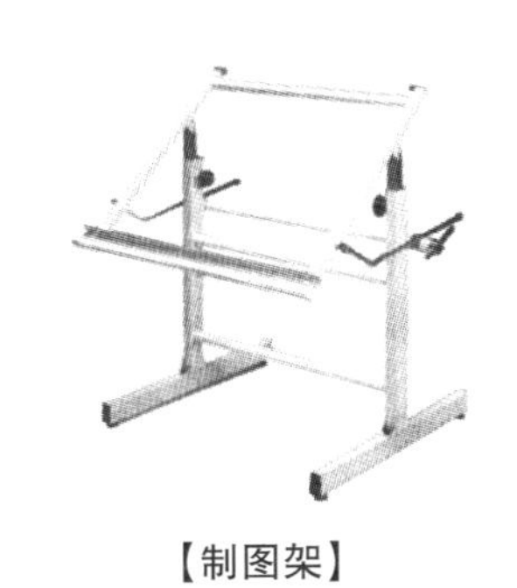
【制图架】

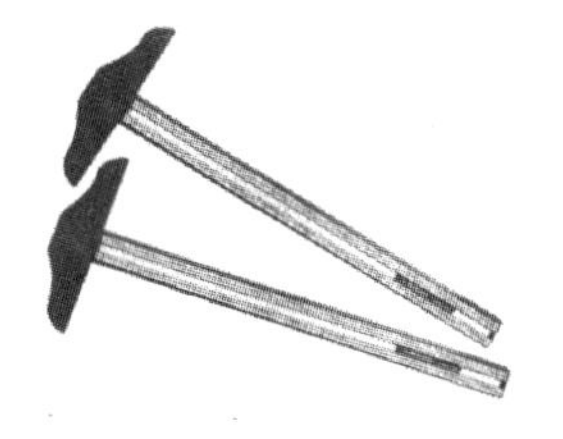
【丁字尺】

【三角板】

【云形曲线板】

【自由曲线板】

·景观设计与其他设计学科相比，它需要在更为宽广的图纸上进行设计规划，因此，大板和中板的使用频率更高。

·使用制图板，要注意T形板与上下接触面间保持90° 角。

2）制图架

·制图架是放置制图板的桌子，它必须有方便制图的高度和宽度。

·制图架有木制和铁制两种，现在出现了许多可自由调节高度和倾斜度的新产品。

3）丁字尺

·丁字尺作为制图工具的一种象征必不可少。

·它只用于画水平线，如与三角板配合使用，则可画出垂直线和斜线。

·丁字尺一般有120cm，90cm，75cm，60cm，45cm等规格，可根据制图板的长度和具体的设计内容选择使用。

·丁字尺由尺头和尺身构成，尺头又分为固定尺头和可调节尺头两种类型。

·固定丁字尺在使用时，需保证尺头没有丝毫的移动变化，否则会影响制图的准确性。

·丁字尺的尺头一般用透明的有机玻璃制作，这样可以保证便利性。使用时要保持其清洁，不能有任何污渍。

·丁字尺不宜外出携带，它作为一种精密度较高的工具，必须妥善保管。

4）三角板

·三角板与丁字尺配合使用，可以画出垂直线和特定角度的斜线。

·三角板有45° 和60° （30° ）两种规格，此外还有一种可兼做量角器的可变角度的三角板。

·在保管时需留意避免在三角板的侧壁上留下任何划痕和污渍，经常清洗以保证图面的整洁。

·三角板上标有的刻度其精确度可能不高，应尽量避免使用。

5）曲线板

·在画各种不规则的曲线时一般选用云形曲线板。云形曲线板可分为两种类型：由6~12个小曲线板组成的曲线板套装和万能云形曲线板。

·曲线板又称为圆弧板，它利用圆弧作为尺子，一组中一般包括50~5000mm的30，50，

100个小圆弧板。

·这种圆弧板主要用于绘制舒缓的扇形道路或者几何学上的圆弧等。

·自由曲线板由铅和合成树脂制成，可随意改变形状，用它可以画出各种曲线。

6）各种模板

·在赛璐珞、亚克力等薄板上钻孔制成模板，可以辅助设计者画出所需要的不同模样的圆形。在设计时，使用已有制成品，可以提高效率，避免重复作业。

·它主要可分为两种类型：铅笔制图时使用的厚度稍薄的模板以及墨水笔制图时使用的厚度稍厚的模板。

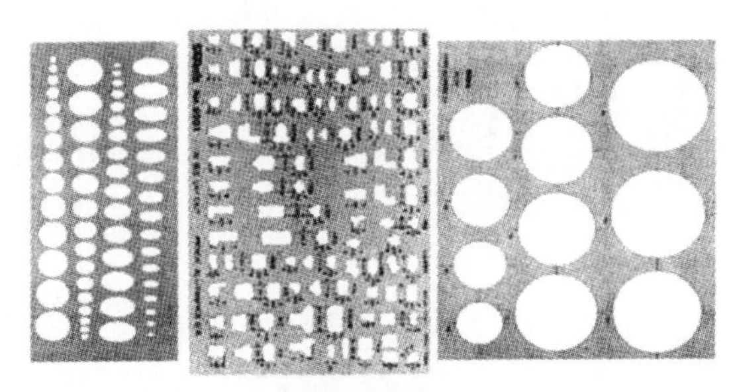

【各种模板】

7）三棱比例尺

·在制图中，按照一定比例测量长度是必需的工作。三棱比例尺的三个边刻有1/100、1/200、1/300、1/500、1/600的比例刻度。

·其长度一般为30cm，便携式的长度一般为10cm、15cm。

·三角比例尺的三个边上都有标记色彩的槽，记住每边上的色彩槽在快速找到经常使用的比例方面会提供便利，需留意比例单位的使用变化。

·举例来说，1/500表示图面上的1cm相当于实际距离的5m，1/300表示图面上的10cm相当于实际距离的30m。其他单位如1/50则表示图面上的1cm相当于实际距离的50cm，1/3000的比例尺则表示图面上的1cm相当于实际距离的30m。

【三棱比例尺】

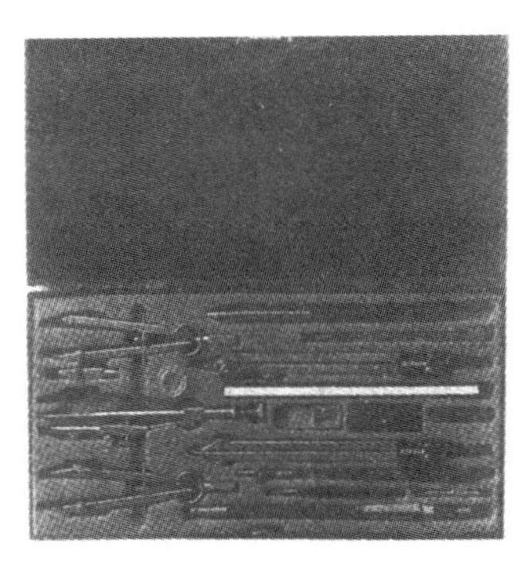

【制图工具套装】

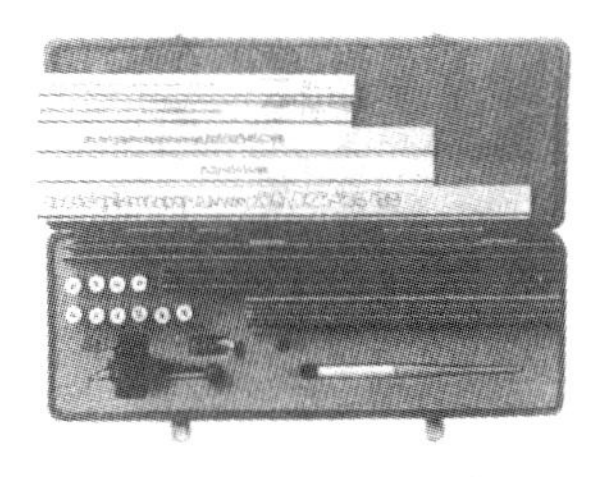

【字体工具套装】

【测面仪】

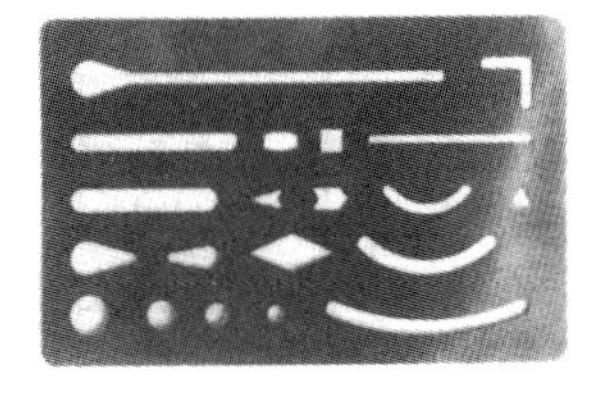

【擦图板】

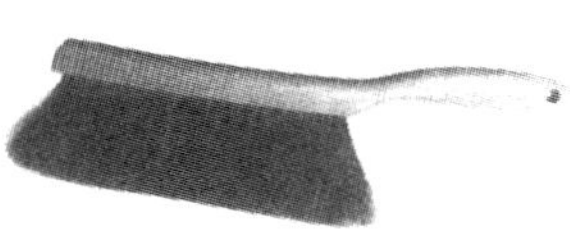

【软毛刷】

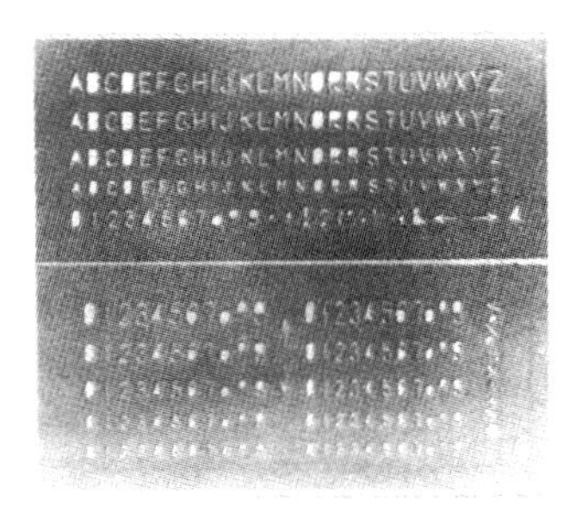

【字体板】

8）制图工具套装

·主要包括三种类型：英国式、德国式、法国式。最常用的是英国式和德国式的套装。

·主要包括10~15种，在景观设计领域中主要使用的有圆规和分规等。

·分规是用来截取线段、测量尺寸的制图工具，按照其大小可分为大号、中号、小号。

·随着各式制图工具新产品的大量出现，对于制图工具套装的使用程度和频率正在逐渐降低。

9）其他制图工具

·字体工具套装

在亚克力板上刻好固定字体的英文、阿拉伯数字、韩文等，设计者在制图时可以将所需字体照搬到图面上。最近因为明暗色调种类的出现，可以形成各种各样不同大小、不同形态的字体，这种字体工具套装的使用机会也越来越少了。

·测面仪。

主要用于测量计算不规则地域的平面面积。

·擦图板。

在擦除细部内容时所使用的薄板。

墨水笔制图时，可以使用便捷的电动擦图板。

·其他。

此外，随着字体板、镇纸、软毛刷、削笔刀等各种各样新型工具的不断涌现，大大提高了制图的效率。

◆ 制图要素

1）图面的大小

·为了方便图面的整理及保管，图面需有特定的大小。

·按照市场销售的晒图纸的大小，图面可分为三种规格： 大号（750mm×1000mm），中号（750mm×500mm），小号（500mm×375mm）。

· 规划阶段中随规划内容或图面比例不同，可使用其他用纸，其规格不尽相同。

2）轮廓及标题栏

·图面上应设有标题栏。标题栏一般位于图面的右侧或者下端，同一个设计中，其所处位置应该保持一致。

· 标题栏需标注工程名称、图面名称、比例尺、设计者姓名、绘图日期等内容。

· 在平面图上，方位和比例尺标注作为重要的要素，依照惯例需位于右侧下端，要注意保持其醒目性和统一性。

· 图面在放置时应遵循长边方向水平左右放置的原则。图面上的轮廓线可以起到保持图面效果整齐划一。

· 图面的左侧需装订，因此要留出25mm的空白，其他各侧留出10mm左右即可。所用线的粗细要粗于设计内容的线条粗细。

· 轮廓和标题栏通常使用已印刷好的模板，以节约时间。

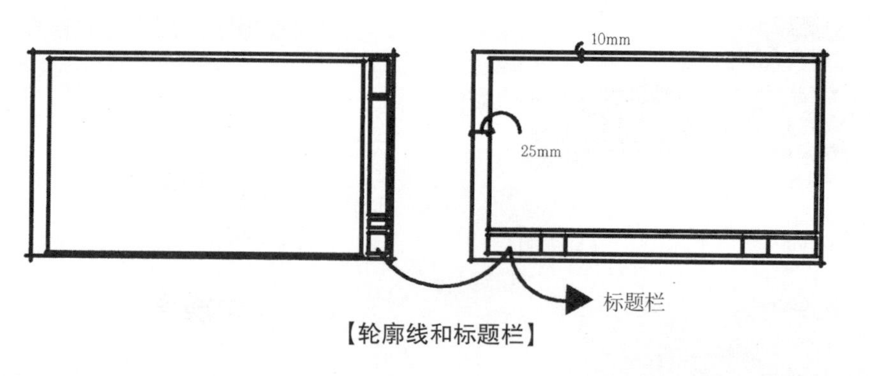

【轮廓线和标题栏】

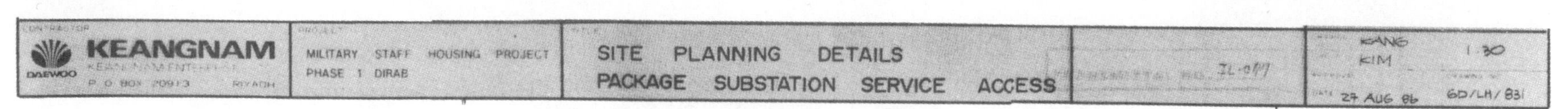

3）详图的布置

·详图如何布置关系到整个图面的均衡感和安定感，需要慎重考虑。

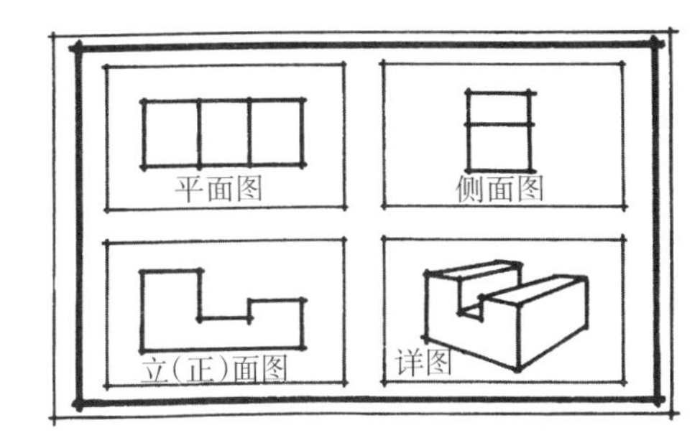

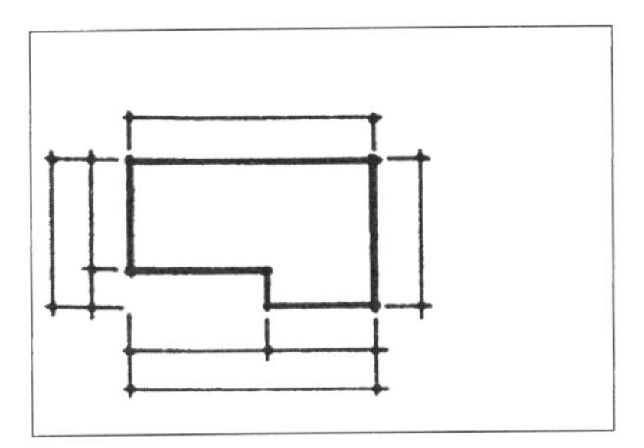
【图面布置不合理】

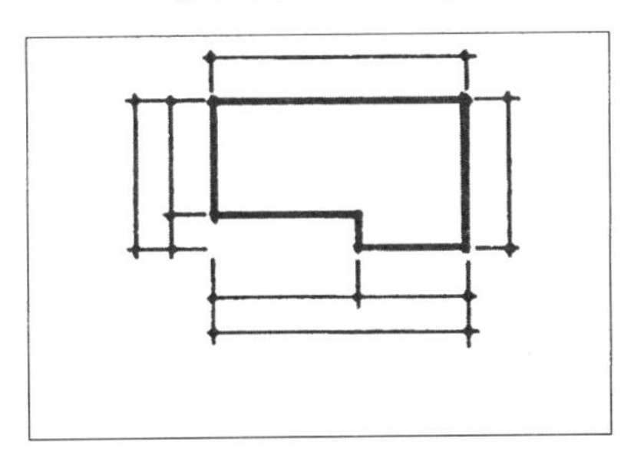
【图面布置不合理】

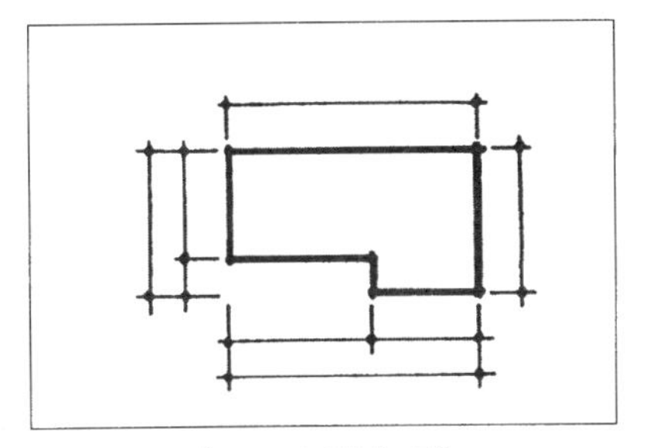
【图面布置合理】

· 布局合理的图面易于理解，这也是加深对设计者的认识以及判断其设计理念是否合理的标准。

· 因此，在确定设计内容所涉及的内容之后，应首先确立布置计划，然后开始制图作业。

· 若内容无法在同一张图纸上表现出来，应果断地移至下一张继续。

· 综合考虑图面整体的空白来合理安排设计内容的大小、尺寸线、文字标记等内容。

· 图纸排列顺序一般为：平面图→立面图→剖面图→详图或草图等。

4）比例尺

· 实物尺寸的长度与图纸上长度的比率就是比例尺。图纸都是按照一定的比例将实物缩小后绘制的。

· 景观和建筑图面上几乎不会使用“实尺”（即：按实际尺寸绘制）和“倍尺”（即按照比实有尺寸大的比率绘制），制图上通用的比例尺种类一共有24类，主要使用以下几种比例尺：

1/2、1/3、1/4、1/5。

以10为单位的有：1/10~1/50。

以100为单位的有：1/100~1/600。

以1000为单位的有：1/1000、1/1200、1/2000、1/2400、1/3000、1/3000以下的比例尺一般用于印刷版的地图等。

· 在图面上必须标注比例尺，像草图和透视图那样不按照与实际尺寸的比例来绘制的情况则需要标注：无比例尺（No Scale（N.S））。

· 随比例尺的不同，实物长度、宽度的缩小程度不同，同时也会带来图面内容表现和准确度的变化。即：

1/10比例尺的图面不但是1/20比例尺图面大小的2倍（宽度的4倍），还可以包含许多更为精确的信息。

· 详图主要使用1/50以上的比例尺，根据图面条件可以选择适当的比例尺。

· 景观设计图面惯用的比例尺主要有如下几种：

总平面图：1/400~1/2000（根据规模大小选择）。

平面图：1/100~1/400（住宅庭院常选用1/100）。

立面图：尽可能选择与平面图相同的比例尺。

剖面图：尽可能与平面图保持一致，如说明不够详尽，也可将某一阶段扩大绘制。

详　图：主要使用1/50以上的比例尺绘制。

5）尺寸

·尺寸的标注单位原则上使用mm，不添加符号。

·不得已使用mm以外的其他单位时，必须标明其单位。

·应注意避免尺寸的遗漏，标注应准确明了。

·为与内容线区分开来，应在图形外一定距离处标注尺寸辅助线。

·尺寸线：尺寸线使用细的实线与尺寸辅助线成直角绘制，在图形的边界处用箭头或点线明确标注。按照需要标注尺寸的复杂程度只选择必需的标注部分进行标注。

可以分为整体尺寸和部分尺寸两种。

·尺寸辅助线：为标注尺寸线而引出到图形以外的线，一般用实线或细线绘制。

尽可能标注图形的实际长度，因此，其与对象图形线平行的情况较多。

6）尺寸标注

·按照惯例，数字标注一般位于图面的下方或右侧，如有需要，也可标注在图面上方或者左侧。

·标注方法包括在尺寸线直角处书写的直角法和在看图的位置直接书写的直立法两种，其中，直角法更为常用。

·插入标注最好位于尺寸线的中央位置，除此之外，还可以插于尺寸线中间或者在尺寸线上方标注。

·在图面上下端插入时，一般标注在尺寸线的上端；在图面左右侧插入时，一般顺着尺寸线标注在左侧的上端。

·圆弧的半径尺寸标注在半径线R标记的右侧。

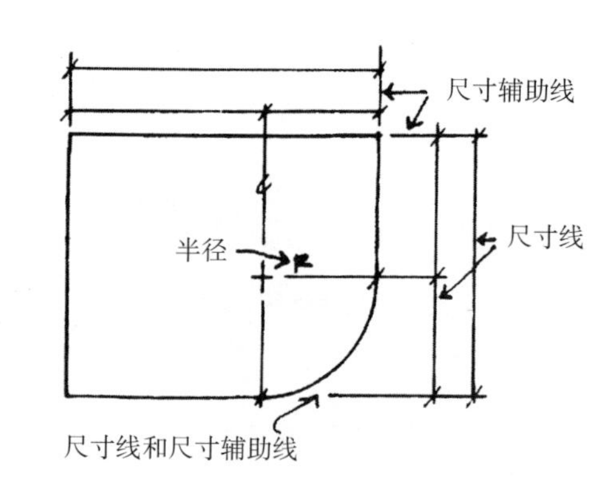

【尺寸线和尺寸辅助线】

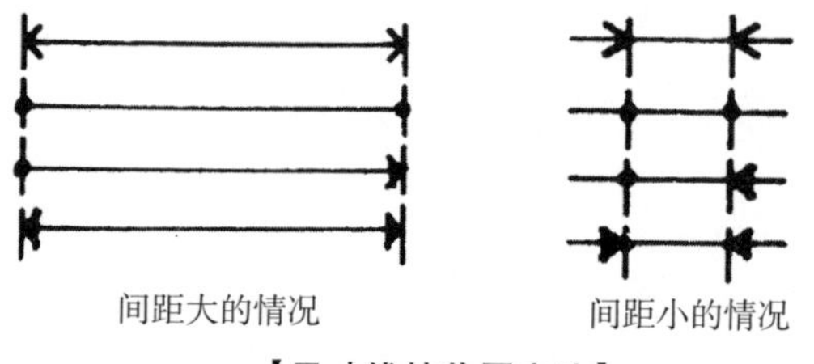

【尺寸线的收尾方法】

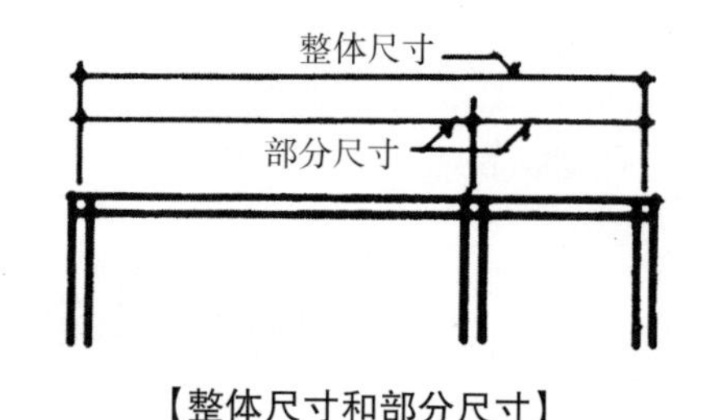

【整体尺寸和部分尺寸】

- 当尺寸宽度窄小难以标注尺寸时，一般先在尺寸线外绘制引出线，然后标注尺寸。
- 圆弧长度的标注见左下图。
- 标注圆直径的尺寸时与中心线或基准线不一致。
- 小圆的直径标注使用引出线，在旁边添加“ϕ”符号。
- 标注剖面的正四方形时，在边长度的标注数字前添加“□”符号。
- 当圆的中心与圆弧相距较远时，若有必要在圆弧附近标注，按下图所示标注即可。

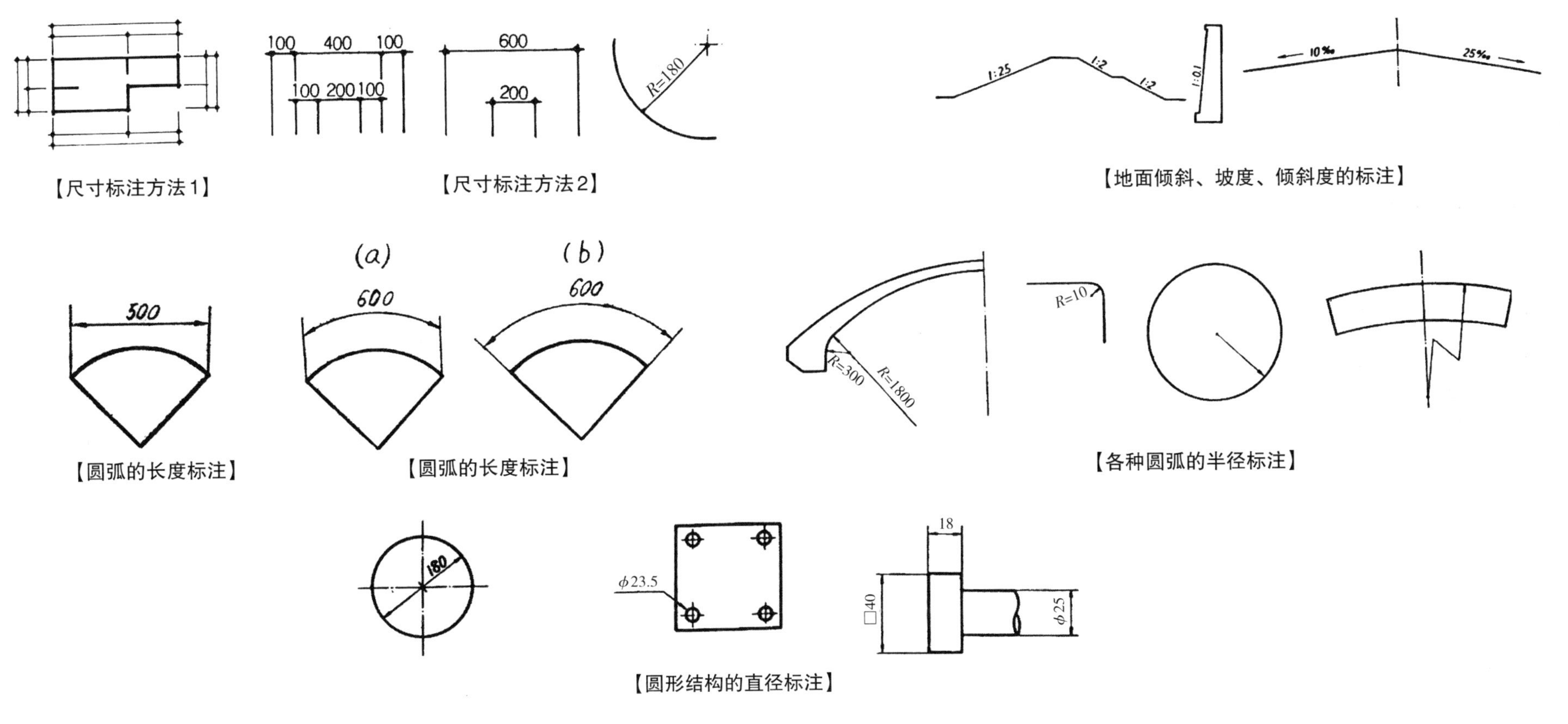

【尺寸标注方法1】　【尺寸标注方法2】　【地面倾斜、坡度、倾斜度的标注】

【圆弧的长度标注】　【圆弧的长度标注】　【各种圆弧的半径标注】

【圆形结构的直径标注】

7）角度、坡度的标注

- 角度标注使用分数和度数（°）。
- 地面倾斜度、地面排水以及坡度等非常接近圆形时使用分子为1的分数标注(例:坡度1/50等)。

·屋顶的倾斜及坡度较大的情况使用以10为分母的分数标注（例：屋顶坡度4/10等）。

·需标注倾斜方向时，沿倾斜度向下的方向加注箭头符号。

·平面角度的标注，以两边交点为中心画出尺寸线，然后标注角度的数值。

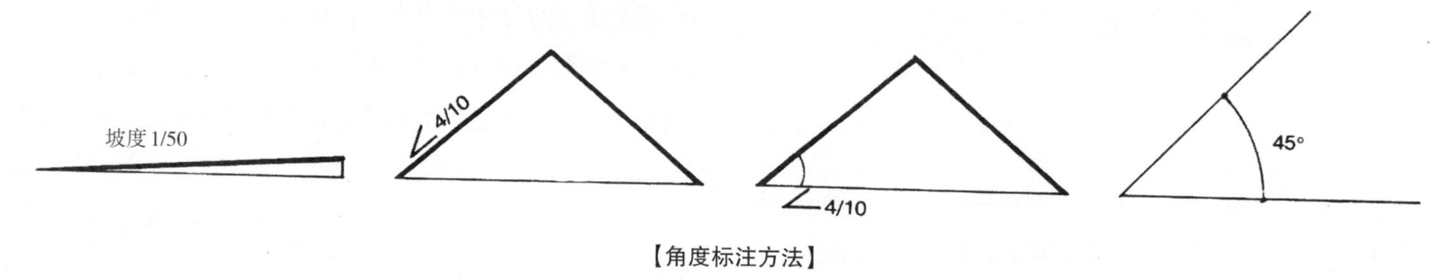

【角度标注方法】

8）线

·制图中使用各种线绘制图面。

·制图中使用的线主要可分为实线、虚线、点线、单点划线等四种。

·实线又可以分为粗实线、中实线、细实线三种。

·实线用于绘制对象物的可视部分，点线和虚线用于绘制不可视部分，单点划线则用于标注基准线、断开线和中心线。

·在制图中，应该具体使用何种粗细的线或什么种类的线很难做出统一规定，但是必须明确区分下面三种不同粗细线的使用范围。

·粗实线主要用于表示大图面的外轮廓线，特殊的图解强调，建筑物或构造物的外轮廓线、剖面线、植被等。中实线主要用于表示小规模的剖面线，内部的剖面线以及设计要素等。细实线主要用于表示字体辅助线、质感、尺寸线等。

·平面图或者立面图中线的使用要体现出高度和距离上的立体感。

·线相互间的粗细关系是制图的重要技术问题，能否正确使用决定着图面的开拓性和精巧性。

·结合上述内容明确区分三种线：一般剖面的外形线使用粗线（特别是地基线）；一般设计线使用中线；其他部分一般使用细线。

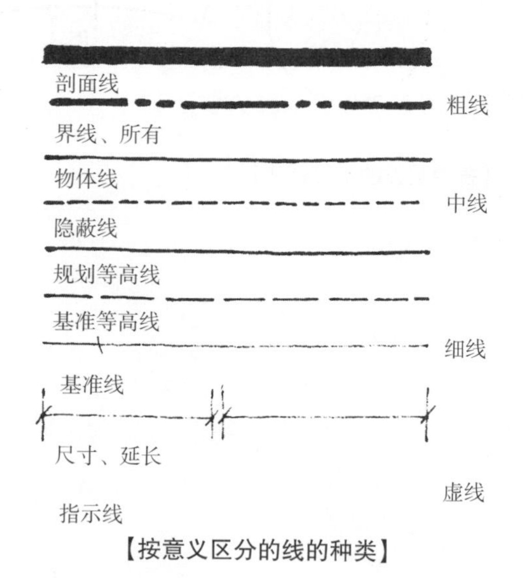

【按意义区分的线的种类】

实线

虚线

点线

单点划线

细实线

中实线

粗实线

【线的种类和粗细】

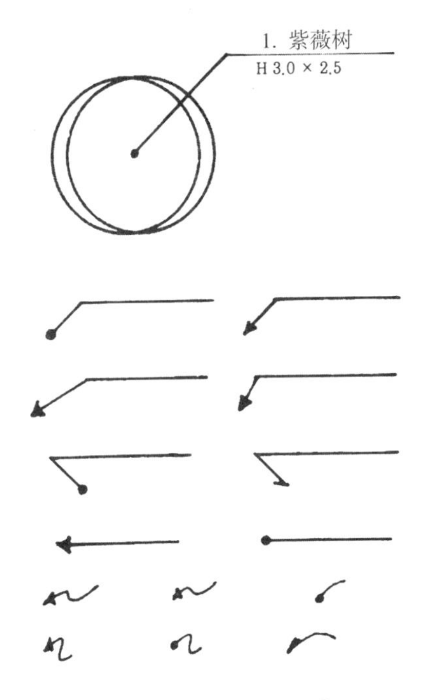

【各种模样的引出线】

9）引出线

·为标注需要说明的设计内容时所绘制的线称为引出线，绘制时应尽可能保持图面中引出线方向和倾斜度一致。

·在景观植物设计中标注树木规格、树种名称时经常使用引出线，引出线应使用细线。

·引出线的水平长度应与要标注内容的长度保持一致，这样有助于提升图面的整体效果。

·应避免引出线相互之间或与尺寸线交叉，绘制时要确保线的粗细一致。

·在景观植物的表现过程中如不得已出现引出线相互间的交叉，需要用“Ω” 符号标注，以避免混淆。

10）位置的标注

·标注位置的标准线为基准线（或组合基准线）。

·标注位置的线不与基准线平行时需明确标出线的两点的位置，或者标注其与基准线的角度。

·基准线的标注原则上使用单点划线，但在不会与其他线混淆的情况下也可使用细实线。

·应在组合基准线的末端醒目的位置标注相应符号。（如：“◣◢”为主基准线符号，“◺◿”为辅助基准线符号）。

·若担心造成混乱，也可使用其他颜色（如：红色线）。

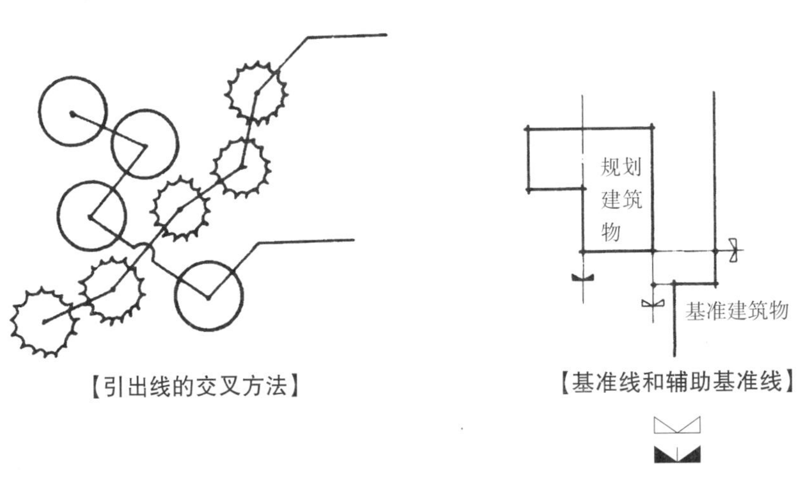

【引出线的交叉方法】 【基准线和辅助基准线】

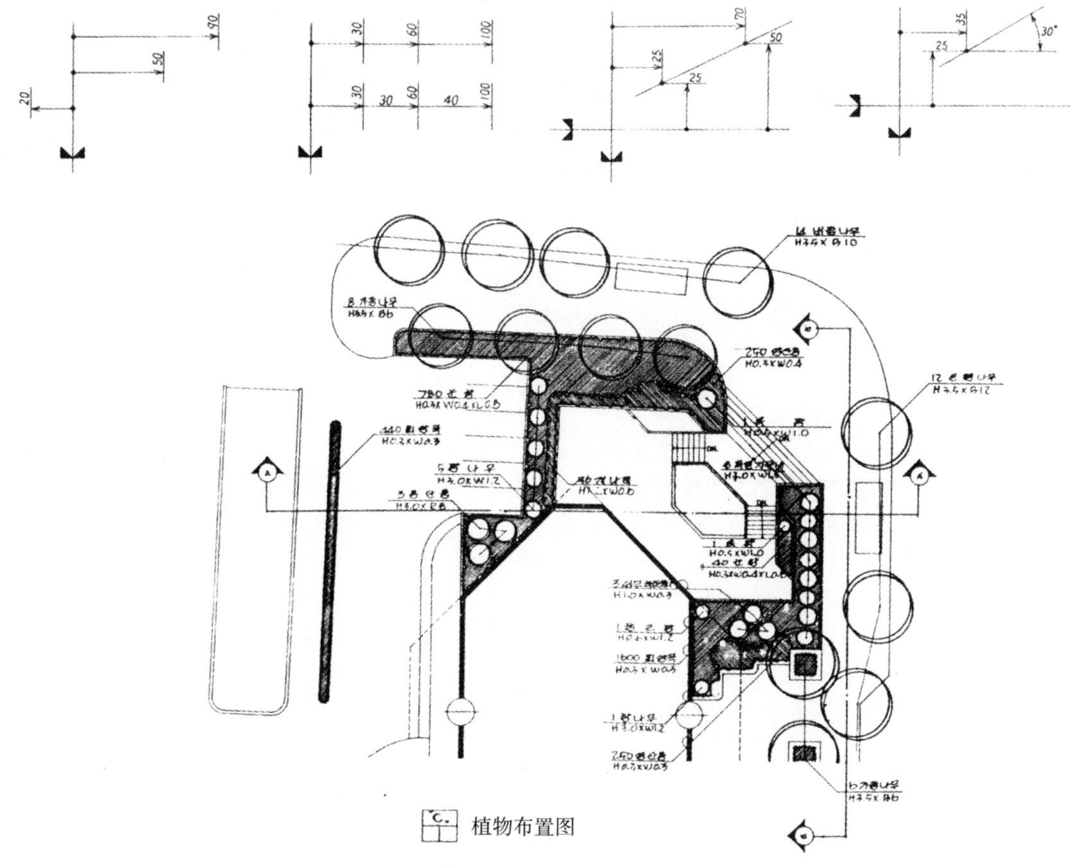

【使用引出线的实例】

11）文字标注

·制图时，各种制图手法和线的表现力总会存在一定的差异，因此需要灵活运用文字及各种符号。

·各种材料名称及收尾阶段的施工方法等内容的标注可以决定图面的价值大小，这表明了文字标注在制图过程中占有重要的作用。

·文字标注只用于对必须说明部分的标注，并确保易于理解、无遗漏或错误。

·可以选择文字的大小、粗细及字体深浅程度，但需考虑图面整体的布局和实用性等因素。

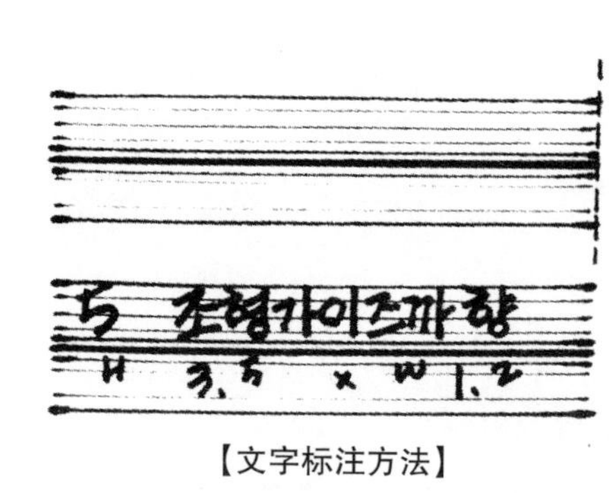

【文字标注方法】

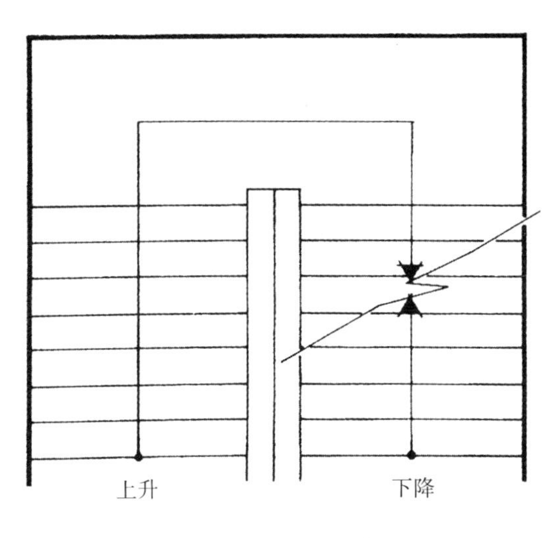

【上升与下降标注】

◆ 通用的标注事项

在实际制图过程中，完全按照各种材料和设施物的实际形态去表现是不可能实现的，因此，在制图时可以使用一些通用的符号。

对于不包括在标注符号表中的比较特殊的事物，一般按照比例画出实际形态并添加说明，如果和标注符号表相类似，则可以在添加说明的前提下采用借用的方式（如：垃圾桶、长椅、绿廊、电话亭、饮料机等）。

1）平面标注

·主要包括平面表现内容中按照实际形态绘制较难的窗户、门、台阶等的标注。

·按照图面所使用的比例尺，可以区分其使用界限。

·可通过判断墙体间有无窗台的标注来区分窗户和门。

·若有窗台厚度的标注则为窗，反之为门。

·使用较大比例尺时，也可通过窗户和门的开关方式来表现，但是使用比例尺在1/200以下时，只能使用一般的方法来标注。

·在门和窗的标注过程中应特别注意，推拉门的旋转半径、旋转弧度不属于设计设施，因此都必须使用细线标注。

·在标注推拉门和窗时，通常左侧窗或门在上方，右侧窗或门在下方（通过周围环境确认）。

·对于推拉门和窗的连接处的标注，不能过于醒目（考虑外部环境和安全问题等）。

·连续的台阶标注通常是在台阶的中间部分绘制截开标记，顺着台阶的中心部分用箭头标注升降方向。

·台阶的升降标注通常是先确定基准地面，在台阶开始线和结束线之间用箭头明确标出。

·为避免台阶和与其连接的相同材料间出现混乱，应明确标出台阶的开始与结束部分。

·坡路情况下的标注仍然遵循台阶的标注方法，但是应明确标出坡路并在基准线上标明升降。

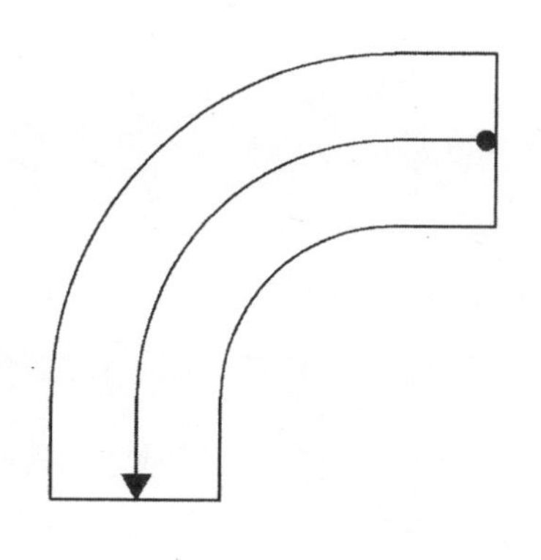

【坡路标注方法】

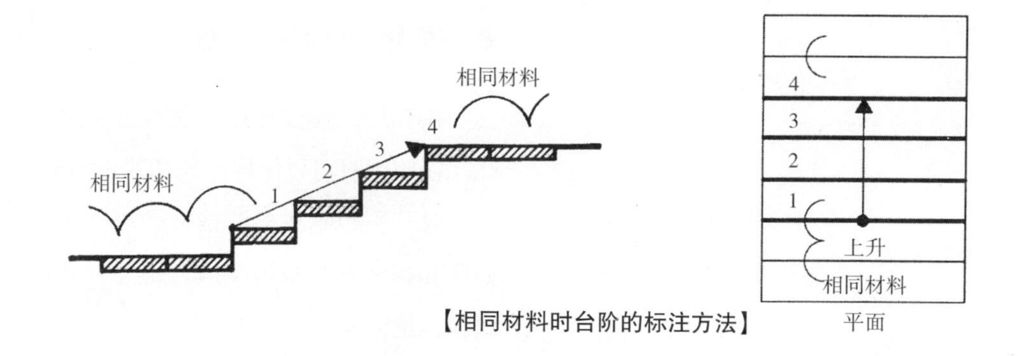

【相同材料时台阶的标注方法】

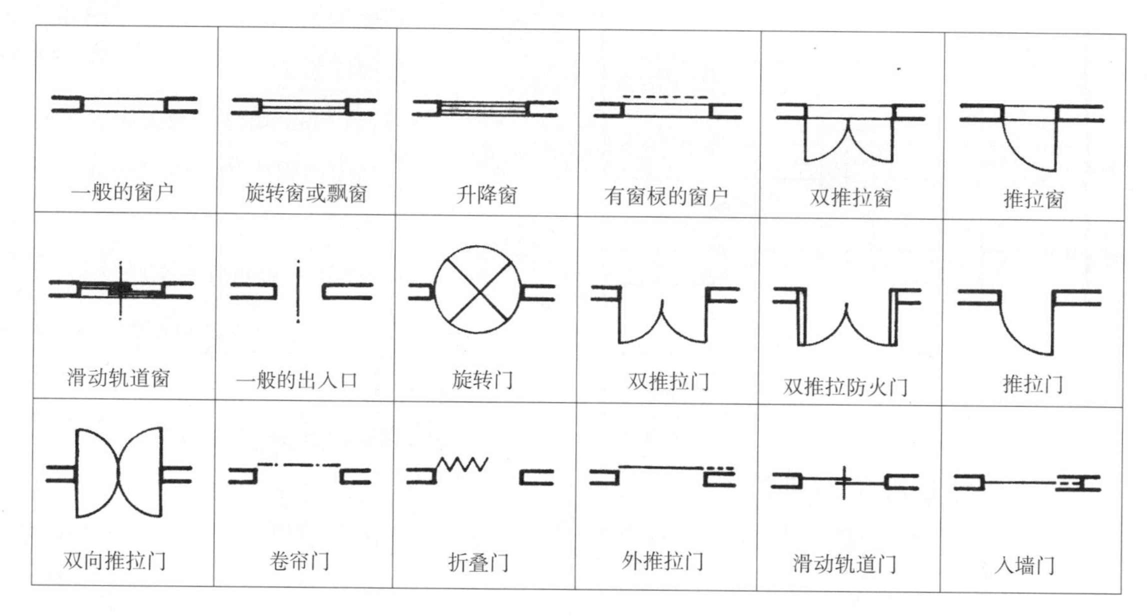

【各种门、窗标注】

2）材料结构的标注符号

·材料结构的标注符号根据选择的比例尺不同其使用也有所不同。

·比例尺小于1/200时，结构标注需填充其厚度后进行，但不可能明确标注出各种使用材料。

·比例尺在1/200~1/50之间时，可以按照一般方法标注材料结构，特别是可以标出材料名称和最终阶段所使用的材料。

·若比例尺大于1/20，其表现可以非常详细，因此可以绘制出具体的材料和结构。

·随地面条件和用途的不同，收尾材料、尺寸以及重要事项等都会不同，下面图表为以混凝土斯拉夫结构为实例所绘制的剖面。

·墙体条件跟上述地面条件相关内容一致，必须要注意其是否位于建筑物内部以及是否是地上墙体。

下面的实例为一般的混凝土墙体的剖面情况。

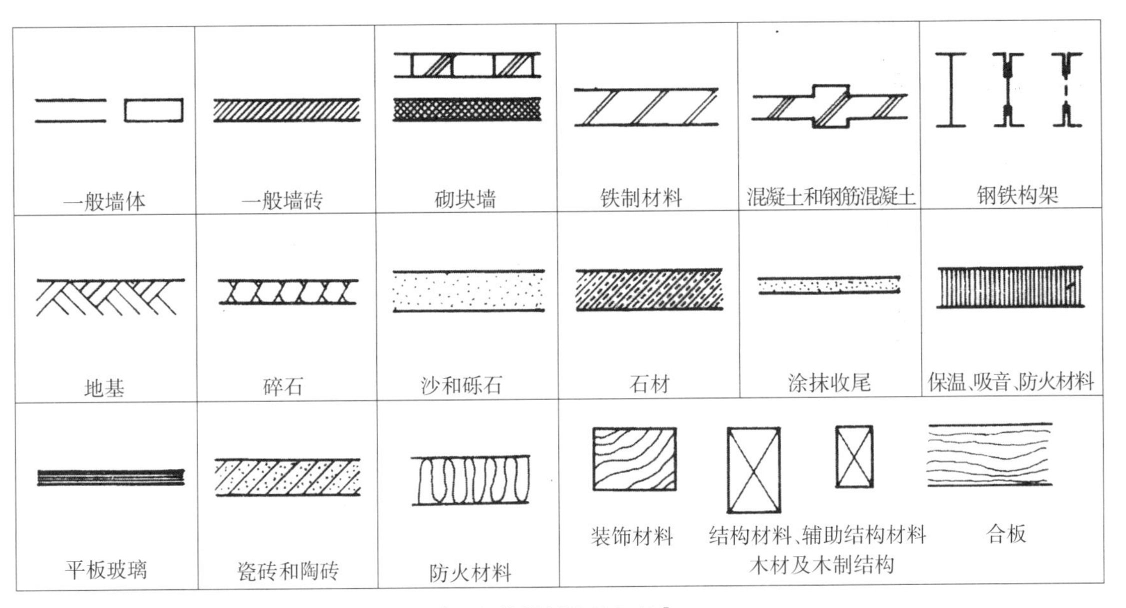

【一般的材料结构标注】

3）各部分剖面详图实例

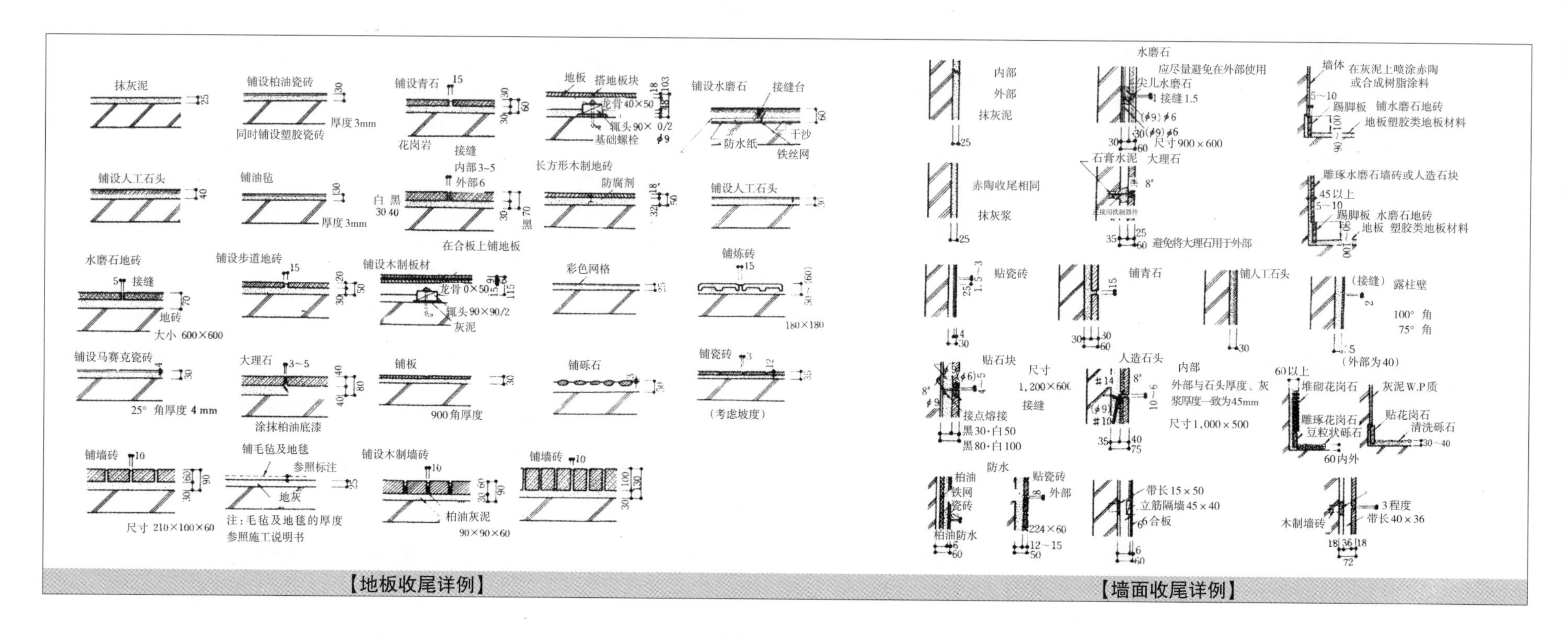

【地板收尾详例】　　【墙面收尾详例】

4）其他重要的符号

·现状等高线使用虚线标注标注，规划等高线使用实线标注。

·等高线分为不同的种类，在标注时，首曲线用细实线，间曲线用中间留有一定间隔的实线，助曲线用长虚线，计曲线则使用粗实线来绘制。

·单点划线上标注PRL表示地域权，双点划线上标注PRL表示所有权，三点划线上标注CLL表示收缩受限线，单点划线表示篱笆，三点划线表示边界线，实线上加注CL表示横向中心线，实线上加注P表示电力供给线，实线上加注W表示主要供水线，实线上加注O表示燃料供给线，实线上加注COS则表示联合下水道，实线上加注STS表示压力下水道，实线上标注SAS表示卫生下水道，长虚线上标注DRT表示排水下水管。

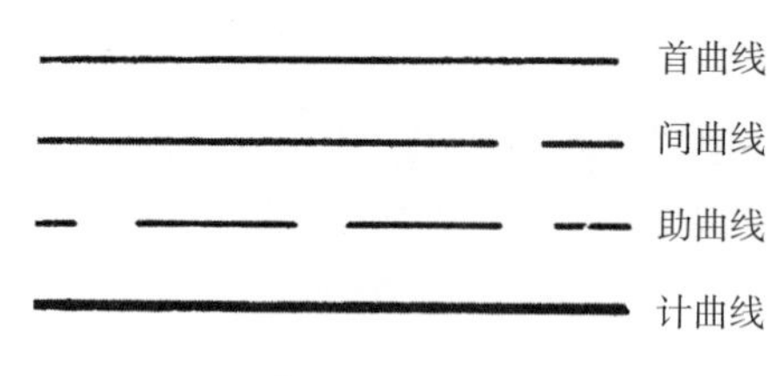

【等高线的标注】

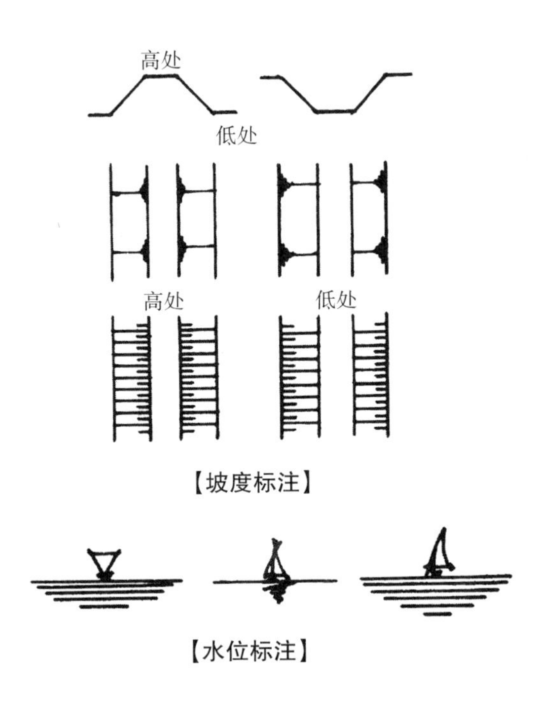

【坡度标注】

【水位标注】

·在绘制规划图面时，规划建筑物使用斜线的交叉标注，现存的建筑物使用斜线，将要拆除的建筑物则使用长的虚线标注其大致轮廓。

·在规划图面中，电线杆用“■”，照明灯用“●”，消防栓用“●”，窨井用“●”，下水沟用“●”符号来标注。当然，如果所使用的比例尺较大时，也可在允许的范围内标注实际的形态。

5）水位及坡度标注

·在水要素的设计中，为了区分水面线和表现其他设计要素的线，水位标注仅用于剖面图中，并按照帆船形态画出其投影线。

·坡度的标注有两种方式：一种是在坡度的上方到下方之间用直角方式在适当的位置画出水流标志；另外一种则是在坡度的上方到下方间，按垂直方向只在连续的线之间的坡度上方标注短线。

◆ 其他设计要素的标注

在任何阶段的规划和设计中，方位标注和比例标注都是必不可少的信息要素。特别是在平面图中必须要标注方位和比例，但在标注时没有特殊限制，可以根据设计者的个性或按照设计公司的要求或习惯来标注。这样重要的信息应尽可能在图面的相同位置标注，正如前面所述，按照惯例，一般标注在图面的右下方。

1）方位标注

·可以按照个人喜好设计，但前提是简单、易懂。

·使用箭头标注时，不管箭头的方向如何，箭头末端通常要标注在北方。

·图面方向一般为上下的垂直方向，根据具体情况也可以定为左右的水平方向。但是图面方向一般不能朝向下方，否则会妨碍对图面的正确理解。

·方位标注在设定出入道路或主方向轴时会起到重要作用。

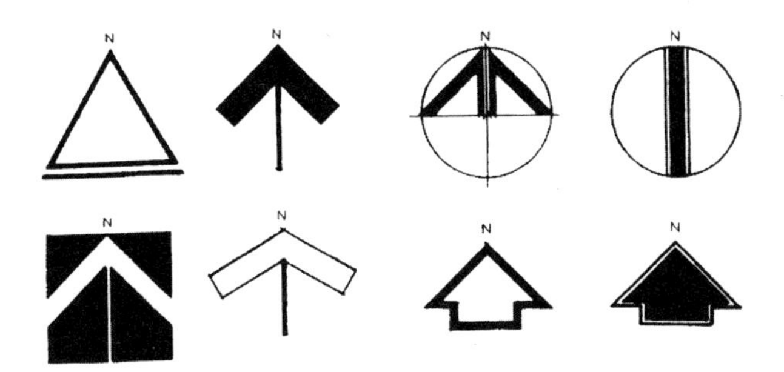

【各种方位标注】

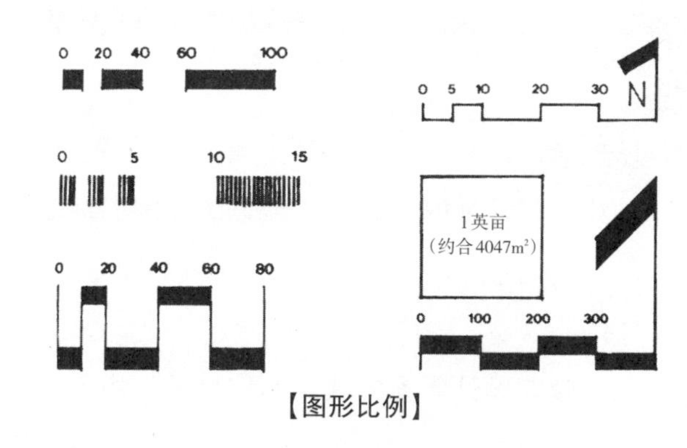

【图形比例】

2）图形比例

·图形比例的价值就在于体现图面缩小或扩大的程度。

·灵活使用平时一般不使用的小比例尺时，主要是为了加强视觉上的效果和说明。

·1/600以下的比例尺用在规划图或者设计图中很难分辨实际的空间感和大小，因此这种比例尺常用于总平面图或者位置图中。

·但是需要注意，图形不能绘制得过大，以免破坏图面的整体效果。

2. 铅笔制图的手法

在设计制图中，往往要求设计者充分发挥个性去表现。铅笔制图时不但可以调节线的粗细及强弱，同时又可以随时变更设计内容，从而成为大多设计者的首选制图工具。但与墨水笔制图相比，铅笔制图则缺乏连续性，绘制时容易弄脏画面或不能长时间保持均衡的线条粗细，因此此种制图法不适合用于蓝图的晒制。但不可否认，铅笔制图对于初学者来说，在各个方面都占据着重要的位置。

◆工具和材料

1）粗自动铅笔

·它作为铅笔制图的主要工具，有很多种类。

·粗自动铅笔主要在规划阶段使用，也可以用削笔器将笔尖削尖用于设计阶段。

·也可用于用粗笔芯练习手腕用力的制图初期阶段。

·笔芯按照粗细可分为0.5mm、0.7mm、0.9mm等几种。

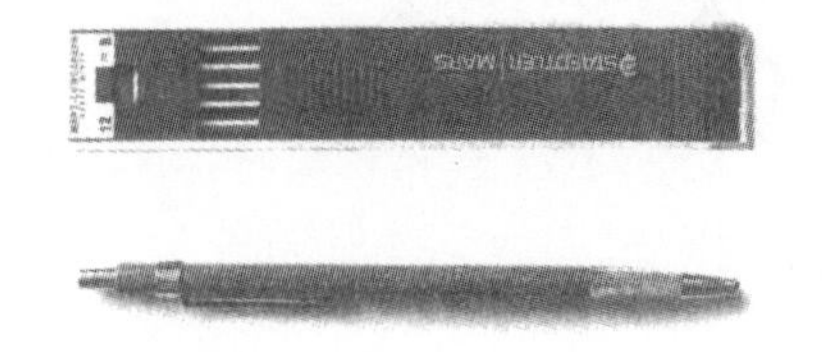

2）自动铅笔

·常用于一般的设计制图中。

·不宜用于肯特纸（尖锐的铅笔芯容易划伤纸面）。

·笔芯有0.3mm、0.5mm等几种。

3）铅笔

·笔芯根据软硬度可分为很多种。

·铅笔芯的硬度一般用H、F、HB、B等符号来表示。H的数量越大表示铅笔的硬度越大（2H、3H、4H、5H、6H等），反之，B的数量越多，则表示铅笔越软，颜色越深（B、2B、3B、4B、5B、6B等）。

F、HB的软硬和颜色深浅介乎于H和B的中间程度。

·笔芯的粗细程度为1.9~3.3mm，一般来说越软越粗。

·粗线使用（剖面、外形线的绘制或插入文字时）：B、HB、F。

·中线使用（一般外形线用）： F、H、2H制图用铅笔。

·细线使用（打底线、基准线、尺寸线用）：2H、3H、4H。

适用于绘制精密的辅助线和模糊的规划线。

草图和实物图：使用B、2B及更软的铅笔。

◆ 线的画法

1）铅笔线的粗细

·灵活变换铅笔的软硬程度。

·同一支铅笔也要随时加减画线的力度。

·灵活运用上述方法。

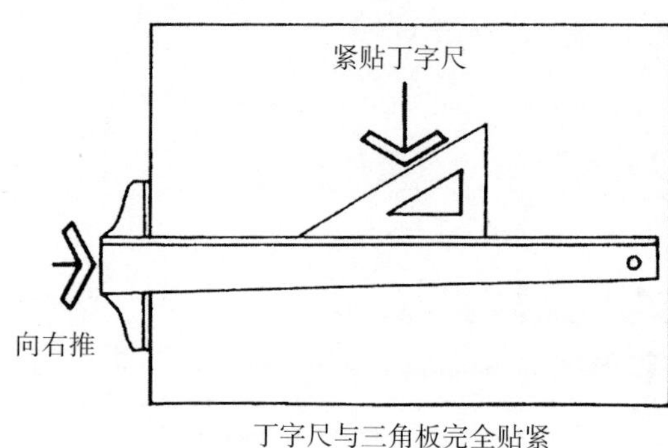

丁字尺与三角板完全贴紧

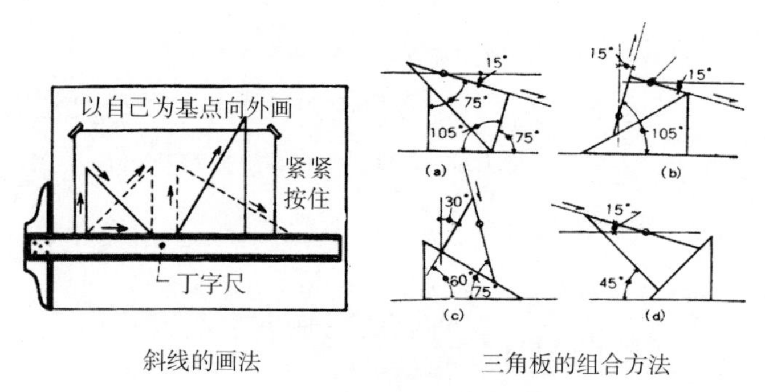

斜线的画法　　三角板的组合方法

【丁字尺和三角板的使用方法】

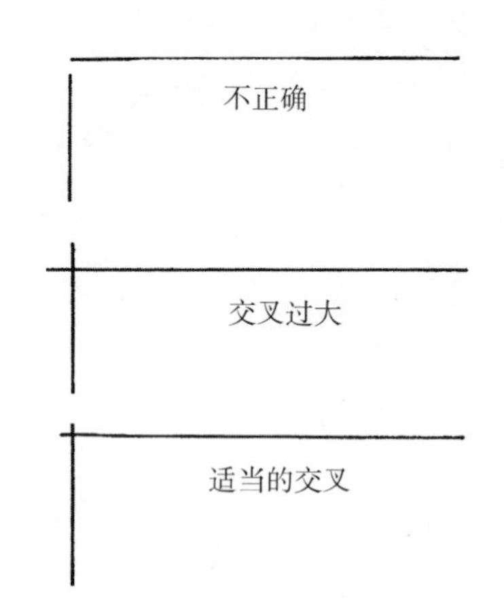

2）水平线的画法

·使丁字尺的尺头部分紧贴制图板的边缘，从左往右画线。

·用左手轻轻按住尺头，防止丁字尺滑动。

·随时擦拭丁字尺，保持图面清洁。

·同一图面中的水平线通过往下移动丁字尺来绘制。

3）垂直线、斜线的画法

·必须熟练掌握丁字尺和三角板的配合使用方法。

·三角板紧贴丁字尺，在制图过程中轻轻按住以防移动。

·垂直线由下往上画即可。

·斜线则顺着三角板的方向自下往上或者自上往下画。

·按照三角板的组合方式可得出15°、30°、45°、60°、75°、105°等各种角度。

4）曲线的画法

·圆弧以及相同圆弧连续组成的曲线使用圆规等制图工具绘制。

·圆弧之外的其他曲线使用自由曲线板或云形曲线板绘制。

·若曲线无法使用上述工具绘制，虽然也可将自由曲线板弯曲后绘制，但通常是根据个人的熟练程度采用徒手绘制的方法。

5）圆的画法

·轻轻将圆规竖立，然后向右侧旋转绘制成圆。注意不要损伤纸面。

·中号圆规可用一只手操作，但对于大号圆规来说只能用两只手轻轻按住轴心和铅笔来绘制。

·一般来说，按压的力量要保持适度。

6）线的交叉及连接

·图面是由不同线的连接和交叉构成的。

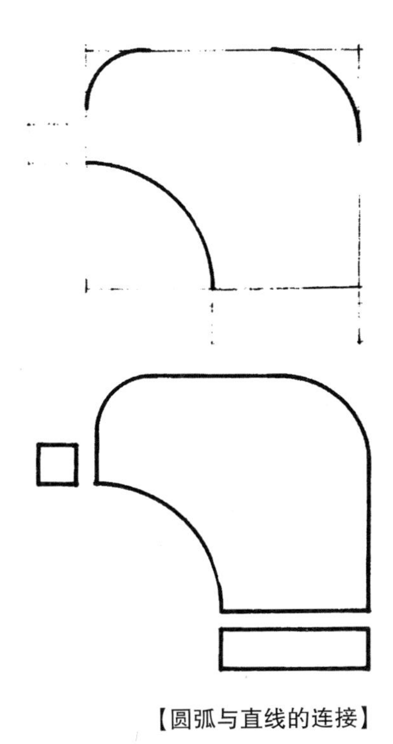

【圆弧与直线的连接】

·做到正确连接各边，重要的是线的适当交叉。

·圆弧与直线连接时，先画圆弧，然后在保证与圆弧准确连接的基础上再绘制直线。

7）画线的练习

·削好铅笔是画好线的前提和保证（笔尖不能太尖锐，需保持圆滑）。

·握笔的最佳位置在笔尖以上3cm左右。

·向下用力，小拇指轻靠纸面以保持位置的固定。

·从直立位置往上方右侧倾斜30°~40° 将铅笔平放绘制，只有这样才能更好地靠到丁字尺的下方边刃，可减少直线的偏差。

·从左向右水平方向快速滑动铅笔，同时旋转铅笔（大概旋转1/2程度），这样才能保证笔芯能均匀磨损，可保证线的均匀程度保持一致。

·画长线时，视线应从线的起点同步移动到线的终点。

·在线的起点和终点处应加重笔力以示强调。

·所谓铅笔制图中绘制正确的线，就是指绘制准确，充满自信和生动感，粗细、用力均保持均匀的线。

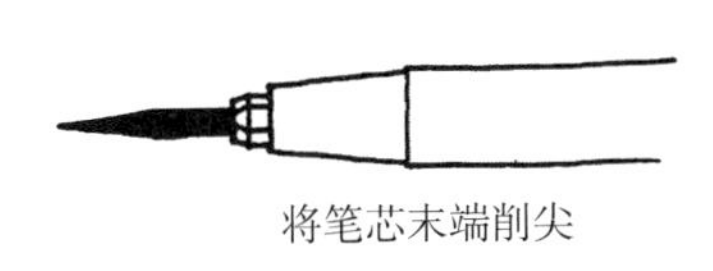

将笔芯末端削尖

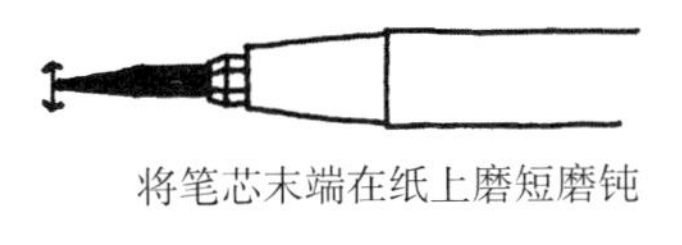

将笔芯末端在纸上磨短磨钝

将笔芯末端在纸上快速旋转，使笔尖变得圆滑

【削笔芯的方法】

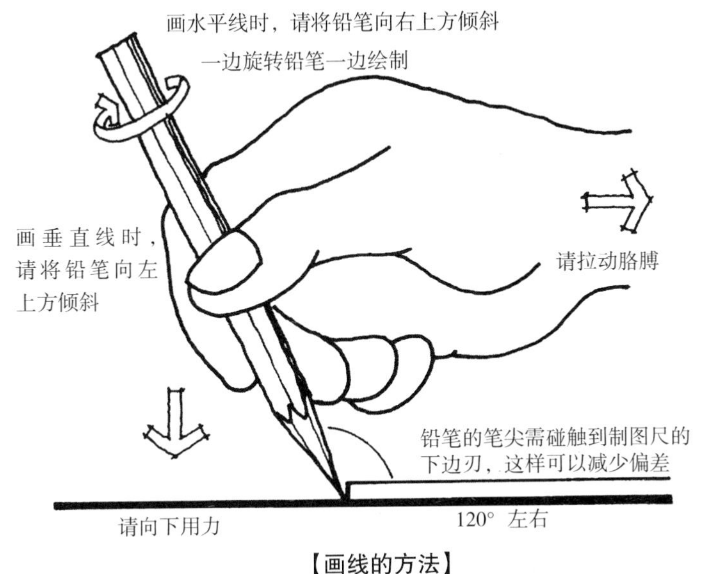

【画线的方法】

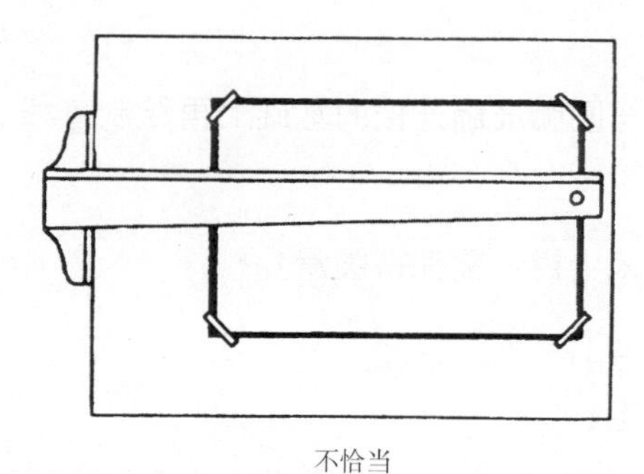

不恰当

恰当

【制图用纸的固定方法】

◆ 铅笔制图的顺序

1）准备阶段

·确认制图用纸的表面平整无破损，将其固定于制图板上。

·尽可能将用纸固定在制图板的左侧，这样可减少在丁字尺使用过程中因其移动产生的偏差。

2）制图阶段

·使用削尖的2H或4H铅笔用较为模糊的细线勾画出大致的设计内容范围，规划整体位置（包括尺寸线范围在内）。

·先绘制设计内容中的曲线。

·使用F、H或者2H铅笔绘制设计内容。

按照从左上方到右下方的顺序绘制。

·用细线绘制尺寸线。

·写出关于所有设计内容的文字说明。

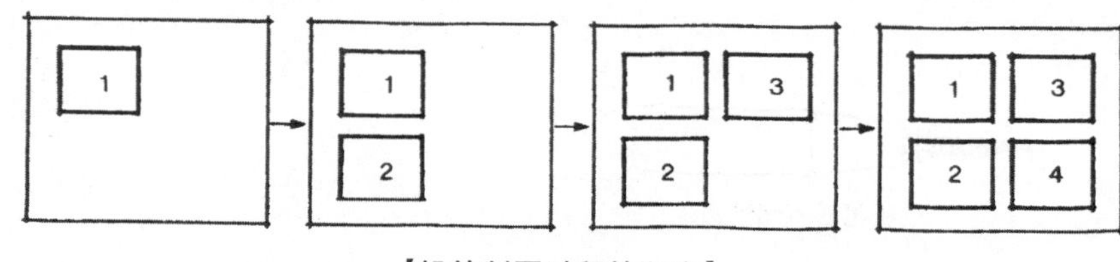

【铅笔制图过程的顺序】

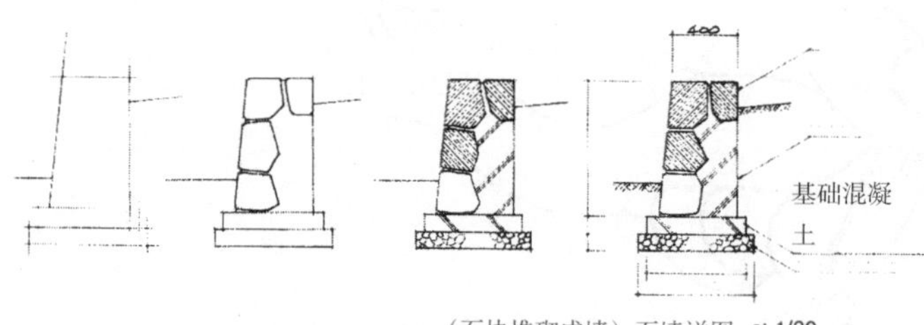

【制图的顺序】

3）收尾阶段

·根据设计内容的需要可绘制适当的质感和阴影表现。

·将图面上脏乱的部分用橡皮擦除，然后检查有无遗漏或误记内容。

【铅笔线练习】

3. 墨水笔制图的手法

所谓墨水笔制图是指用直线笔（鸭嘴笔）在铅笔绘制的底图上制图或者将描图纸放在底图上用针管笔制图的方法。

墨水笔制图与铅笔制图相比有以下几点长处：制图准确性高，线条粗细均匀，同时线条颜色浓度较大，便于复印，因此常用于图面展示和保存等重要的图面作业中。但同时它也具有制图周期长，对制图作业的要求比较挑剔等缺点。随着针管笔（制图用钢笔）的大量使用，图面绘制过程中的许多不便之处得到了很多改善。

◆工具和材料

1）直线笔（鸭嘴笔）

·它是针管笔出现之前墨水笔制图的必需工具。

·可通过调整笔前端的螺丝来调整线的粗细。

·在应对各种各样设计上的变化方面效率比较低。

·使用时极易弄脏图面，近年来使用频率很低。

2）针管笔

·针管笔可用于胶片纸或描图纸。

·针管笔的针管管径有各种不同规格，可以绘制出各种粗细的线条，非常方便。

·为了获得好的表现效果，应该灵活搭配使用0.2mm、0.4mm、0.6mm、1mm粗细的针管笔。

3）注意事项

·不使用时一定要套上笔盖，防止墨水干结。

·超过一个月以上不使用时，再次使用前需先用温水清洗。

·笔尖细钢针部分的粗细在0.2mm以下时，注意绝对不能随意拆卸（细钢针部分结构精密，拆卸后很难重新安装）。

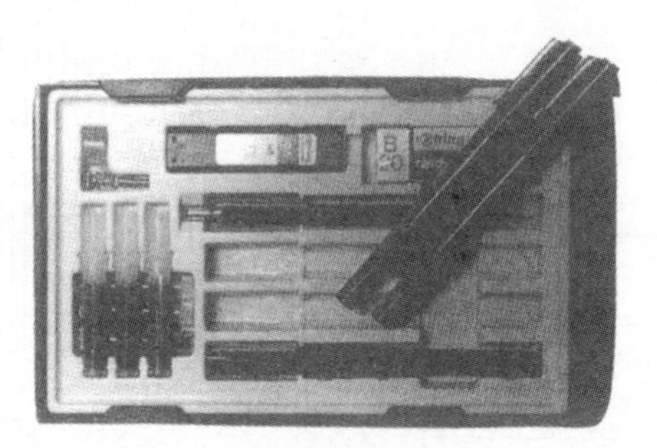

【针管笔】

·如果笔使用不顺畅或处于冻结状态时，应放入温肥皂水或定影液中浸泡。

·擦除墨线时使用电动橡皮或特殊的修正液。

·墨水包含在针管笔套装中，一般有很多颜色。

◆制图技法

制图要领

·制图前先要确定使用线条的粗细和种类。

·如要使用胶片纸，需先用酒精擦拭表面，清除表面的指纹或斑点。

·若使用描图纸，在制图前应用橡皮轻轻擦拭纸面。

·粗细相同的线应同时绘制。

·使用时应上下摇动笔身。

·与铅笔制图不同，绘制线条时，针管笔应与纸面保持垂直使用（这样墨水不易渗透出来，笔头的细钢针部分也会避免只磨损一侧）。

·不要太向下用力，运笔用力应均匀平稳。

·运笔应保持匀速、平缓。

·填充较宽的图面时，先用细线勾画出轮廓，然后用粗笔或毛笔填涂内部。

·在墨水干透之前应避免线的交叉和重复。

·橡皮或修正液应在墨水干透后使用，制图完成较长时间后应用酒精擦除。

·制图顺序与铅笔制图相同。

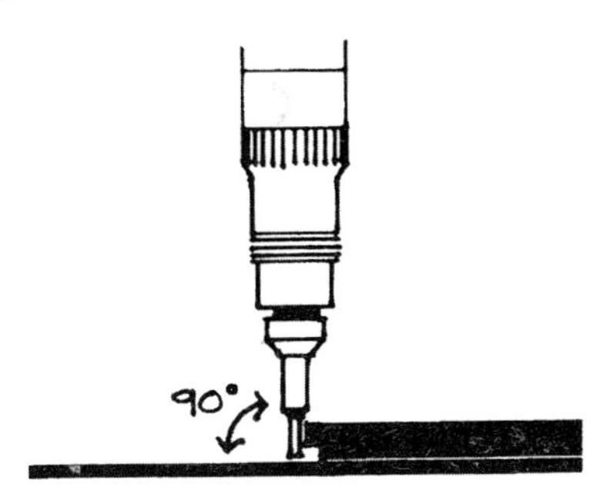

【墨线练习】

◆ 徒手制图

在建筑设计或土木设计图面中，其设计内容的特点决定了大部分时候都必须使用制图工具，但在景观设计图面中，因其涉及的素材多种多样，其中包括很多自然环境和对象等，因此在很多情况下都必须使用徒手制图的方式。并且，对于初期阶段的构思，使用徒手制图效果最佳。不仅如此，徒手制图在表现规划准备阶段的构思方面会起到很大的帮助作用，同时还会提高设计者的设计能力，促使其自由发挥自己的构思和想象力。

徒手制图的能力养成需要制图者不断提升手腕、胳膊及关节的运用技巧，并不断练习其随心所欲在任何方向自由移动的能力。

在本章中我们先了解一下徒手制图所需要的材料和工具，然后学习徒手制图的手法和技能。在制图过程中，对于快速绘制的草图内容以及尺寸和具体形态的表现，都要使用不同的线条和表现方法。即，在分析图或者草图、构想图阶段，需要设计者灵活运用各种自由线条尽情地表现自己的构思和想法。相反，规划阶段之后，徒手绘制线条时则要求下笔慎重、有力。在这个阶段，即使是徒手绘制，也要求线条准确且具有特性，因此，先使用制图工具勾画出底稿后，再徒手绘制。徒手制图无法绘制出如同使用制图工具那样准确的线，但如果设计者需要自然地去表达自己的构想和设计意图，徒手制图反而会取得意想不到的效果。

本章最后将介绍一下抽象事物的表现方法。

1. 材料和工具

材料和工具不同，制图效果也会不同，这就需要我们选择可以更好地表达设计内容的材料和工具。

◆ 干式工具

与湿式工具相比，干式工具适用于较为柔和、强度较弱的表现对象，易于修改和补充完善。

1）柔和的黑色软铅笔

· 可绘制粗、细、深、浅等各种特征的线条，但极易弄花或弄脏纸面。

· 一般使用4B~6B的铅笔，绘制粗线条时，可将笔尖磨圆磨钝，反之，绘制细线条时需将笔尖削尖。

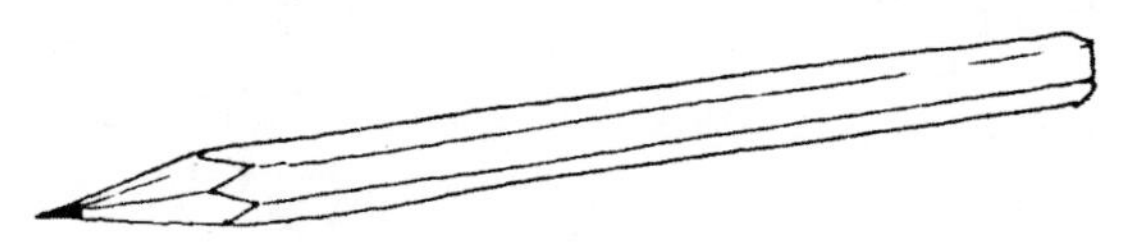

2）粗自动铅笔

· 适用于大胆表现设计者构思的概念图或构想图，使用时装入3mm左右规格的草图用笔芯。

3）石墨

· 虽然它容易将图面弄脏弄乱，但是在快速绘图或表现明暗关系时具有良好的效果。

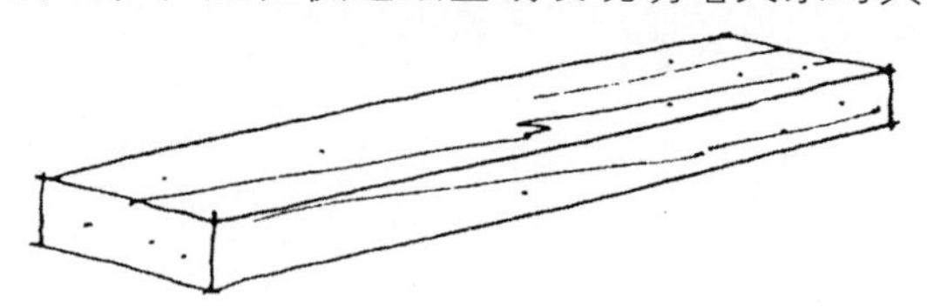

4）扁平的草图用铅笔

• 可用于材料颜色的说明或质感表现。

5）彩色铅笔

• 可用于材料颜色的说明或质感表现。

• 可用橡皮擦除。

6）彩色蜡笔

• 其缺点是易产生粉末，但表现优美、柔和的对象时效果良好。

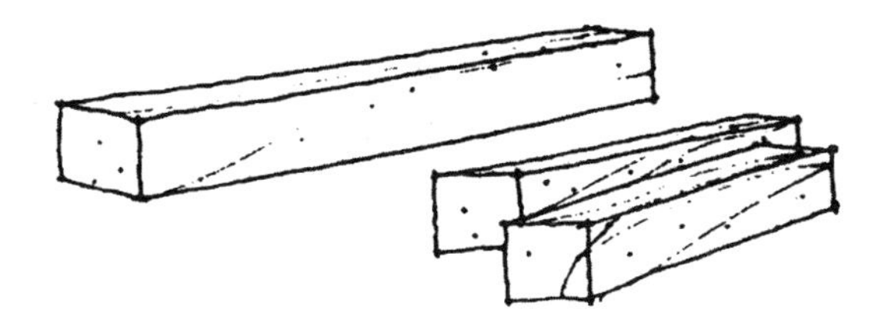

◆ 湿式工具

与干式工具相比，湿式工具给人的印象更为强烈深刻，因此一般在设计者手法纯熟后并自信时使用，但缺点是不易修正或补充完善。

1）签字笔

• 有各种粗细，可根据需要选用。

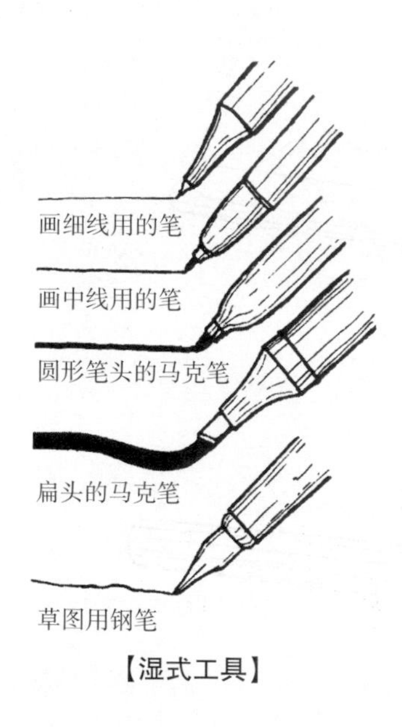

【湿式工具】

2）马克笔

·马克笔的笔头分为圆形和扁平形两种，可根据需要选择使用。

3）草图用钢笔

·与铅笔一样，可根据用笔力度的变化来表现不同的效果。

·使用表面柔软的用纸会取得更好的表现效果。

◆ 用纸

1）制图用纸

·主要使用肯特纸、图画纸和道林纸等。

·肯特纸适用于制图，但是着色效果较差。

在绘制保存用图面或者展示用图面时使用。

·着色用纸主要包括绘图纸、白卡纸等。

2）描画用纸

·描画用纸包括描图纸和描图布等。

·描图纸是最为普遍的一种制图用纸，按照颜色、厚度、纸质等可以分成很多种类，可根据用途选择使用。

·适合使用橡皮擦除，穿透性强，即使只用铅笔也可以准确描画。

·易收缩，容易撕裂，易产生折痕，使用时需注意。

·为达到较好的表现效果，应使用签字笔或软铅笔。

·使用马克笔时，为防止墨水的渗透和吸收，需在纸的背面放置其他纸张。

·描图布与描图纸基本相同，适用于用原图大量复印或长时间保存的情况，也可用于墨水笔制图。

·其缺点为不适合用铅笔收尾且价格偏贵。

3）防止过度渗透的马克笔用纸

·这种用纸可在一定程度上防止墨水的渗透，但轻微的渗透是不可避免的。

·有意识地利用轻微的渗透，可能会取得意想不到的效果。

·大部分情况下更倾向于清晰的线条和细腻的表现。

·有的无法复印，有的则是随复印次数的增多而逐渐变得透明。

2. 徒手制图的手法

在制图过程中，草图内容发展到一定阶段和程度后，对于尺寸和具体形态的表现，要求使用不同的线条和表现方法。

即，在分析图或者草图、构想图阶段，需要设计者灵活运用各种自由线条充满自信地去表现自己的构思和想法。

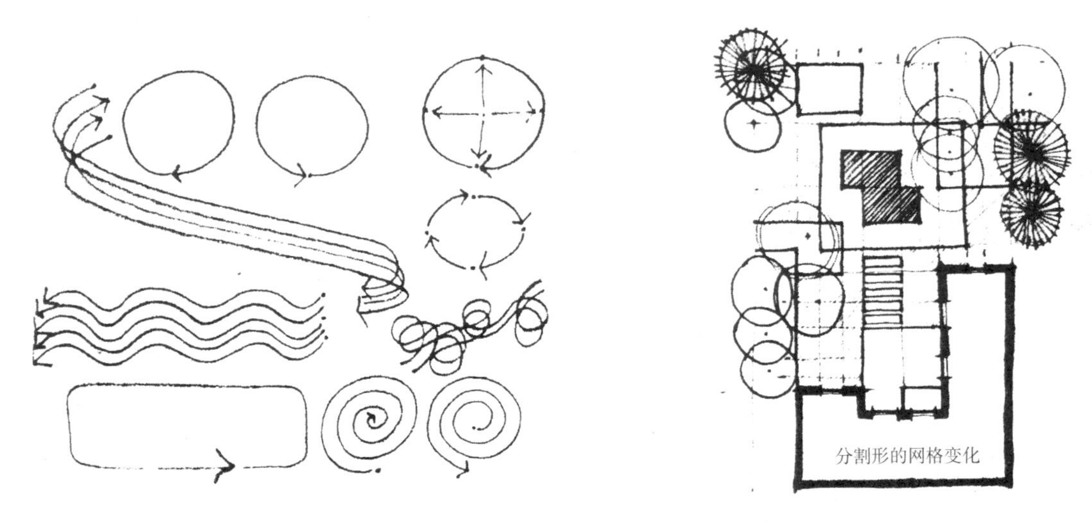

【不同阶段所使用的各种线的运用】

◆ 初期阶段自由绘制的线

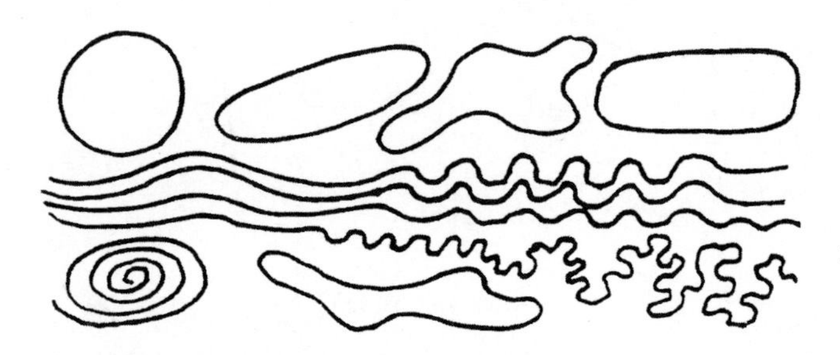

【自由绘制的线】

1）自由绘制的线

·在宽幅纸面上绘制曲线或者相互连接的线时，需将手腕固定，利用胳膊肘或肩膀的移动，使手滑动来绘制。

·尽量保持手及手腕不动。

·对由一条线形成的自由形态来说，可正确连接，也允许出现些微的间隙。

·可以快速绘制由几条线形成的形态，效果也不错。

2）长直线

·不要移动手腕和手，以胳膊肘为支撑点边移动胳膊肘边画线。

·在绘制超长的直线时，若有需要，可在中间稍稍中断然后连接起来接着绘制。

·绘制斜线或垂直线时，根据需要，可以调整身体或纸张的位置。

·连接两个点时，视线看向另外一个点快速使用铅笔绘制。

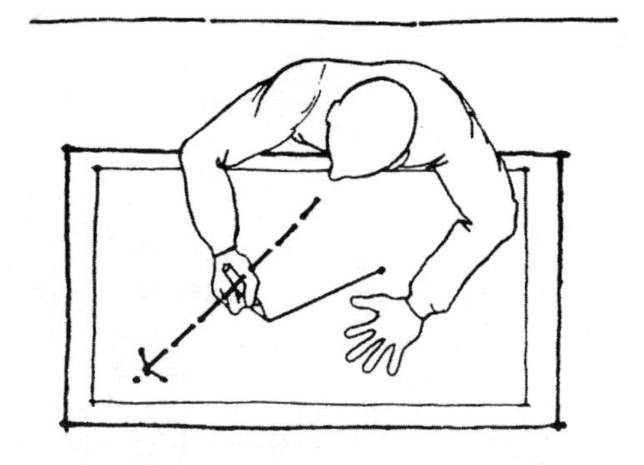

连接两点时，视线看向另一点快速绘制

3）短直线

·按照画长直线的方法进行，保持手腕平衡不移动。

·快速绘制时要保持自信，在线的开始和结束处加大运笔力度以明确表示线的起点和终点。

·结尾运笔力度要大，可以有稍微的重合。

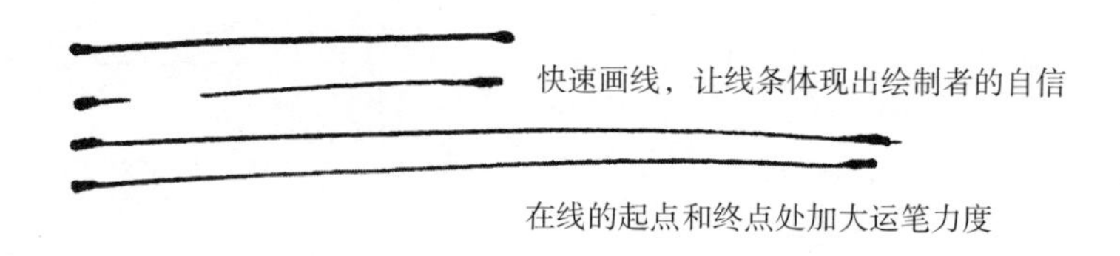

4）各种小形态的表现及详细的线

·只使用手腕和手指绘制各种小的形态和曲线。

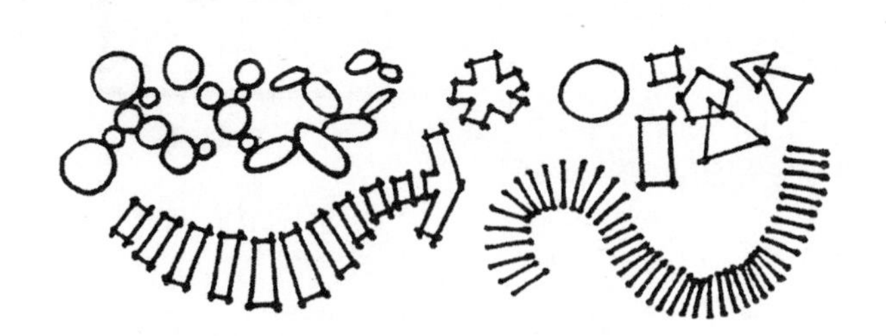

5）轮廓线内的平行线和体现明暗效果的线

·按照所需的方向平行绘制，并使各线与外形线连接。

·在线的起始端和终端处加大运笔力度，同时使其与轮廓线稍稍重合。

·若不按上述方法绘制，不但视觉上比较杂乱，整体效果会显得不够明快、精练。

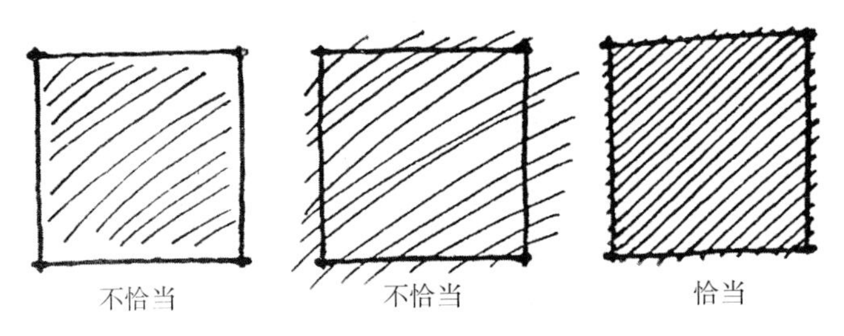

◆ 绘制具体图形的自由线

1）绘制几何图形的自由线

·首先大致勾画出所要表现的图形的轮廓线。

·顺着辅助线，绘制出表现自然的线，运笔要谨慎。

·此处的自然的线跟前面所提到的自然绘制的线一样，不要求运笔的速度，绘制时需要顺着轮廓线轻轻晃动铅笔，同时胳膊微微颤动（握笔的手要用力）。

·在很多情况下，这样的表现成果会比工具制图更加简练明快、充满感情色彩。

·在简略的设计条件下也可使用方格纸。

【为绘制连续图形的自由线练习】

【绘制几何图形的自由线】

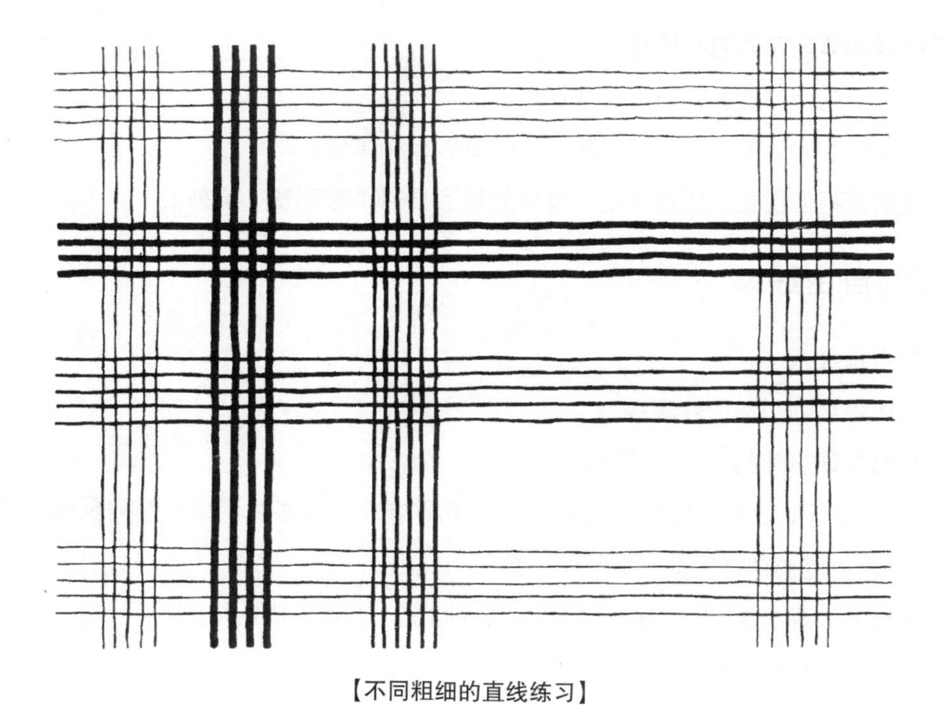

【不同粗细的直线练习】

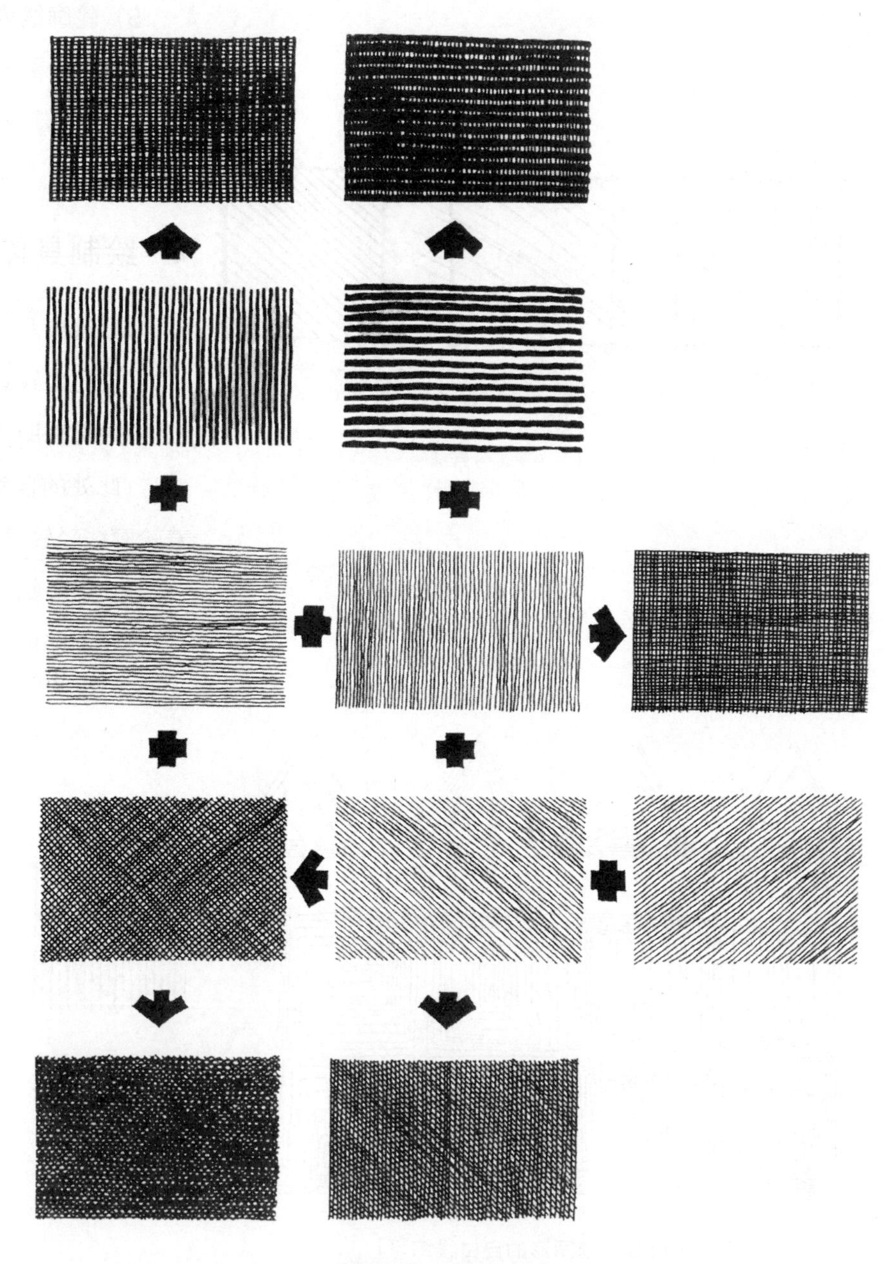

【各种线画法的组合】

【用自由线表现的装饰及墙的粉刷效果实例】

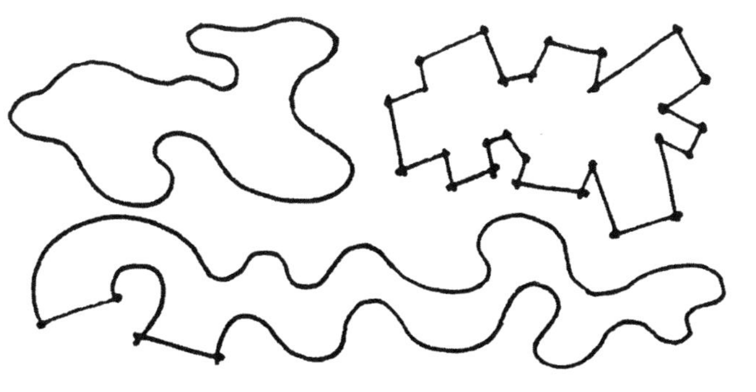

【绘制自由图形的自由线】

2）绘制自由图形的自由线

·需要表现的图形无法预先使用制图工具画出，因此先勾画出大致的轮廓。

·顺着轮廓线，结合预想的尺寸谨慎绘制。

·在绘制自由图形的自由线时，需保持手腕不动，边移动胳膊肘边随着手的移动绘制。

◆ 应用线

为表现草坪或树木的轮廓线而进行的画线练习

·完全依靠手腕和手的移动快速画线。

·大量进行各种表现的练习，为以后打下良好的基础。

·为了加强表现的力度和效果，最好随时调整所画线条的轻重。

·重要的是要不断开发符合个人个性的应用线，熟悉多种表现技法。

可以成为绘制草坪或树木轮廓线的基础

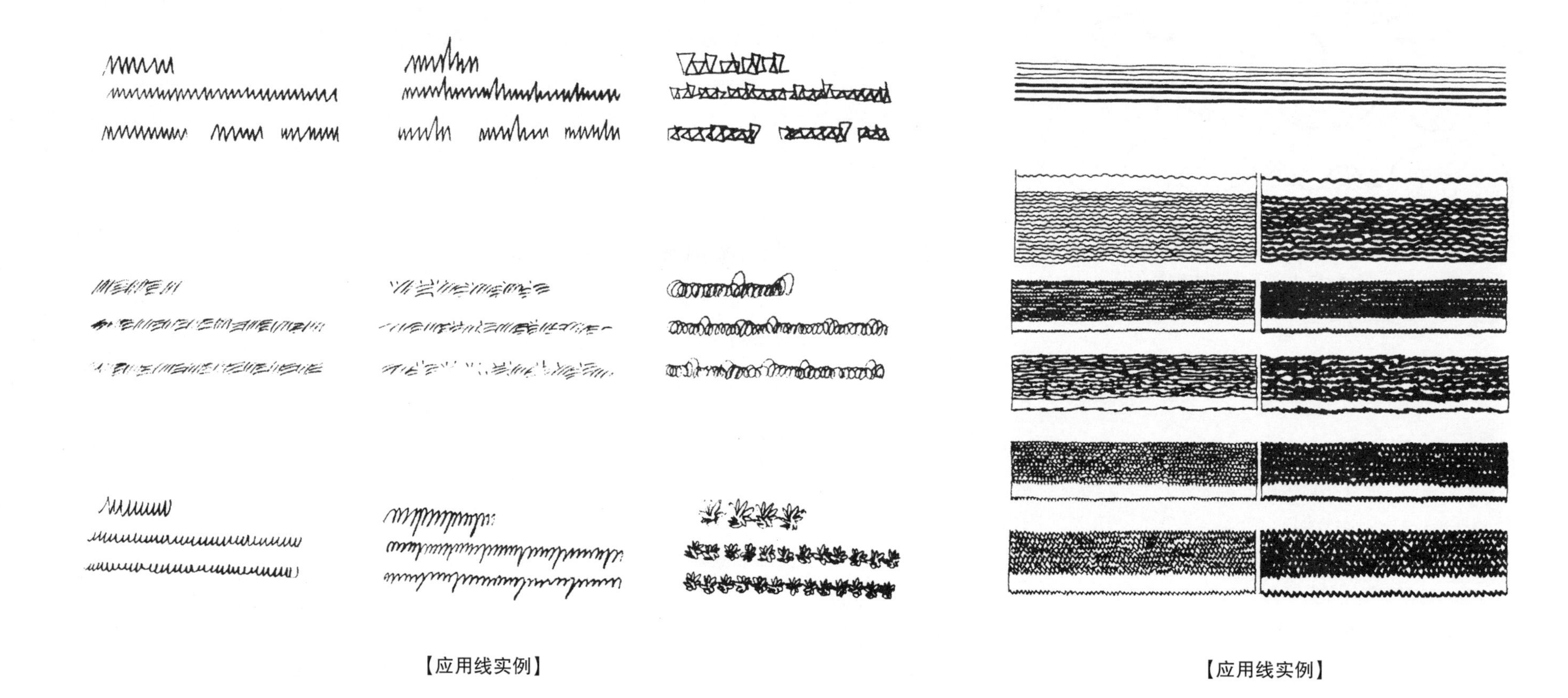

【应用线实例】

【应用线实例】

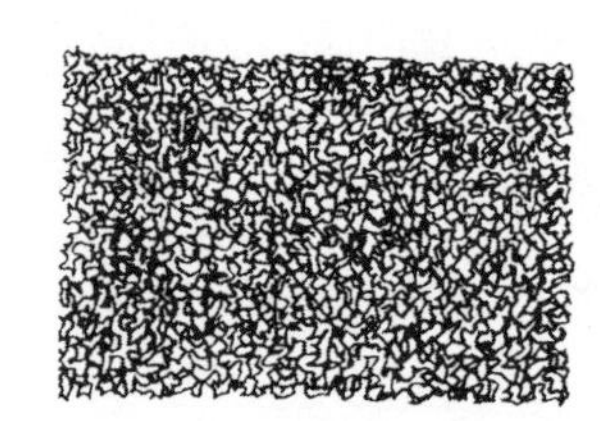

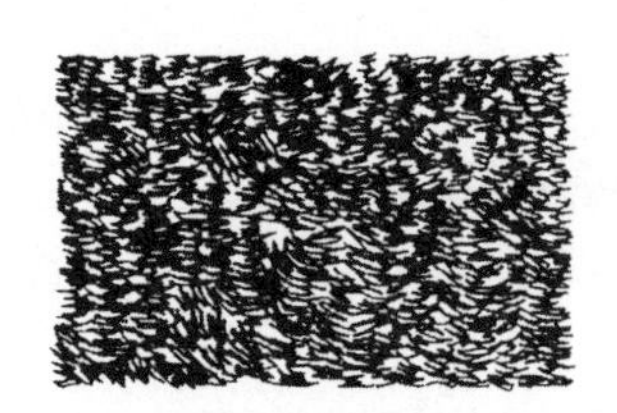

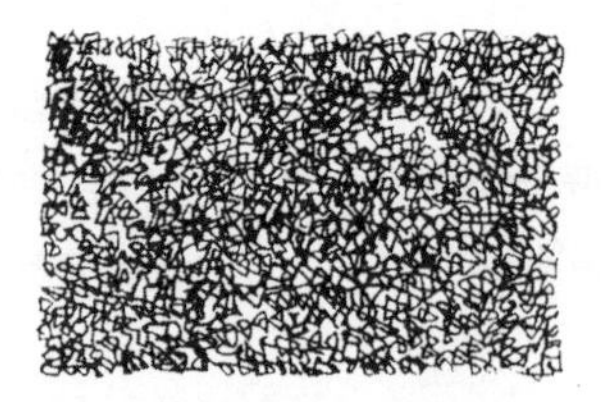

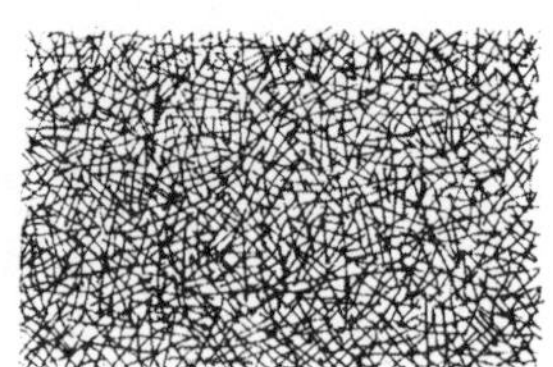

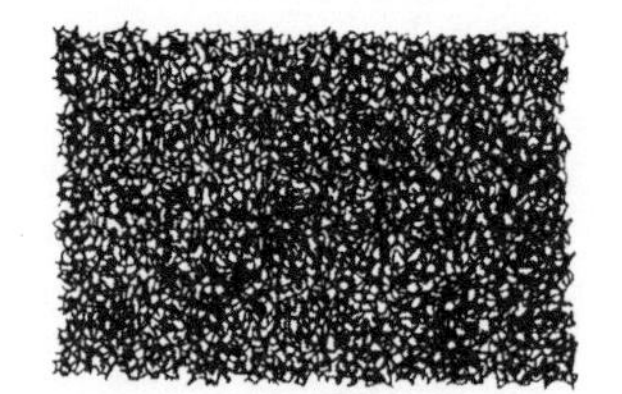

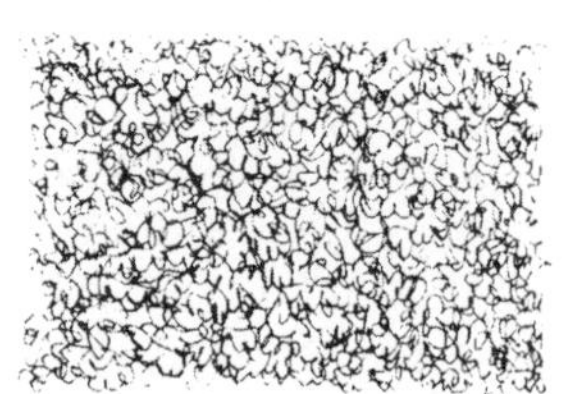

【各种杂线的组合实例】

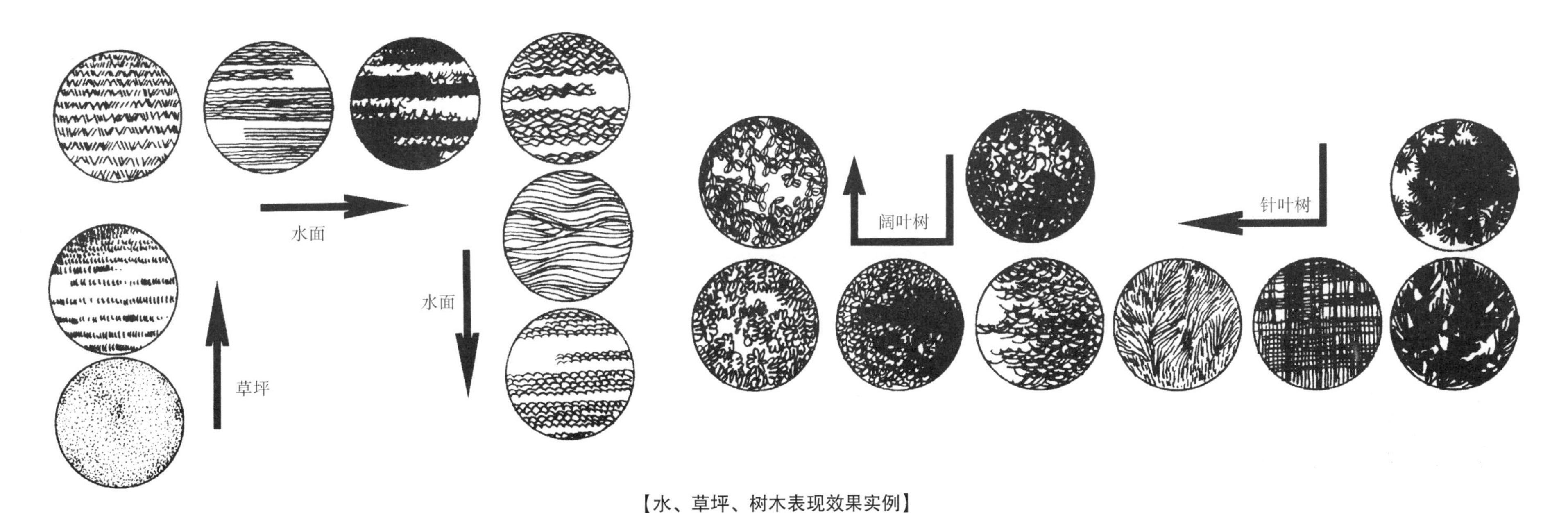

【水、草坪、树木表现效果实例】

【基础应用线的运用实例】

3. 抽象形象的表现

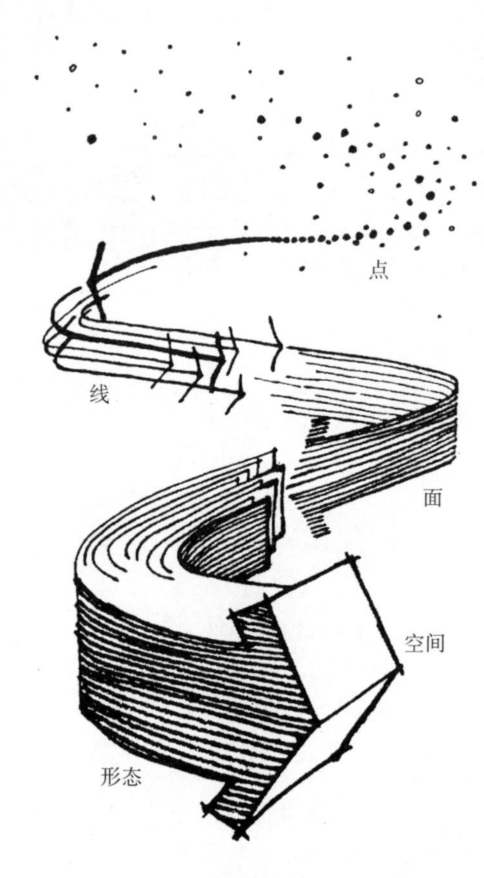

点在一定方向聚集构成线，线密度增加形成面，方向各不相同的面组合成形态

设计过程中的表现是在某种特定的环境和条件下寻求一种最佳状态的过程。这里所指的最佳是指用最简洁、最少的元素来充分展示想要表达的内容。设计者的表现目的是为了向他人展示，因而，新颖的构思固然非常重要，但更重要的是如何将构思更有说服力地传达并表现出来。

分析图在设计过程中，是整理设计者的构思并进行最有效表现的基本方法。分析图作为一种视觉语言，它的表现抽象、快捷并具有象征性，可以让对方毫无负担地接受并了解设计者的构思意图。

本章中所介绍的技法不是标准，希望大家可以通过各种实践找到属于自己的图面表现方法。

◆ 作为象征的设计要素

所有的视觉设计基本要素（也可称为要因或者次元）都可以区分为点、线、面、形态、空间、质感、明暗、色彩等。这些要素在体现视觉反馈时，即便是平面的、二维的，其大小、方向、反复、次数等变化带来的视觉冲击和情感的传达效果都是直接的、即时的，因此我们应该在正确了解这些要素的特性及种类之后（请参照设计要素和设计原理方面的专业书籍）选择恰当的表现方式。

1）点要素的实例

·一般的点要素。

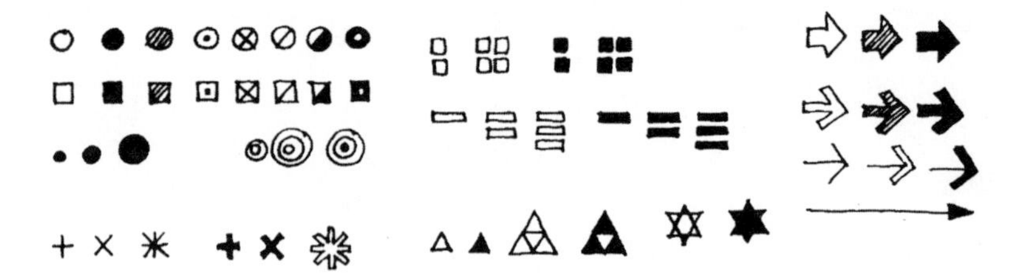

2）线要素的实例

·一般的线要素。

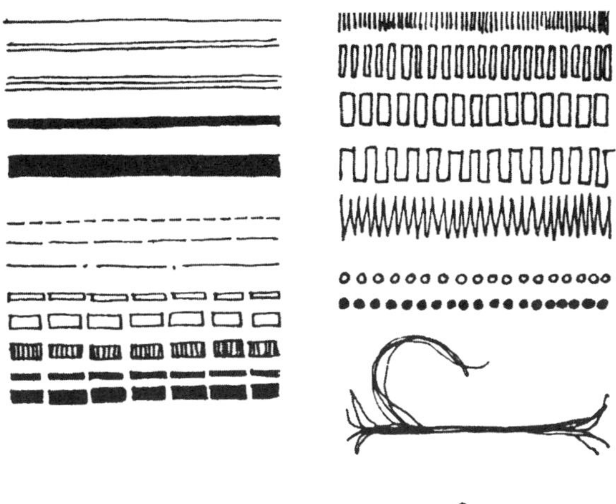

·直线和平行线。

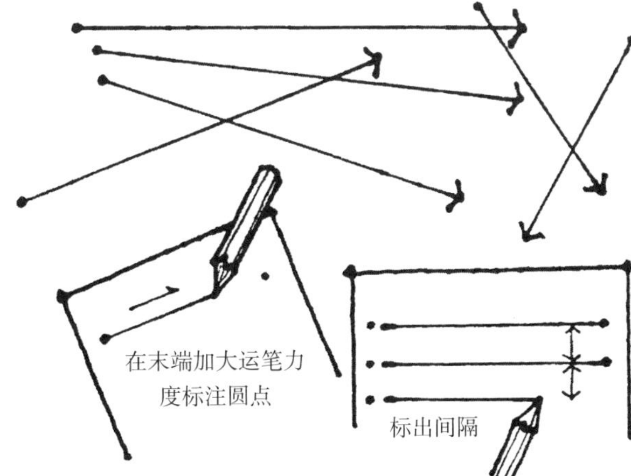

·蕴涵意义的线。

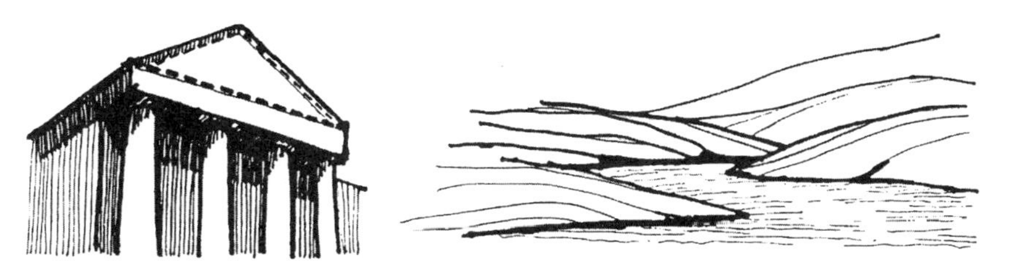

垂直的粗直线体现出建筑物的强劲并起到指示作用　　水平的细水纹线让人感受到河流的静谧

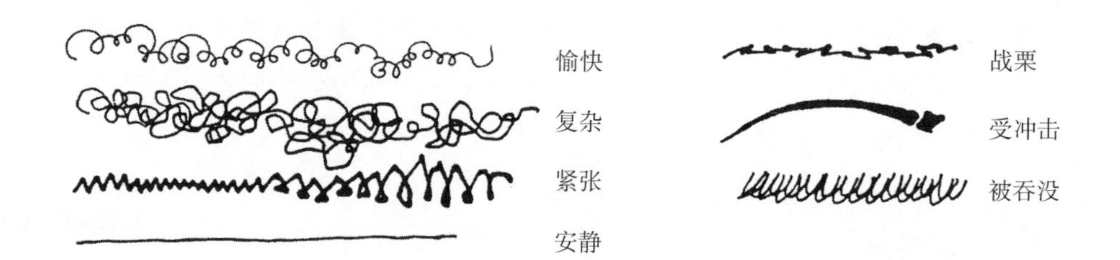

·含蓄的线。

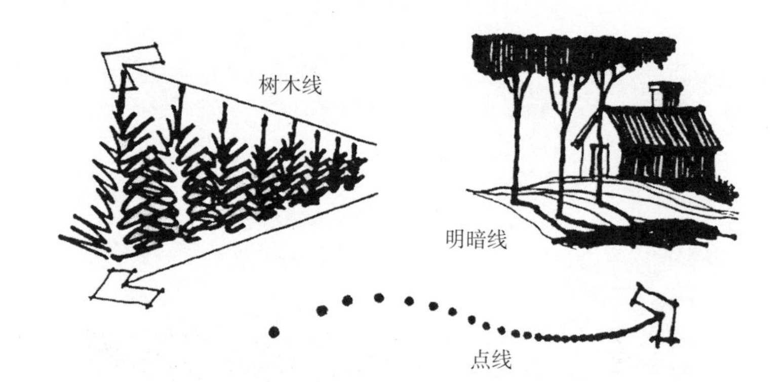

·曲线。

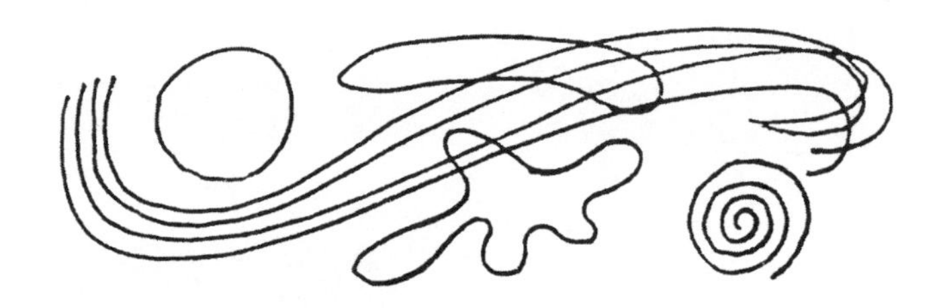

·连续线。

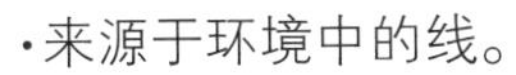

·来源于环境中的线。

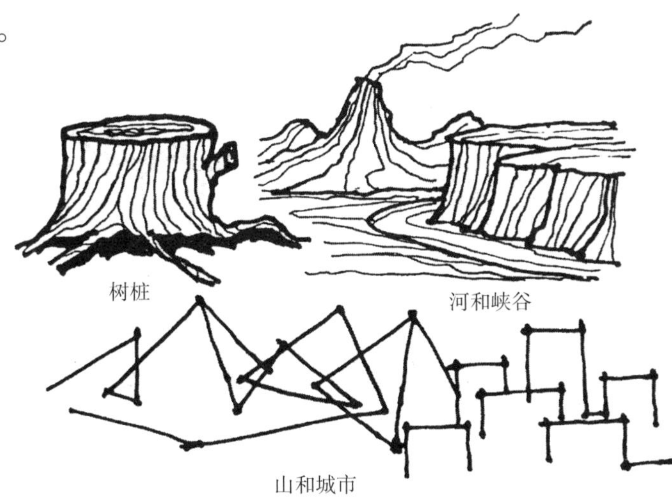

3）面和形态

·一般的面要素。

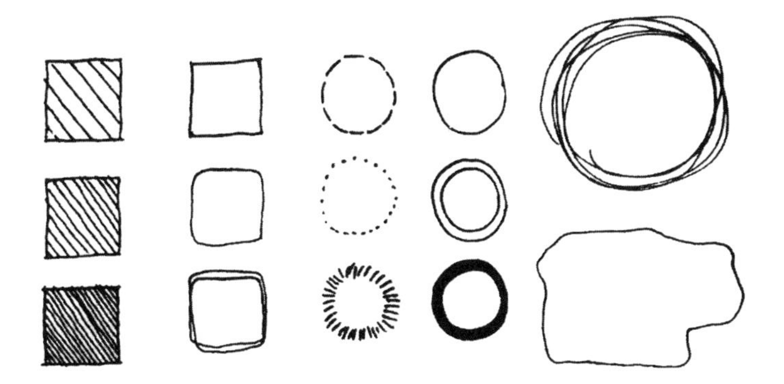

·几何形态和有机形态。

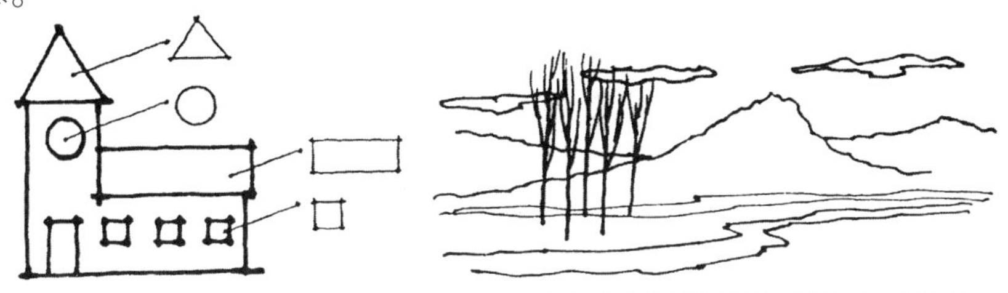

包括正方形、长方形、三角形等几何形态　自然环境中的许多形态都是不规则的、有机的

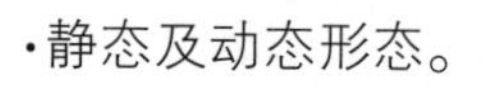
·静态及动态形态。

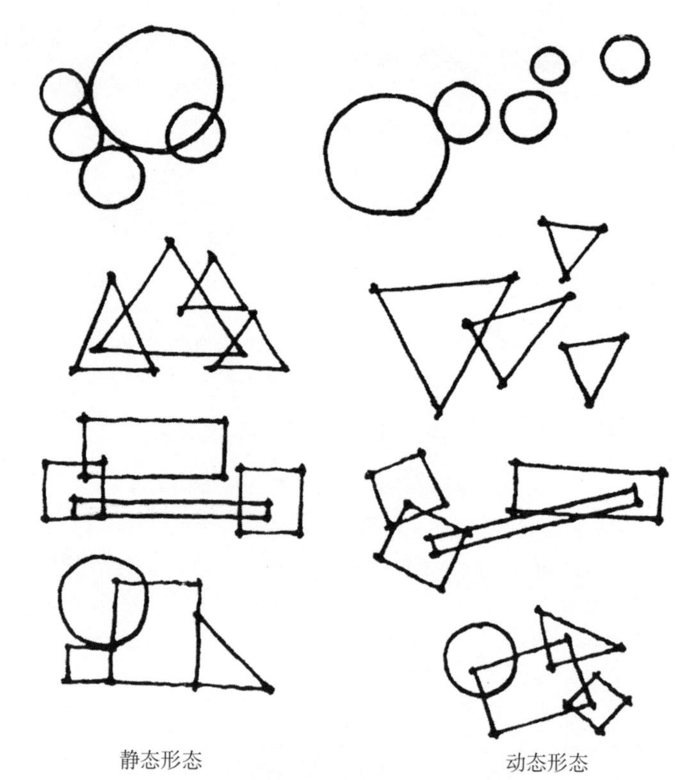

·阴、阳形态。

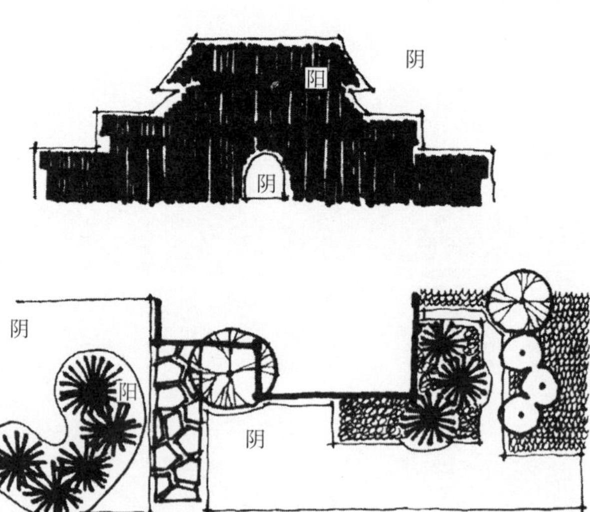

·含蓄形和分割形。

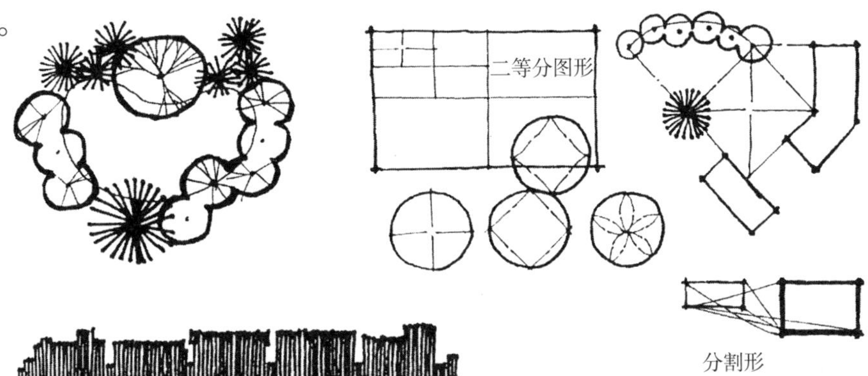

4）形态和空间

·体积相同的形态和空间。

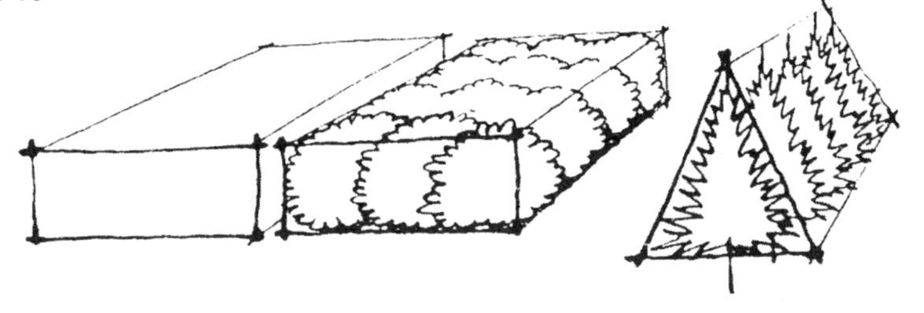

·阳性、阴性形态和空间。

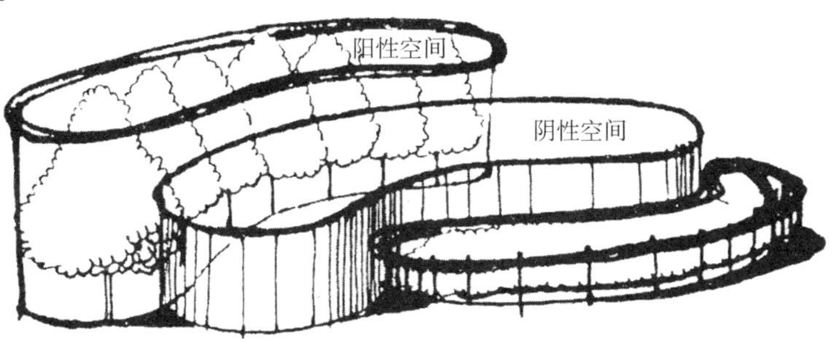

5）质感

·材料的差异。

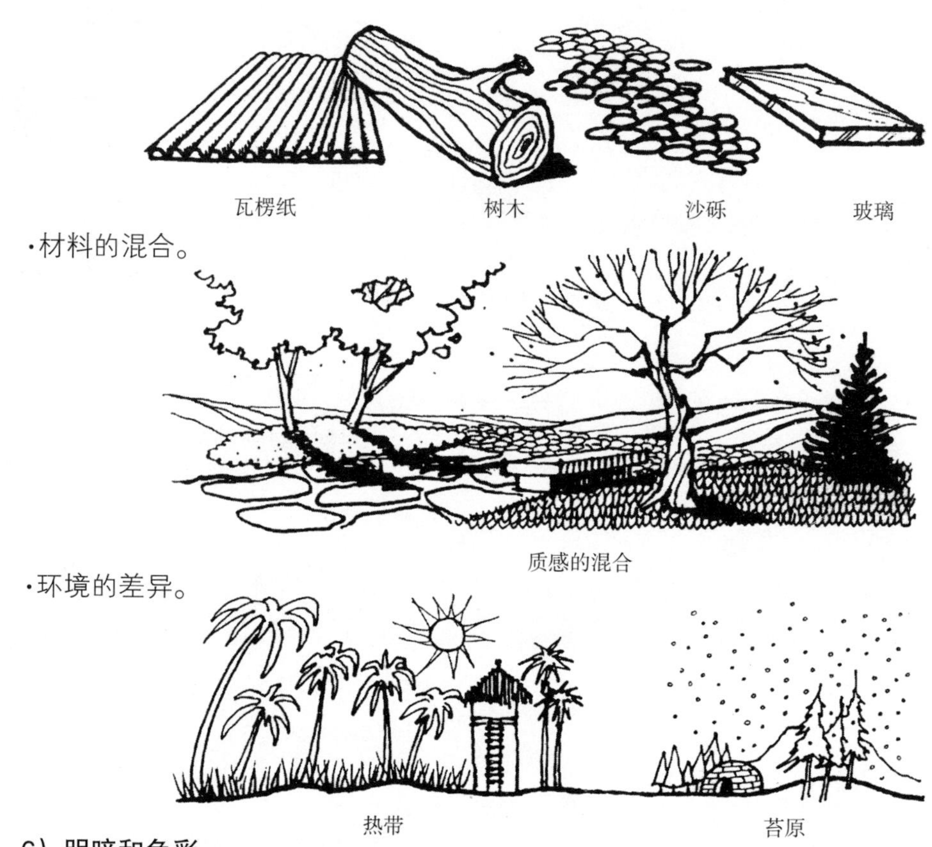

·材料的混合。

质感的混合

·环境的差异。

热带　苔原

6）明暗和色彩

任何视觉设计的对象都是通过形态、色彩、质感等要素来传递情感的，对它们进行区分的条件是光线。光线对于视觉对象的整体起着支配作用，明和暗的调和也是色彩调和的基础。设计者通过调整光线的明暗来体现强弱感，同时通过颜料的变化来体现色彩的变化，最终创造出想要的效果。在这一点上，人类和动物一样，对于光线非常敏感，随光线的变化，自身的喜怒哀乐等情感也会受到很大的影响。

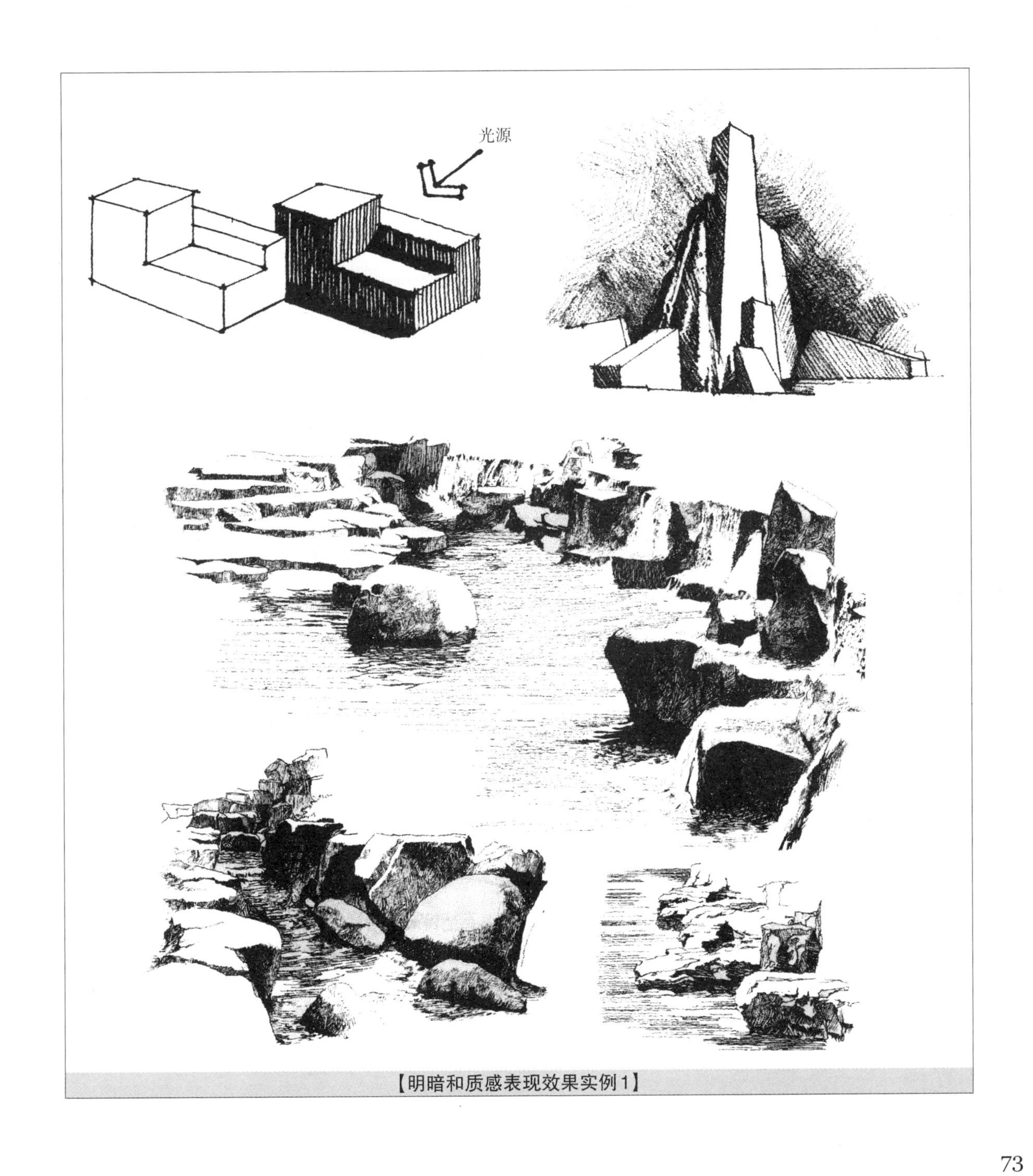

【明暗和质感表现效果实例1】

【明暗和质感表现效果实例2】

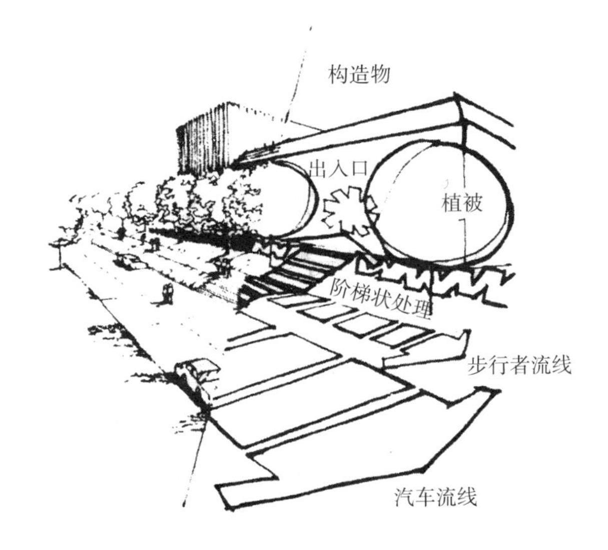

◆ 作为表现对象的环境要素

前面介绍了作为表现方法的设计要素和设计原理，下面展示一下在具体的客观条件下如何运用这些表现方法。

1）灵活运用的线形实例

·静态表现。

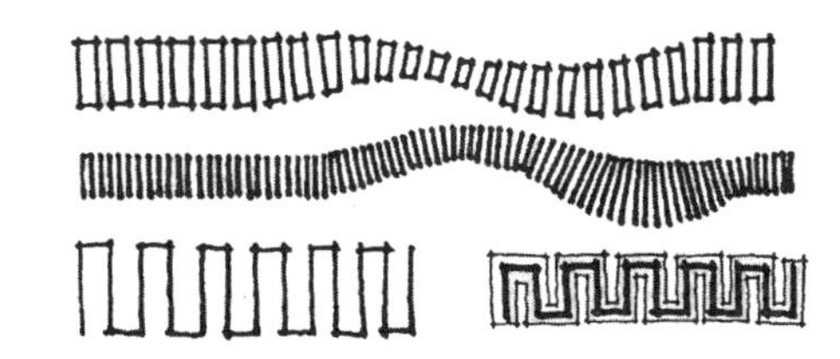

·动态表现。

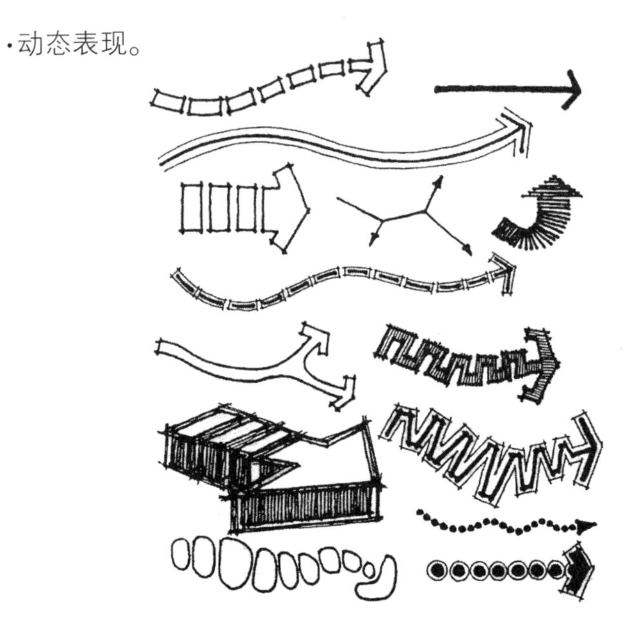

2）非线形实例

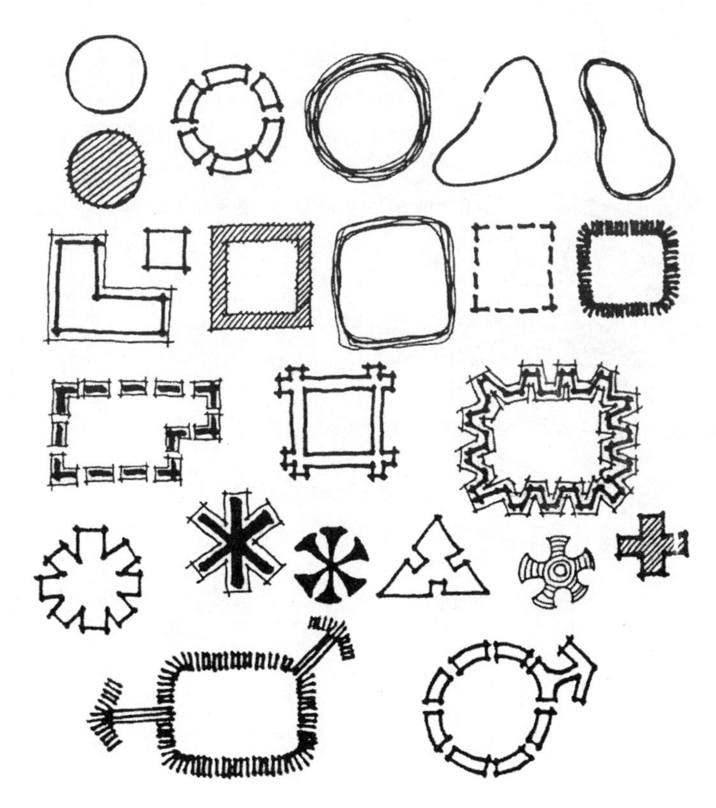

3）动态的连接

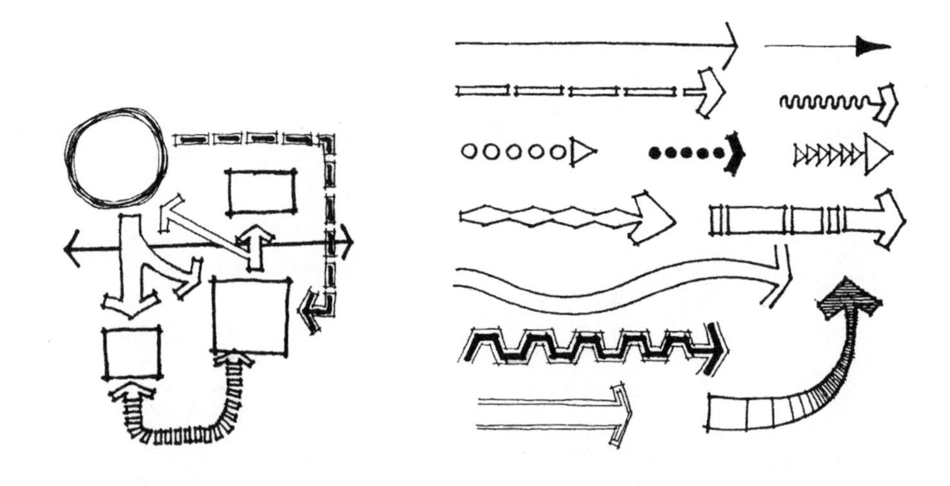

4）关系

5）节点·交叉点

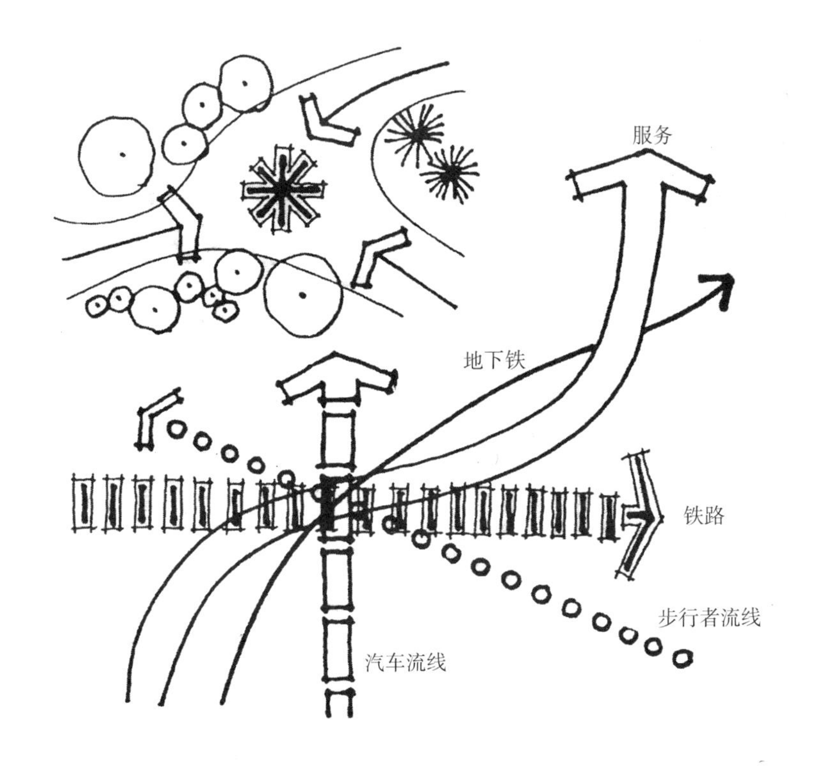

6）强调·特殊支点

7）区域·功能关系

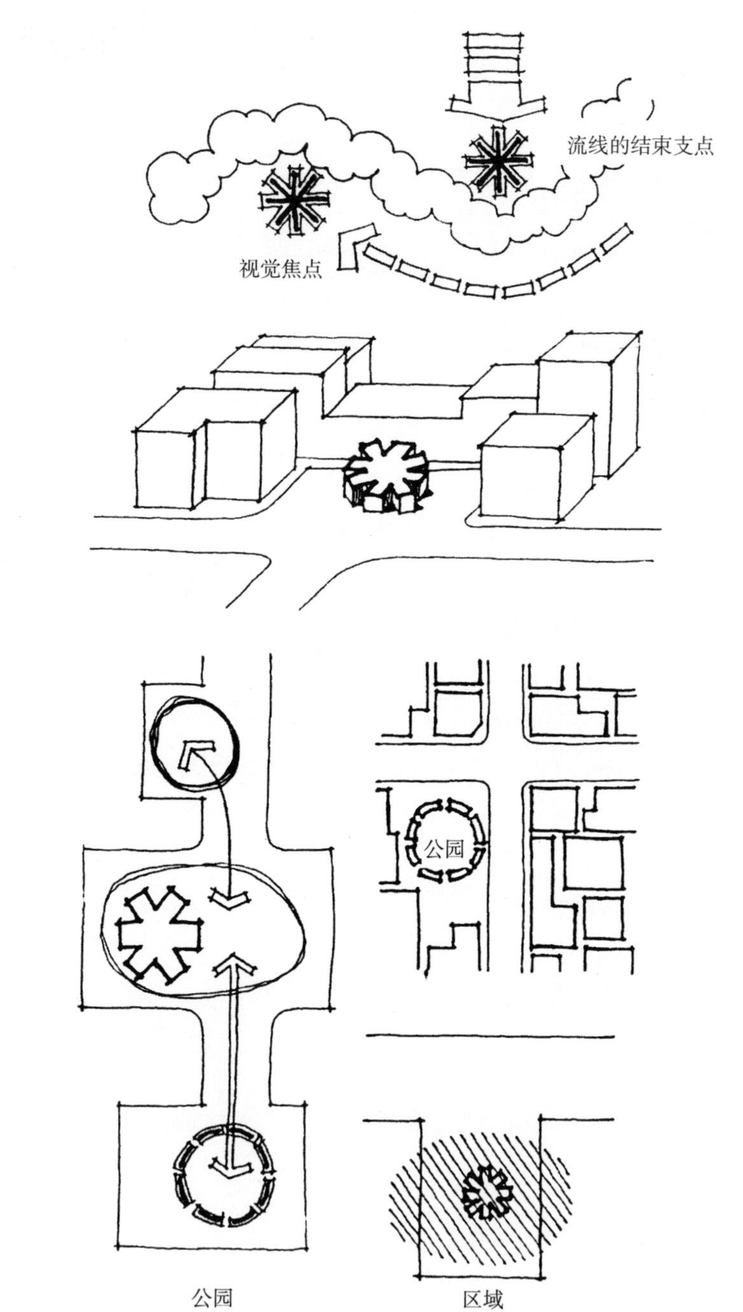

8）空间区域

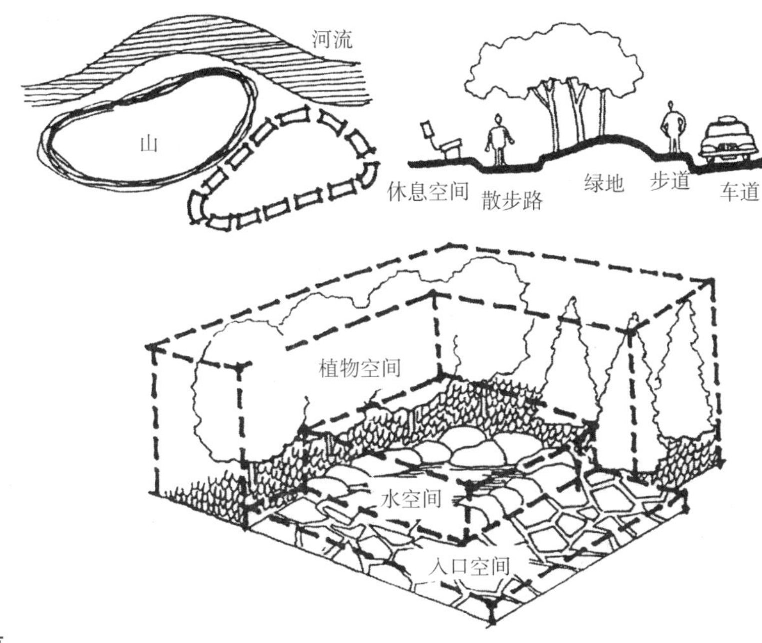

9）阶梯状处理和分离

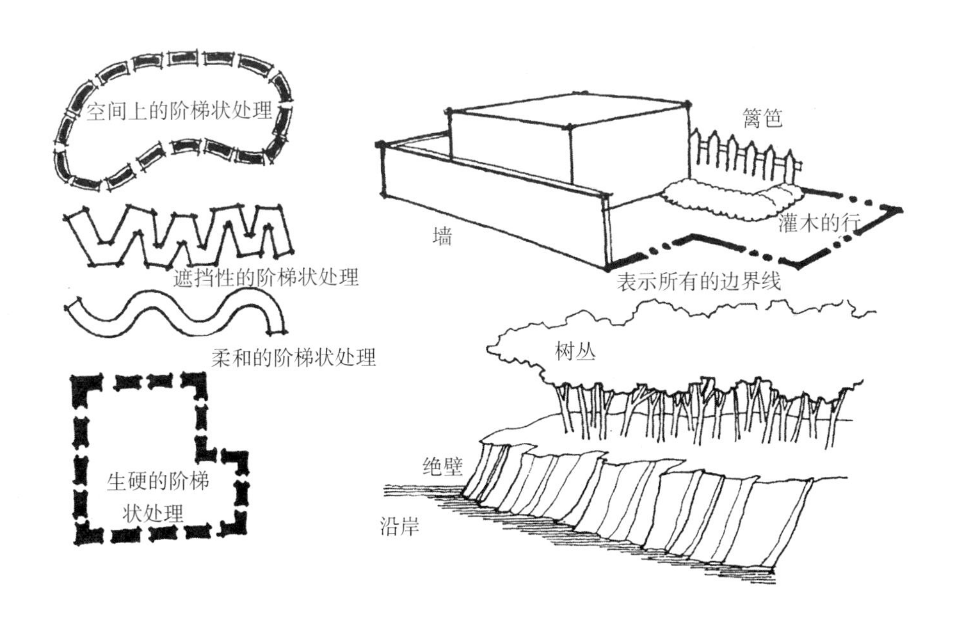

10）含蓄的阶梯状处理

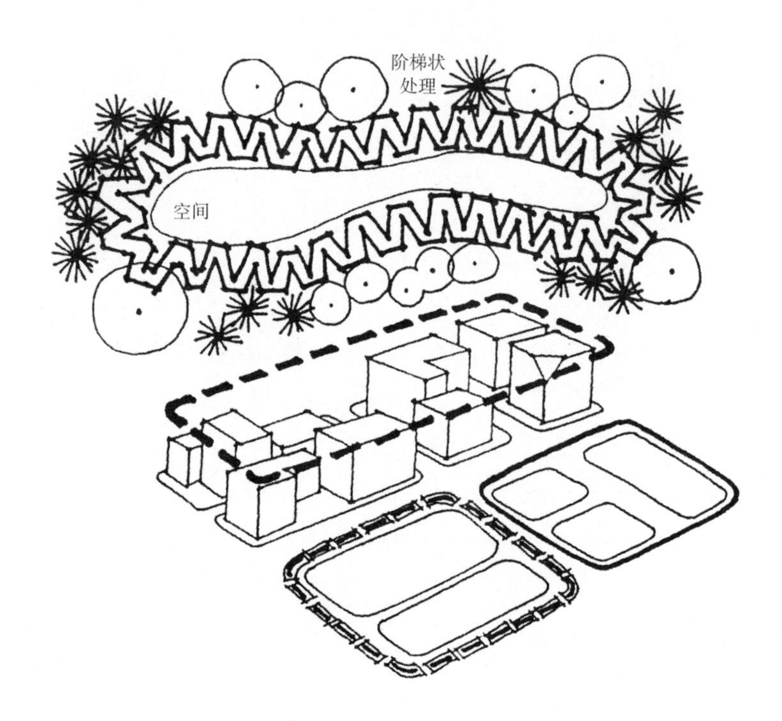

◆ 规划过程中的实例

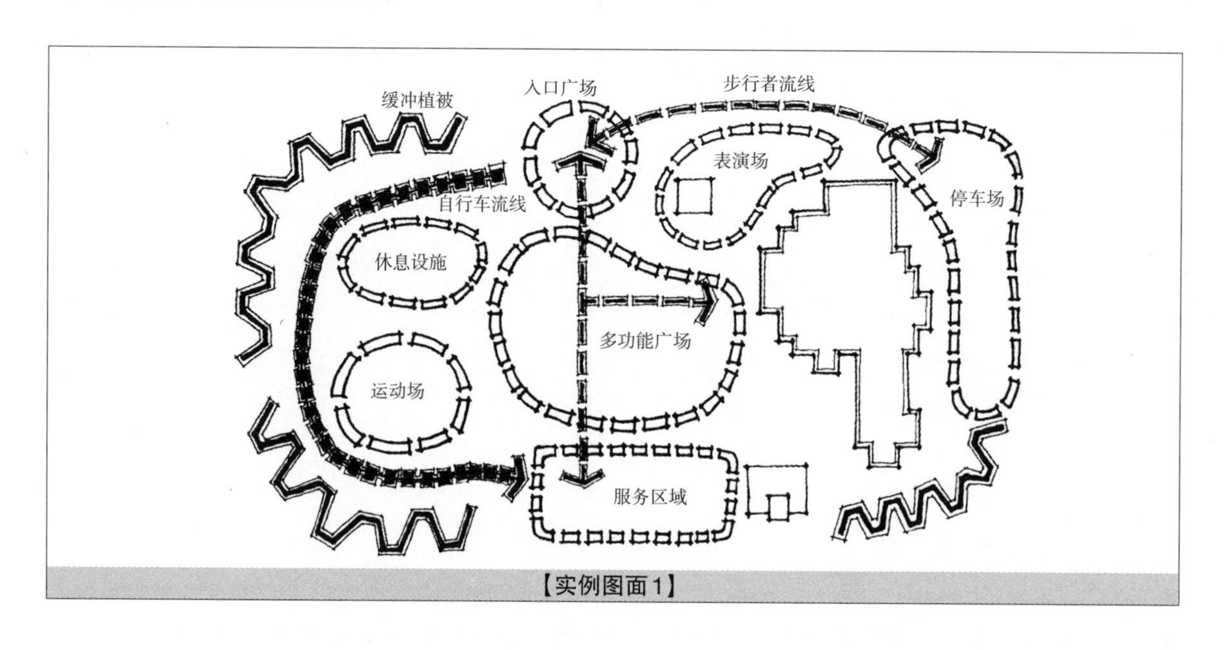

【实例图面1】

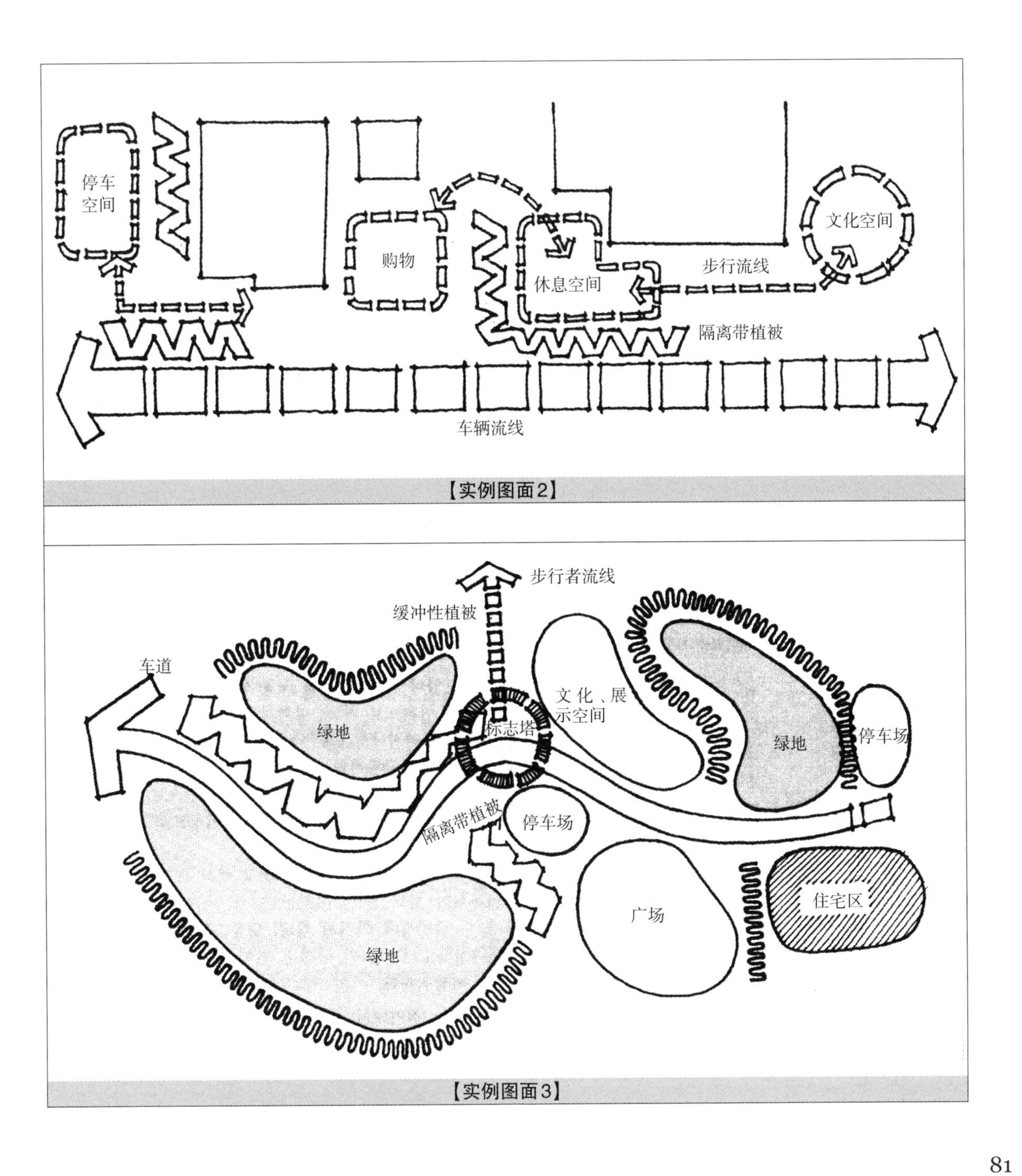

停车
空间
购物
休息空间
文化空间
步行流线
隔离带植被
车辆流线

【实例图面2】

步行者流线
缓冲性植被
车道
绿地
标志塔
文 化 、展
示空间
绿地
停车场
隔离带植被
停车场
广场
住宅区
绿地

【实例图面3】

◆ 字体设计

下面将就字体设计的意义和基本内容、徒手字体设计、马克笔字体设计三个方面向大家介绍一下字体设计的主要内容。

字体本身的美感可以提升整体图面的效果和价值，同时也是准确表达信息的重要因素。因此，字体设计不但要创造出形态美和排列美，同时其表现也必须具有准确性、间隔性、均一性、安全性等性质。

首先，在字体设计基本内容的介绍中，将逐一介绍数字、罗马字、汉字及韩语等各种不同字体的特征，然后从韩语和汉字、韩语和汉字的分类，罗马字和数字、罗马字的构成和分类等方面进行论述。

其次，在徒手字体设计部分将详细讲解注意事项、字体的检查事项、形态和大小及手法等基本内容。

最后，在马克笔字体设计部分将介绍一下马克笔的使用方法和技巧、字体设计、字的外轮廓线画法等内容。

笔头较宽、有各种颜色的马克笔是规划和设计时常用的多用途工具。它不但可以表现类似功能图解语言的图形以及徒手进行字体设计，同时也可以迅速地表现各种色彩，非常便捷。纸张不同，马克笔的表现效果也会千差万别。当使用描图纸时，为防止墨水扩散或者渗透，应在其下面铺垫其他纸张。另外，应养成随时套好笔帽的习惯。

1. 字体设计的基本内容

◆ 字体设计的意义

字体设计是准确表达信息、利用自身的美学价值提升整体图面效果的重要因素。

好的字体设计可以提升图面的整体效果，反之，如果字体设计较差，不但会降低整体效果，同时还会失去表达信息的准确性。因此，这就要求字体设计不但要创造出形态美和排列美，同时其表现也必须具有准确性、间隔性、均一性、稳定性等性质。

◆ 字体设计的基本内容

制图中使用的文字包括数字、罗马字、汉字以及韩语等，这些文字可分为多种字体。

·原则上从左侧开始横向书写，尽可能清晰、认真。数字尽量使用阿拉伯数字。

·字的大小和高度没有固定标准，可以根据图面的密度比例、标注位置、效果等条件进行选择。注意保持所选字体大小均等。

·尽可能不要在一张图面中标注过多的文字，线的粗细和倾斜程度等应保持均匀一致。

·对于制图用文字来说，与其说“写”，不如说“画”更贴切一些。同时，各位设计者在设计过程中需要不断地开发符合本人个性的、有特色的字体。

1）韩语和汉字

·与其他文字相比，韩语属于表音文字，由母音（元音）和子音（辅音）组合而成，大概3/4的韩国字都是由两个以上的母音和子音构成的，这种结构也决定了在制图时使用韩国字进行字体设计会比汉字更难保持字体的均衡。

但是，像노（努），략（掠），책（策），측（侧）等，其结构与汉字比较相似，因此可以与汉字一起来进行字体设计练习。

·如果汉字笔画比较多，随各边和外形的均衡处理，字的模样也就不同。汉字最初是作为竖写文字出现的，这也决定了在字体设计时要把重点放在横写和竖写的协调方面，同时也需要熟悉几何学的设计图制图方法。

2）韩语和汉字的种类

·韩语包括很多种字体，最适用的是易读易写的教科书用字体，汉字则以读写方便的黑体最为适合。

中明体	문자언어	文字言語
特粗黑体	**문자언어**	**文字言語**
粗黑体	문자언어	文字言語
中黑体	문자언어	文字言語

·除此之外，汉字也可使用楷体，但是应把作为标注文字和作为题目、名称等使用的汉字区别使用。

·工程名称、图面名称、标题栏等尽量使用图案字体。

·不同字体根据笔画的粗细可以分为特粗型、粗型、中型、环型和细型。

·根据外形可将文字分为明体、清体、宋体、黑体、教科书体、图案字体、官体、楷体及新明体等。

·变形图案体可以同时使用徒手和工具来设计，因此在商业美术领域应用非常广泛。

·按照字的外形可以分为直线黑体、标题字体、图案字体、广告字体、打字机字体、驳文体、装饰字体、切割字体、细线体等。

3）罗马字和数字

·罗马字和数字是75° 的倾斜体，因此如果韩语和汉字与其一起混用时，也需要保持相同的倾斜度才能形成整体的和谐感。

1 2 3 4 5 6 7 8 9 0
ABCDEFGHIJ
KLMNOPQR
STUVWXYZ
abcdefghijklm
nopqrstuvwxyz

·罗马字和数字的字体原则上按照例示进行设计。

·四位以上的数字原则上每三位标注停顿符号或者留出一定间隔。

无衬线字体　现代罗马字体

LMNO PQRS

Fancy字体　Egyptian字体

TUV WXYZ

手写体（Script）　黑体（Gothic）

2. 徒手字体设计

4）罗马字的构成和分类

文字的构成始于16世纪。1539年，G·Tory把文字的制图分类与人体的各个部分相比较后设立了文字的构成标准。从那时起，文字制图开始按照一定规则和比例进行，也开始正式成为几何学造型美术领域的一员。

·分类。

–无衬线字体（Sans serif）：这种字体没有经过任何的装饰，横线和竖线几乎保持同样的粗细。

–现代罗马字体（Modern roman）：这种字体强调垂直和水平线，圆弧线与垂直线保持对称，是18世纪以后出现的罗马字体。

–Fancy字体：Fancy意为任意装饰，这种字体是指经过修饰的特别的、有轮廓线的、线内含线的一种字形。

–Egyptian字体：也称为方衬线体（Square serif），这种字体的主要特征是在字母的开始和结束部分有厚度较大的平板样的装饰。

–手写体（Script）：这种字体是在钢笔或者毛笔字的基础上开发出来的一种字体。

–黑体（Gothic）：它起源于15世纪，当时抄写经文的僧人使用的一种手写体，也称为“Black Letter”。

◆ 字体设计的注意事项

1）要领

·避免铅笔粉末沾染到设计内容。

·确定可进行字体设计的空间，同时也要考虑重要的细部字体设计。

·开始保持较慢的速度，然后渐渐加快设计速度。

·不应懒于绘制垂直和水平的辅助线。

·在需要对内容分类的地方使用不同大小的字体设计。

·维持一定的特性和风格。

·在设计表现大胆、风格独特的字体时，应避免使用模糊的细线。

·平时要将字体设计具体化并多加练习。

2）字体设计的检查事项

·所有文字使用鲜明清晰的线表现，字体颜色要深。

·形态和大小需按辅助线确定。

·垂直线的结束部分运笔要用力，使用细线绘制。

·水平线需稍微向上倾斜，线条厚度要大。

◆ 形态和大小

1）形态和间隔

·大部分的文字尽量设计成字宽比字长略窄的正方形形状，字与字的间隔保持和“N”字一致的间隔。

2）大小

·根据用途或内容，字的大小并不固定，但是在同一张图面中表现基本类似的内容时应尽量保持一致。

·为保证准确的大小和整齐划一，要经常使用水平辅助线和垂直辅助线。

◆ 手法

1）铅笔的使用

·对于一般的设计内容来说，在进行字体设计时使用0.5mm的自动铅笔。

·粗自动铅笔一般适用于书写较大的字体（应定期将笔尖磨尖）。

·铅笔芯以2H最为适合。

·铅笔在使用时，尽量不要使其过度垂直，在不折断笔尖的范围内以较低的角度握笔（30° 左右）。

·在表面粗糙或者砂布上均匀地研磨笔芯。

2）运笔

·运笔要用力，书写清晰，笔画的结束部分要干净利索。

·不要移动手指，以手腕为主轴，手指微微滑动，保持胳膊不动。

·利用轻微的手腕移动画出水平线，笔画要粗。

·垂直线的结束部分运笔要用力，笔画要细。

·绘制斜线和曲线时要稍稍用力。

·线的粗细应随着方向的变化而变化。

조경공사
설계도
자연보호헌장
수목총괄표
도면목차
한국종합조경
조경공사 설계도

【图面字体设计】

평면도 입면도 단면도 스케치 투시도 상세도 정면도 측면도 부분상세도
배치도 마스터프랜 도면목차 개념도 위치도 횡단면도 종단면도 배식도
잔디구적도 부지정지계획도 현황도 상하수관망도 시설물배치도 배면도 분석도
설계설명서 총공사비 총괄표 수종명 일위대가표 단가산출서 배수계획 구조물 공사명
중기사용료 표층 부대공 빗물받이 산마루측구 설계조건 자재가격 표준품셈 시멘트
철근 모래 자갈 아스콘 터파기 콘크리트 잔토처리 되메우기 식재 잔디 맨홀 거푸집
가이스가향 가중나무 감나무 개나리 겹벚나무 겹철쭉 계수나무 고광나무 해송 광나무
광광나무 낙우송 눈향나무 느티나무 능소화 당단풍 장미 독일가문비 동백나무 소나무
등나무 리기다송 맥문동 메타세코이아 명자나무 모과나무 모란 목련 무궁화 박태기나무
배롱나무 사철나무 철쭉 산수유 라이락 아왜나무 영산홍 향나무 현사시 은행나무 잣나무

PLAN SECTION ELEVATION SKETCH BIRD'S-EYE-VIEW SITE ANALYSIS
SCALE MAJOR VIEW SLOPES LAND MANAGEMENT VISUAL FEATURES
SOILS DRAINAGE OPEN AREA DESIGN CONCEPT EXISTING FELD
MASTER PLAN ENTRANCE PLAZA DEVELOPMENT NATURE SHELTER DETAIL
PICNIC BUFFER ZONE SEAT WALL POST LIGHT STAGE PEDESTRIAN SEAT
BENCH PAVING CONCRETE LIGHTING GATE BRICK CEMENT ASPHALT
ASCON PERGOLA FOUNTAIN MAN-HOLE CATCH BASIN PIPE WELDING
GLASS STEEL PLATE ANCHOR BOLT MORTAR WOOD BORD ROOF TILE
OIL PAINT FIN STAINLESS STEEL CURB STONE WIRE TURN FLOWER BOX
EVERGEENTREE SHRUB DECIDUOUS SAND MAIN GATE PARKING GRADING

1 2 3 4 5 6 7 8 9 0 1 2 3 4 5 6 7 8 9 0
123 456 789 890 350 780 123 456 789 890 350 780 150
2340 1850 8930 5340 7230 2340 1850 8930 5340 7230
100 212 345 467 689 007 113 114 385 419 516 126 625 815
928 121 987 664 321 975 764 753 642 531 864 741 119 112

【徒手字体设计】

ABCDEFGHIJKLMNOPQRSTUVWXY
12345678910111213

ABCDEFGHIJKLMNOPQRSTUV

ABCDEFGHIJKLMNOPQRSTUVW

abcdefghijklmnopqrstuvwxyz
ABCDEFGHIJKLMNOPQRSTUVWXY

123456789101112
abcdefghijklmnopqrstuvwxyz

ABCDEFGHIJKLMNOPQR

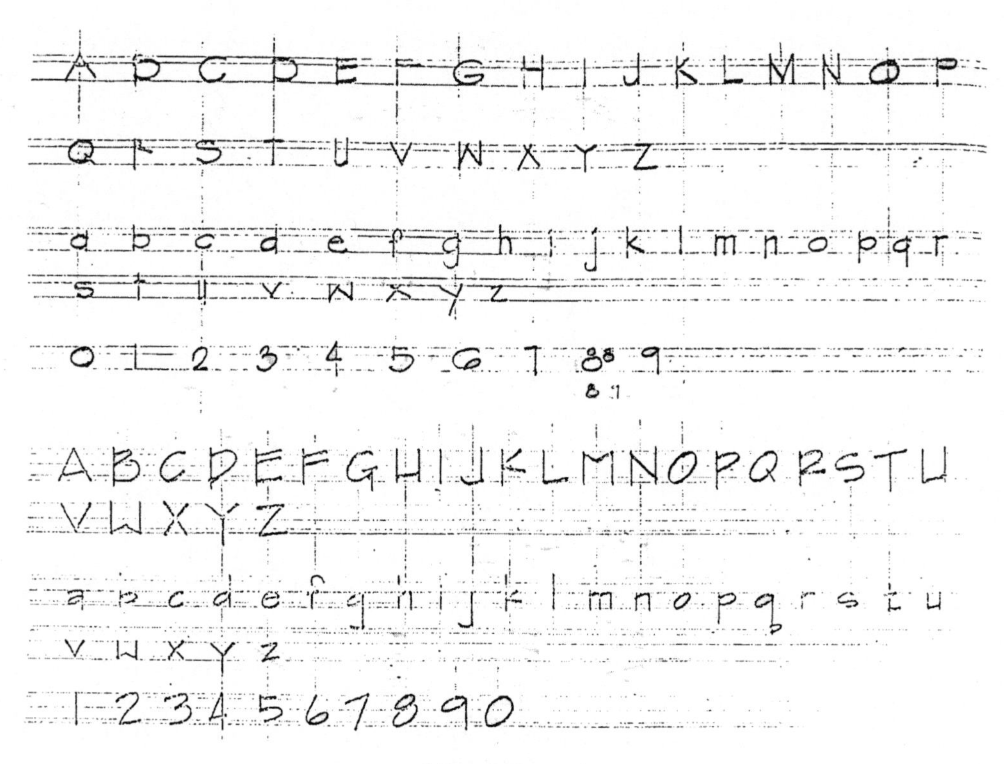

【英语字体设计】

◆ 马克笔的使用方法

笔头较宽、有各种颜色的马克笔是常用的表现工具。它可以表现类似功能图解语言的图形以及各种大小的字体设计，同时也可以迅速地表现各种色彩，方便快捷。

选用纸张不同，马克笔的表现效果也不同，在描图纸上表现时，为防止墨水扩散或者渗透，绘制前应在下面铺上其他纸张。

注意要养成随时套好笔帽的习惯。

1）笔头的灵活运用

·主要包括三种用途的使用方法。

·使用不同的笔头可以绘制出宽面、适中粗细和细线等三种类型图形表达。

·不考虑笔头特性而滥用，不会取得好的效果。

·马克笔表现效果一般较为鲜明、肯定，这与铅笔表现的柔和、含蓄效果稍有不同。

·线的开始和结束部分要干净利索。

·运笔过程中稍稍用力或者中断将对结束部分造成影响，墨水也比较容易渗透，因此应尽量轻轻运笔。

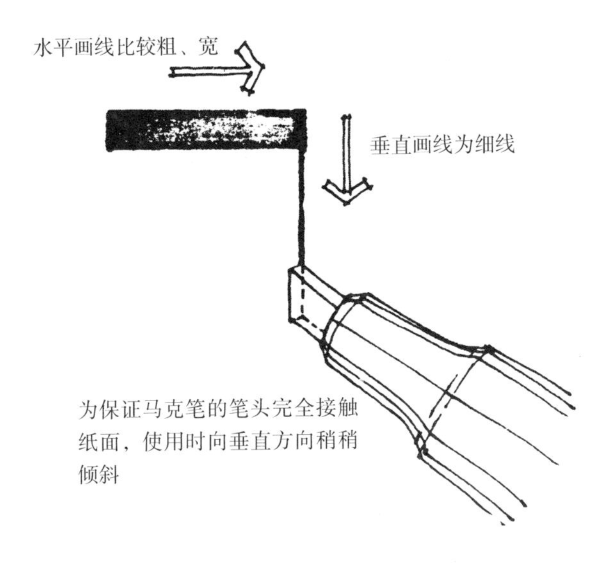

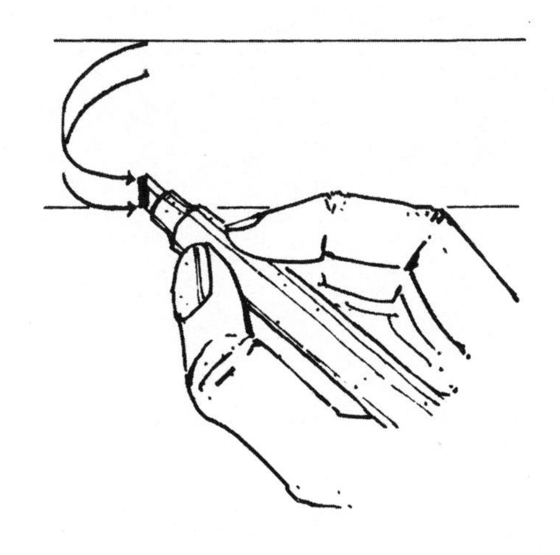

2）字体设计

·根据要设计的字的大小选择马克笔笔头的粗细，若字体小于4cm则不容易实现。

·对于大小超过4cm的字，应先绘制辅助线。

·按照所需要的笔画的宽度确定笔头与纸面的接触面积。

·所写笔画为同一方向时，尽量保持笔头不转动，保证维持相同的粗细。

·马克笔应与纸面保持垂直。

·非特殊文字或特别设计的字体，尽量不要超出辅助线的范围。

·文字中的垂直线需保持固定，需要时应绘制垂直辅助线。

3）文字外轮廓线的画法

·文字本身的色彩不突出时，可以使用清晰的色彩凸显出轮廓线。

·要不断钻研各种表现技巧。

·可以在粗轮廓线之外使用有一定间隔的细线绘制外轮廓线。

·练习绘制垂直线和水平线并练习绘制曲线。

·在边角处让线稍微交叉，绘制时应充满自信，清晰明确。

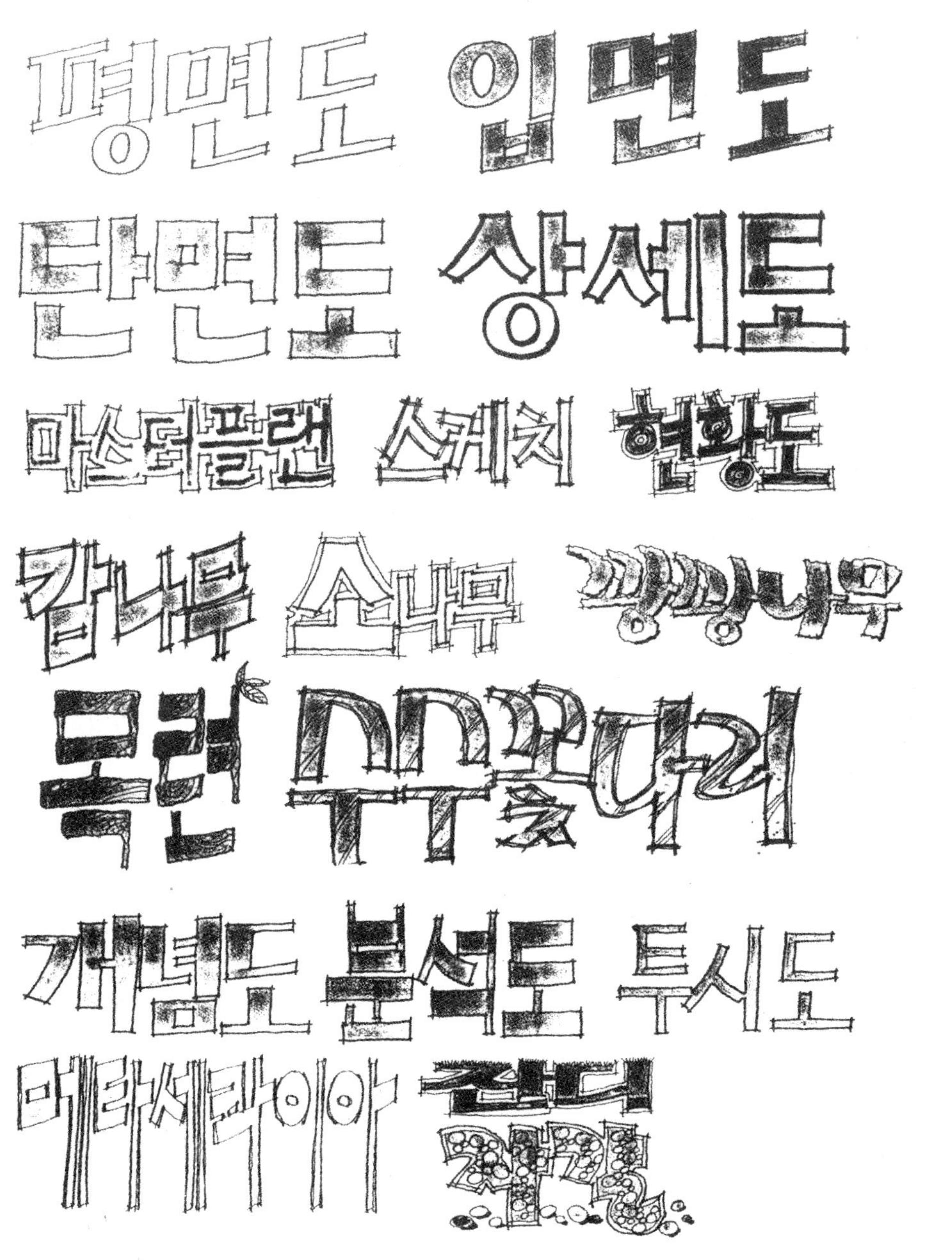

【韩语的马克笔字体设计表现实例】

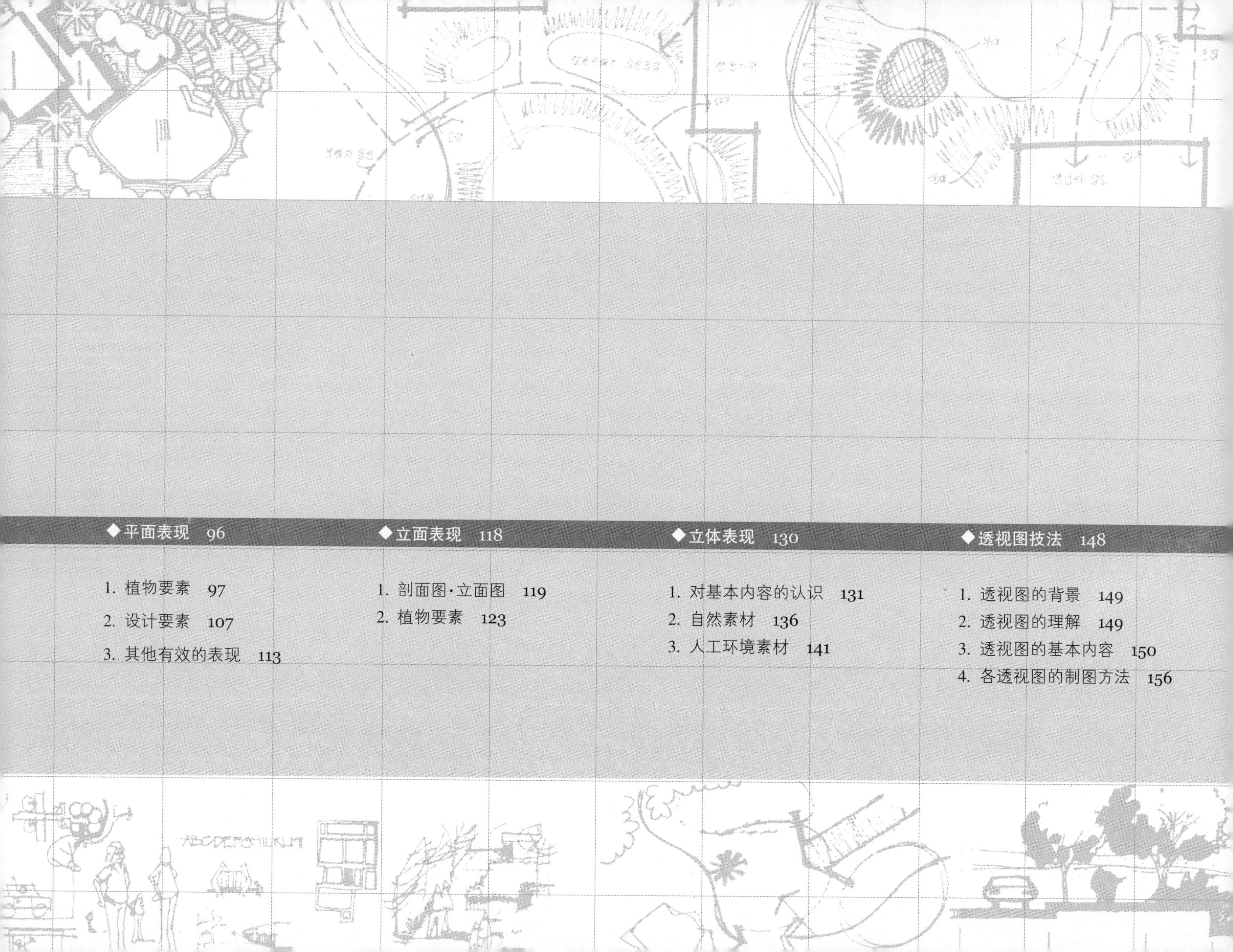

Ⅲ. 如何表现制图?

Ⅲ. 如何表现制图?

◆ 平面表现

表现技法不同，表现效果也会不同。技法得当时，图面效果会给人留下深刻的印象。人们更容易接受表现犀利、整洁、重点突出有力的图面效果，这也会成为决定最终结果的重要原因。

这里所说的表现方法需要综合使用直线尺和徒手两种技法。通过这种方法获得的图面效果虽然要比具体的施工图简略很多，但是与概念图相比却包含了更多的实际内容。

在景观设计过程或者规划过程中所使用的平面表现主要通过平面图的形式进行，在绘制平面图时要按照比例尺的大小展开，尽量保证准确性。

使用各种表现技法获得的表现结果虽然是抽象的，但是仍然可以达到较好的传达效果。应该按照想要表达的设计内容或者设计预算以及绘制时间等因素合理判断并选择最为恰当的表现方法。

最重要的一点是要充分了解需要绘制的对象的特性，即：质感、形态等，在此基础上努力把本书介绍给大家的各种实例变为真正属于自己的知识和能力。

1. 植物要素

植物要素在景观设计中占有较大的比重。植物不但可以加深我们对设计空间的轮廓、结构以及环境特色等的理解，也能给人们提供阴凉舒适的休息空间。

植物从大的分类来说一般包括灌木、乔木、草坪类植物等三大类。乔木和灌木一般使用圆形的外轮廓线来表现，这样的外轮廓线可以体现出树木平面展开时所占空间的大小。

首先了解一下落叶树的表现方法。

◆ 落叶树的三种表现方法

落叶树的表现方法主要有三种：快速绘制的外轮廓线表现、质感表现和枝干表现。在此基础之上，设计者可以根据个人喜好和个性选择使用各种不同的方法。

好的树木表现不但取决于图面所使用的比例尺，也取决于图面整体的构成和树木的表现形式，因此需要设计者的细心观察和精确感觉。

植物素材可以加深对空间轮廓、空间创造、环境特色等的理解

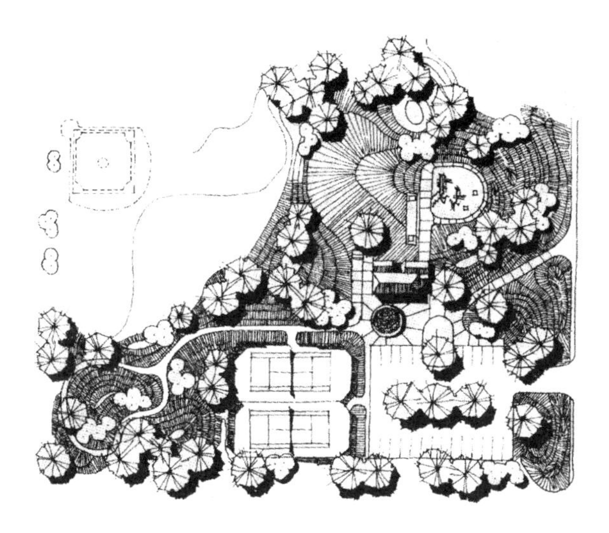

植物一般分为乔木、灌木、草坪类植物等三大类

由上往下俯视的树木大致都是圆形的

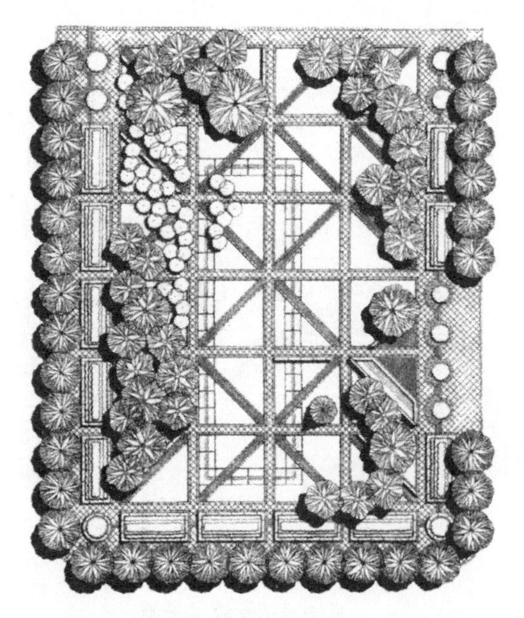
良好的树木表现也取决于图面整体的构成和树木的表现形式

1）快速绘制的外轮廓线表现

·将绘制大小定为树木完全长成时的2/3~3/4（可以预测20、30年以后的将来）。

·可以使用简单模板绘制一个外轮廓线或者两个相互映照的外轮廓线来表现。

·用模糊的辅助线勾画外轮廓后利用有棱角的外形线或半圆与角相连接的线来表现。

·也可随着模糊的外轮廓线绘制两个水纹线或者不规则向外突起的外形线来表现。

·在一条模糊的辅助线周围徒手绘制两个外轮廓线。

·顺着模糊的外轮廓线快速勾画枝干，同时画出两个粗细各异的外轮廓线。

·也可以利用“W”的反复连接或者外轮廓线周围向外突出的不规则线条来表现。

2）树叶的质感表现

·通过由上而下俯视的方式表现出来的树木最具有真实感。

·顺着模糊的辅助线反复勾画树叶，同时在有树影的部分重叠绘制（树叶茂盛完全遮住地面的情况）。

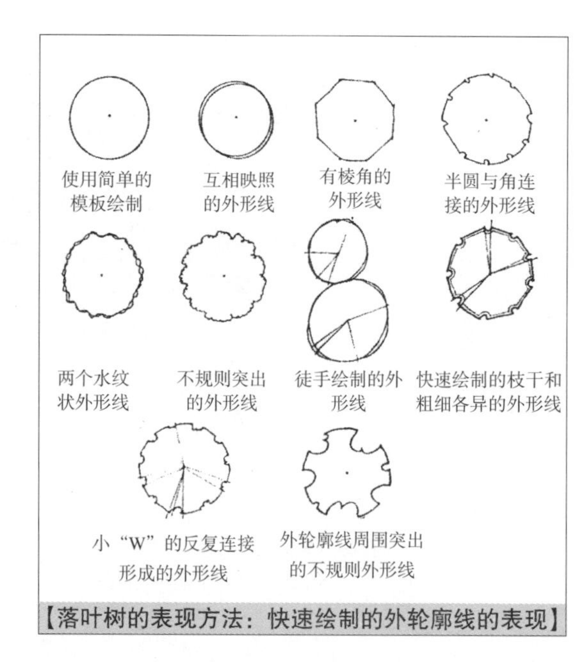

【落叶树的表现方法：快速绘制的外轮廓线的表现】

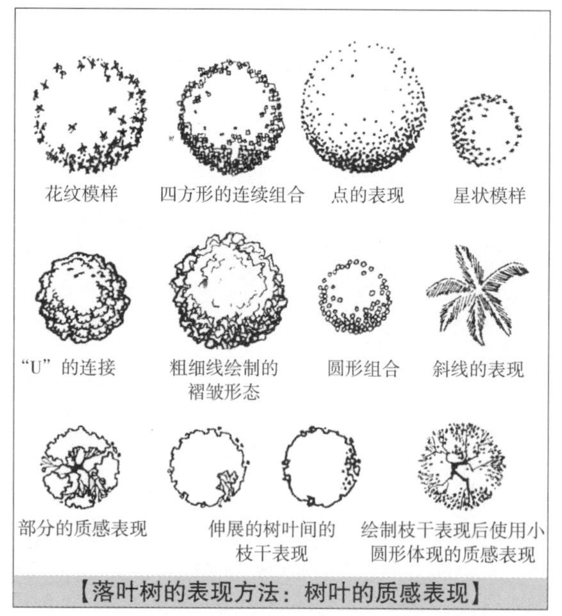

【落叶树的表现方法：树叶的质感表现】

·也可以在外轮廓线的范围内画出粗的枝干，然后再绘制出部分树叶（预想到有部分落叶的情况，可以就地面的细部情况进行说明）。

·不管在何种情况下，树叶都可以使用花纹组合、四方形的连续组合、点的组合、星状模样组合、“U”的连接、利用粗细线绘制的褶皱形态、圆形组合等来表现。

·可以按照绘制外轮廓线的方法进行，也可以选择在绘制部分的质感表现或者展开的枝干后，顺着外轮廓线部分表现的方法。

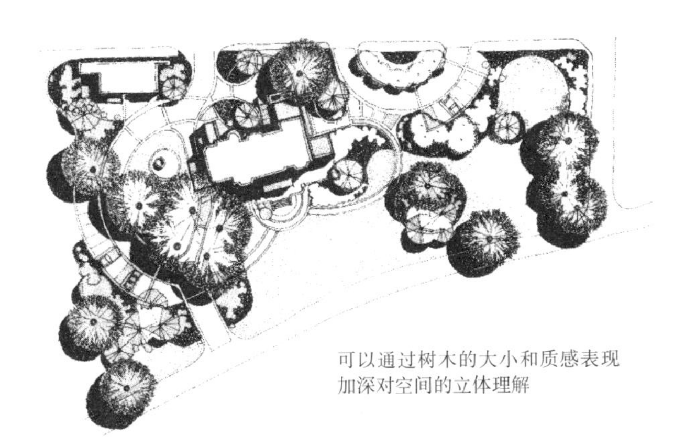

可以通过树木的大小和质感表现加深对空间的立体理解

3）枝干形态的表现

·适用于体现冬季氛围或者与其他树木表现重叠使用的情况。

·在说明落叶树下面的灌木或者与其他乔木重叠时也具有较好的效果。

·首先绘制五条左右较粗的、自然伸展的枝干，然后按照锐角的方式用细线逐渐向外轮廓线绘制。

·小枝干的末尾部分应与外轮廓线成直角连接，绘制密度要大。

·枝干的表现方法具体包括：使用简单的直线绘制、使用有棱角的线绘制、使用闪电样线条绘制、使用舒缓的曲线绘制、使用高低不平的不规则线条绘制等。

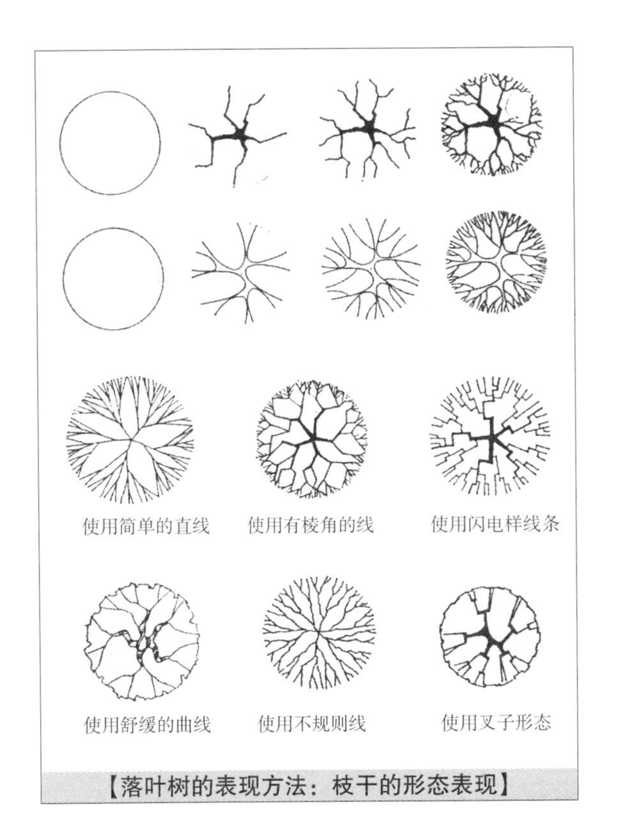

【落叶树的表现方法：枝干的形态表现】

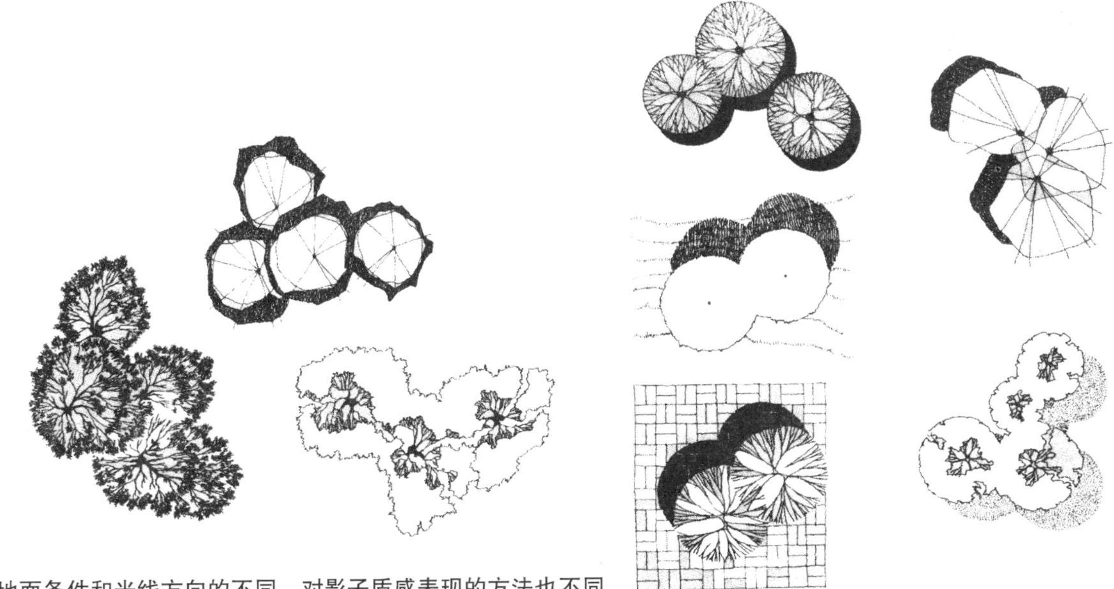

根据地面条件和光线方向的不同，对影子质感表现的方法也不同

◆ 常绿树的表现方法

表现

·主要有三种方法。

·先用模糊线勾画出轮廓线，然后点出中心点。

·使用粗线在中心点和外轮廓线之间绘制4~5条成直角的粗线。

·在这几条粗线之间按照不规则的间隔徒手绘制细线。

·还有一种方法就是顺着外轮廓线绘制不规则的“U”字形态，然后再在中心点到轮廓线之间画出线条（使用这种方式比单纯使用直线绘制的方式更为简洁，所用线的数量也少）。

·也可以顺着轮廓线绘制深浅不一的“U”字形态。

·还可以顺着轮廓线绘制尖锐的“U”字形态，然后通过在一个侧面上绘制更多的线来体现立体感。

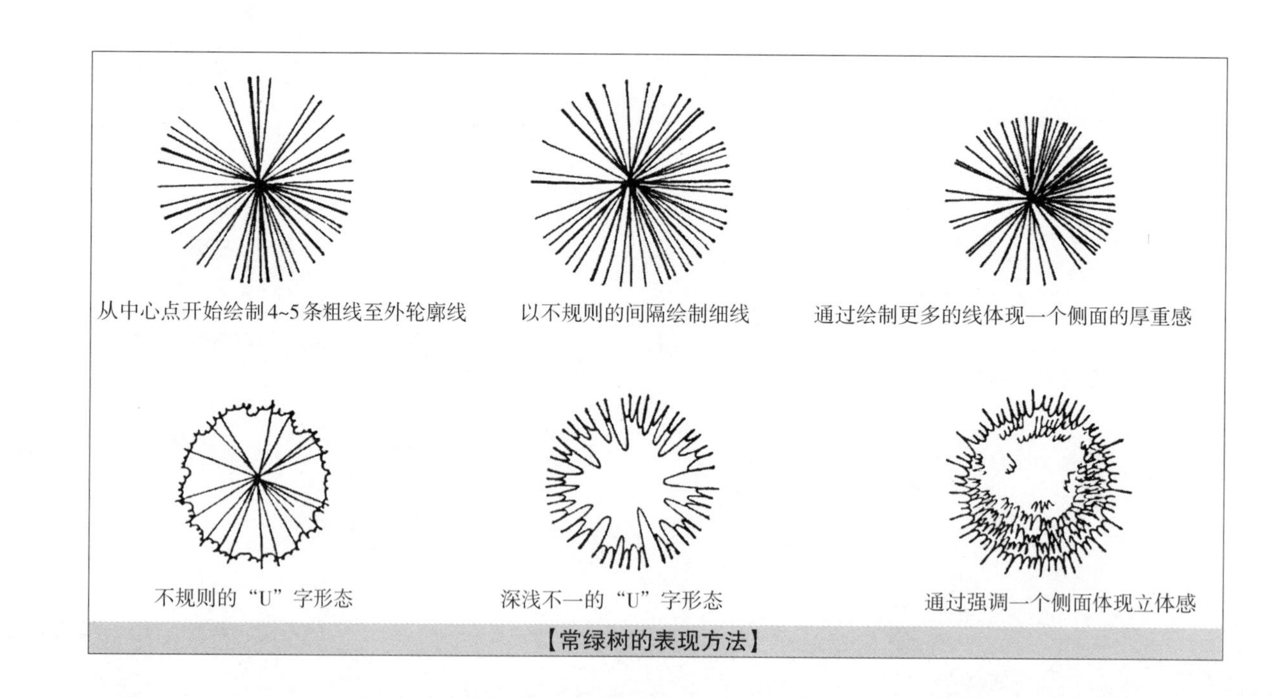

【常绿树的表现方法】

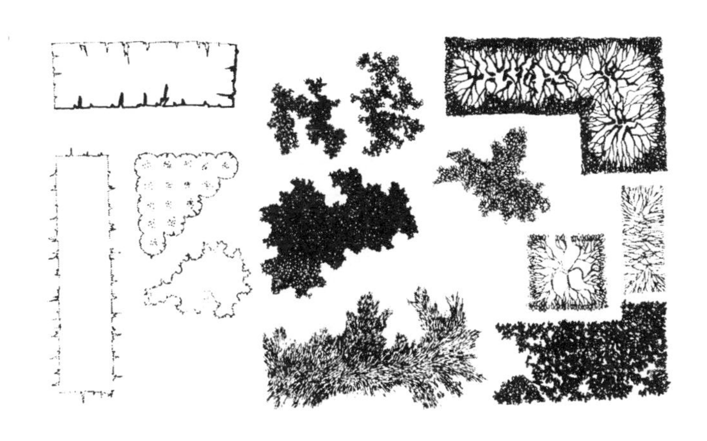

◆ 灌木的表现方法

在景观规划中，灌木的表现方法与乔木一致。只是在绘制时要注意，按照设计所使用的比例尺确定灌木的绘制大小，确保可以明确区分开乔木和灌木或者灌木与设计内容中出现的其他设施等。相对来说，灌木大片种植的情况要多一些。

表现

- 使用模糊的轮廓辅助线画出所需要的数量和大小。
- 顺着轮廓线用粗线画出外形线。
- 轮廓线也可用有棱角的线绘制。
- 轮廓线也可用圆滑的自由曲线绘制。
- 可以用两条或一条不规则的曲线收尾。
- 常绿树和落叶树的表现与乔木的表现方法相同。

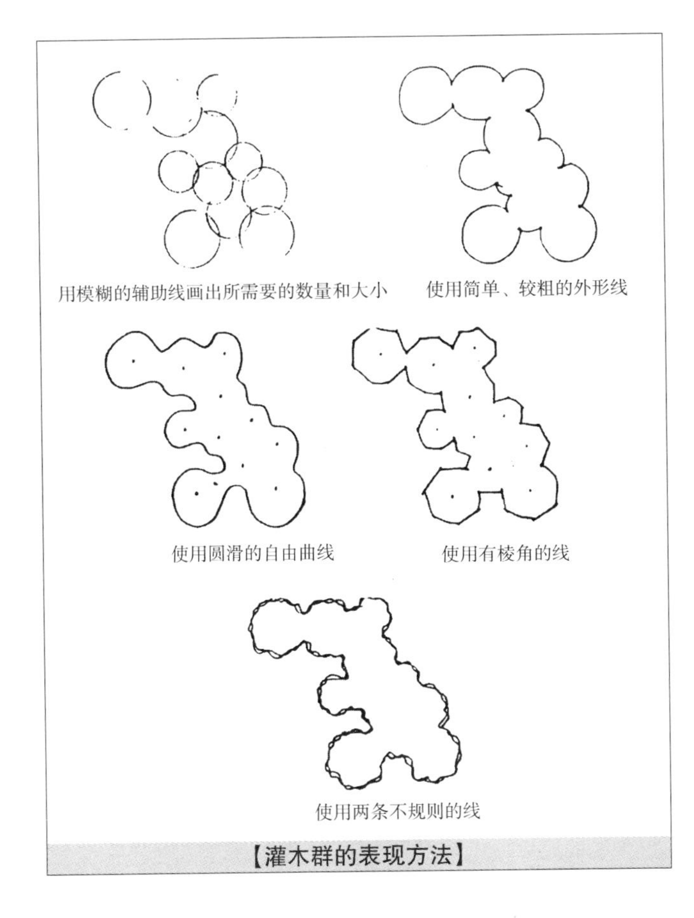

【灌木群的表现方法】

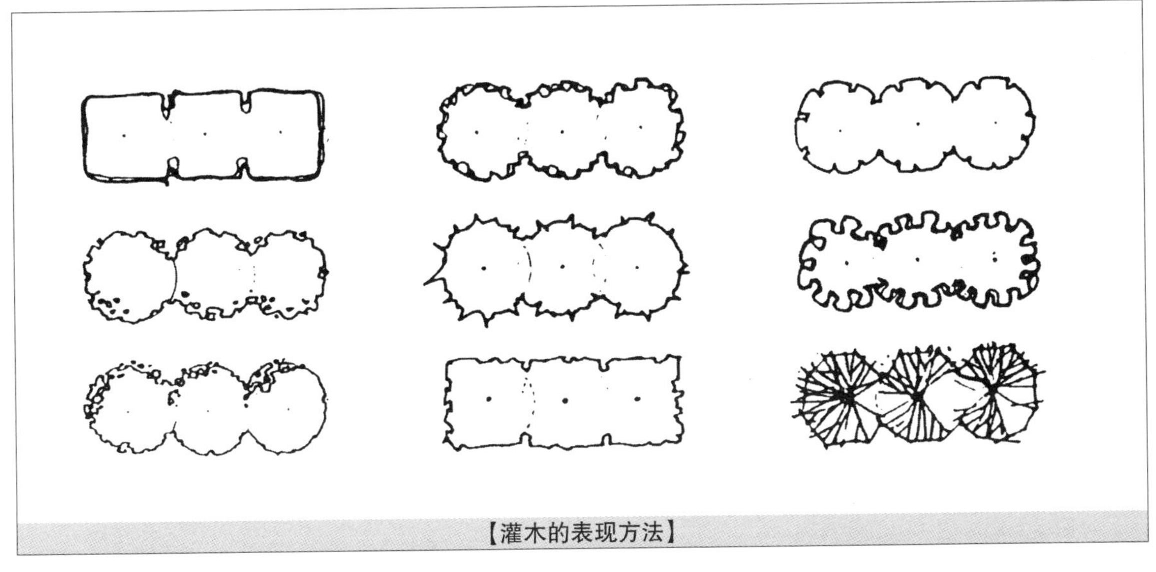

【灌木的表现方法】

◆ 观叶植物的表现方法

因材料特性的不同，观叶植物的表现与树木或者灌木的表现可以营造不同的氛围。在表现观叶植物时，可以使用各种各样的花叶形态，这样可能会使表现效果杂乱无序。为了解决这个问题，我们可以在一定大小的轮廓辅助线的范围内进行绘制，这样就可以有效避免上述问题的出现。

表现

·使用模板绘制外轮廓线的辅助线。

·使用可以让人联想到花叶特性的多种多样的表现技法。

·表现时可以使用香蕉形态、野菊花的花瓣形态、撕裂的叶子形态、连续线组成的向日葵形态、不规则线组成的阿米巴外形等。

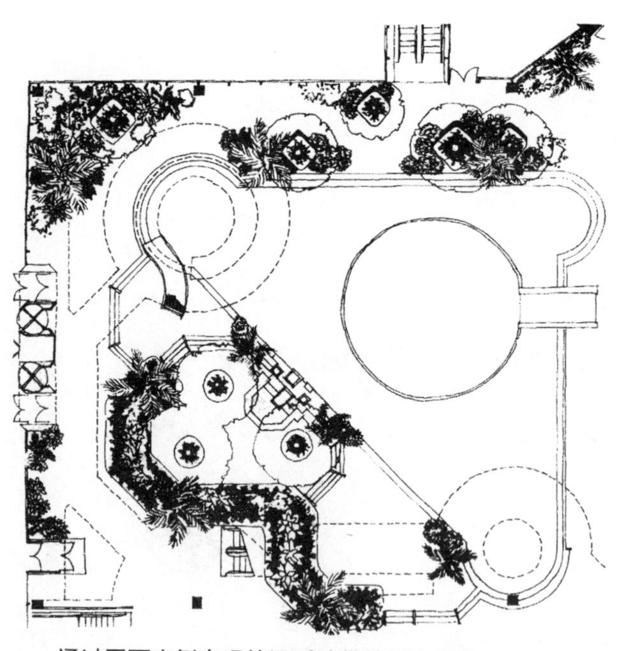

通过图面实例表现的温暖地带的树木特性

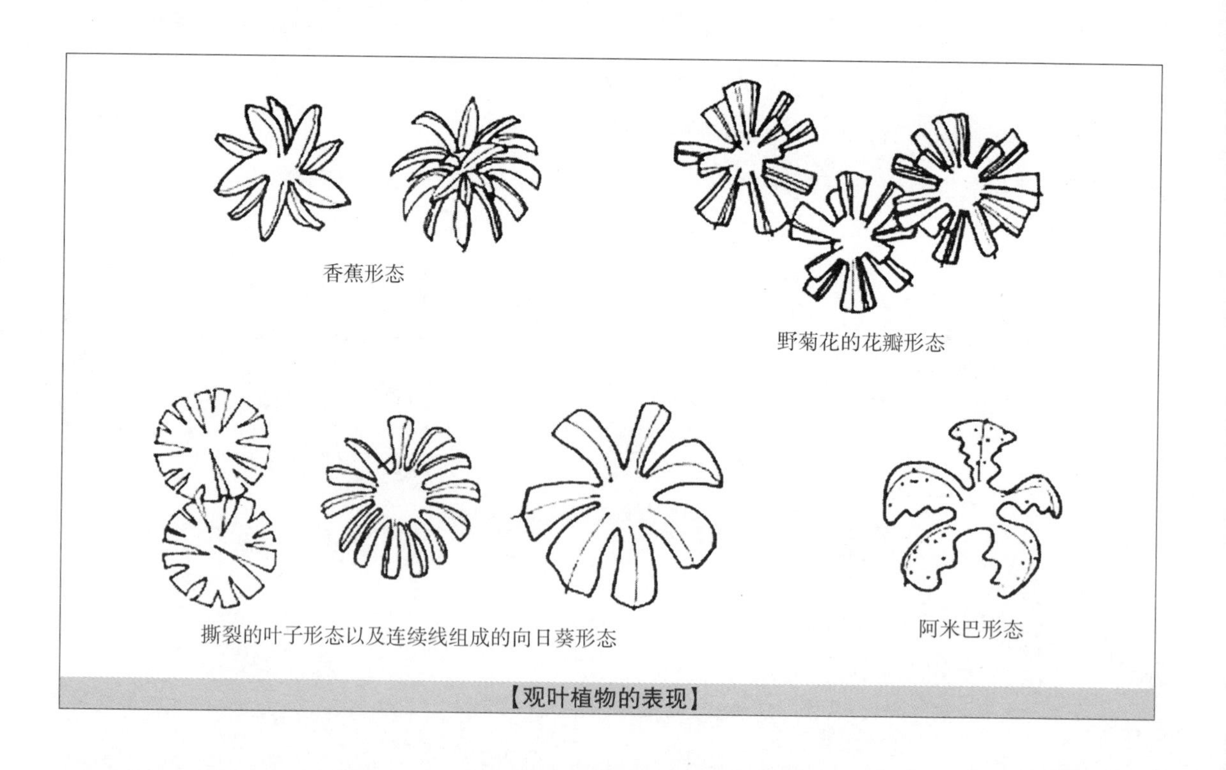

【观叶植物的表现】

◆ 草坪类植物的表现方法

这是所说的草坪类植物是指覆盖于地表面的爬行植物和茂盛的草类等。这些要素在植物景观设计中一般都是充当背景要素，它不但可以中和那些具有个性、表现突出的要素（树木、建筑物等），还可以帮助我们创造出更为协调的整体空间效果。

在表现草坪类植物的质感时，应尽量保持浓度和线宽的一致性，以避免在同一个设计中使用有变化的表现而引起视觉上的混乱。在使用铅笔制图时，若绘制面积较大较宽，通过柔和的质感表现体现出整体浓淡的差异性时会取得良好的效果。

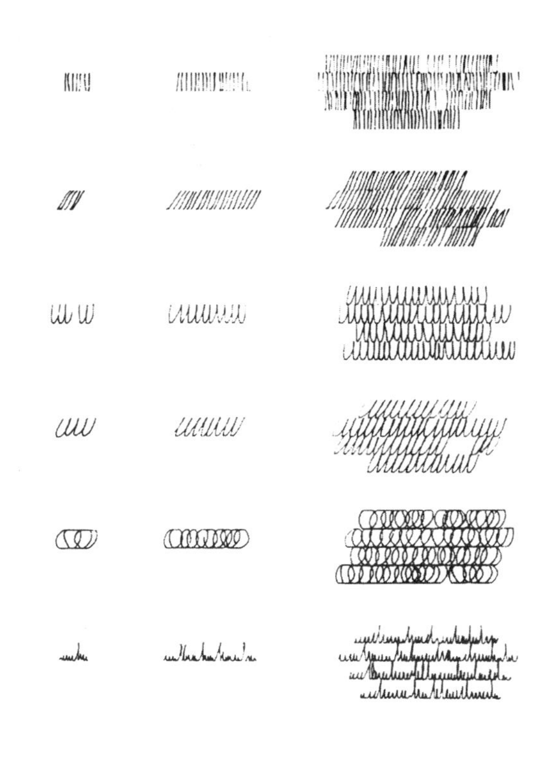

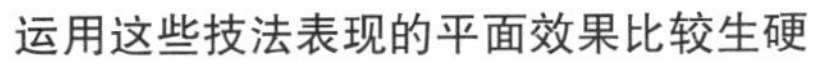

运用这些技法表现的平面效果比较生硬

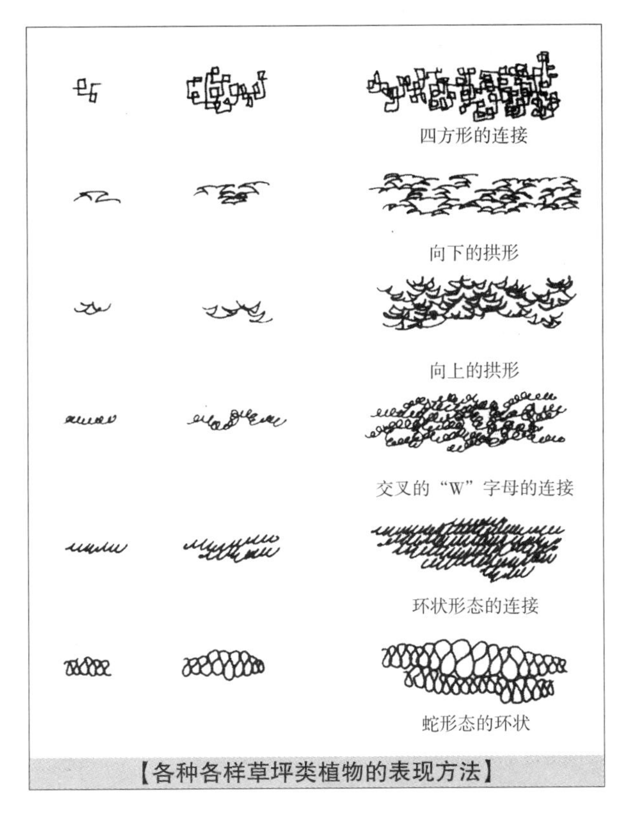

【各种各样草坪类植物的表现方法】

需要着重表现地面条件和草坪类植物时，
可以适当将树木表现简单化

表现

·有两种表现方法。

·一种方法是使用一定的形态沿水平方向有序地向外填充。

·沿水平方向向外填充时，可使用的要素包括垂直短线、短斜线、“W”字母的连续线、倾斜的“W”字母的连续线、环状形态的连续线、不规则的“W”字母的连续线等。

·在自然填充大片草坪面积时，可使用的要素包括无序乱点的点、顺着轮廓点的点、顺着等高线成直角绘制的短线、杂乱无序的曲线、四边形的连接线、向下的拱形、向上的拱形、环状形态的连接以及蛇形的环状等。

·需根据整体图面效果和与其他设计要素的关系来选择恰当的表现方式。

·举例来说，在草坪类植物比重较大的设计图中，灵活运用表现自然、方向各异的斜线和部分点要素对于图面整体构图的整齐划一和协调性表现会取得更好的效果。

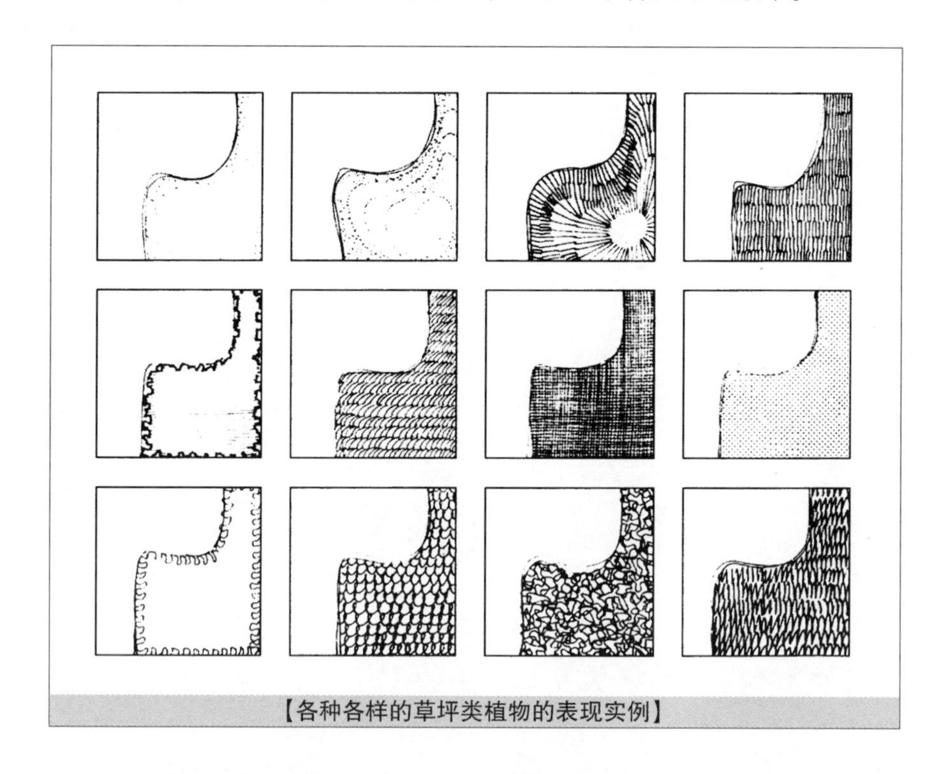

【各种各样的草坪类植物的表现实例】

【树木与草坪类植物的表现对比实例】

◆ 树木交叠的表现方法

应谨慎选择树木与其他灌木类交叠的表现方法。因为这对于正确区分灌木的边界非常重要。

表现

·表现下图中的灌木时，不要跟树木一样表现枝干，而是绘制其外轮廓线。

·在表现与灌木交叠部分的乔木枝干时使用细线，其余小的枝干部分用较密的线绘制即可。

·绘制乔木和灌木时，尽量不使用太类似的表现方法。

·应尽量避免以质感和枝干表现的灌木与乔木同时出现，否则会导致整体效果过于压抑、复杂。

·尽量使乔木和灌木的表现形成鲜明的对比，以便于更好地表达这两种要素。

·常绿树相互交叠时，在交叠部分省略淡疏的树木表现，尽量绘制出立体感。

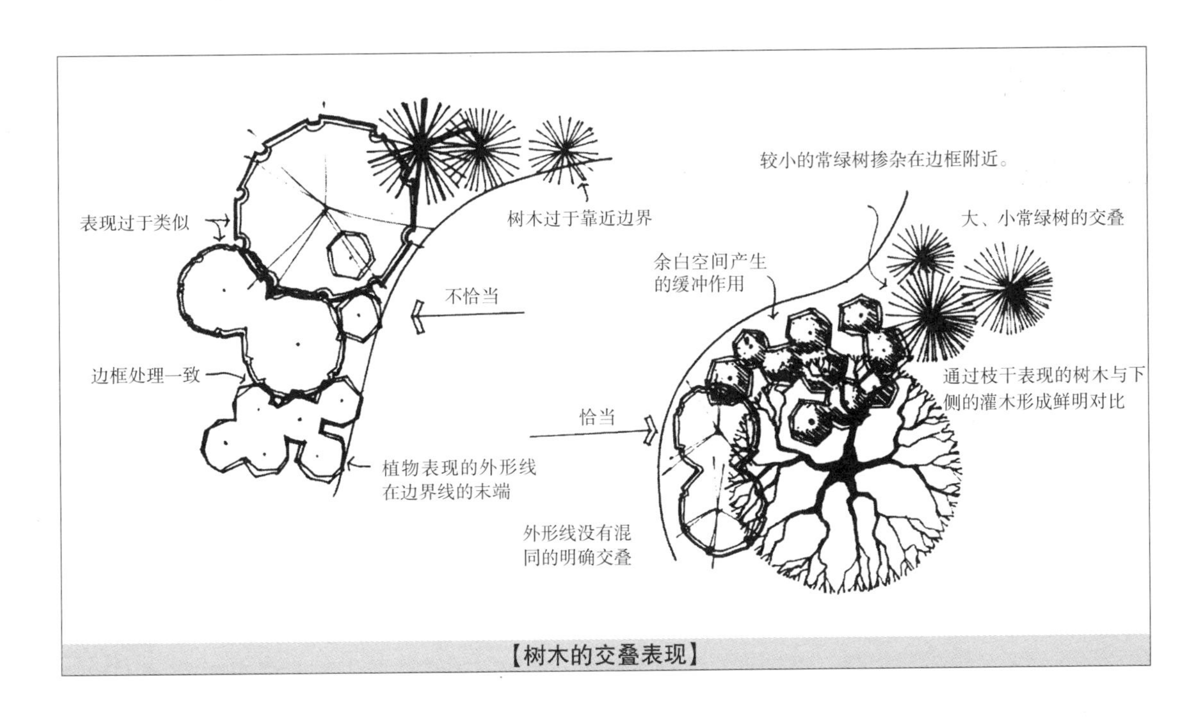

【树木的交叠表现】

◆ 明暗对比和均衡的表现方法

只使用一种材料表现设计内容时，可能会需要较长的时间，但有利于看图者读懂图面内容。

表现

·应尽量保持线条密度较大的表现区域和质感表现不足区域的均衡。

·当树木交叠时，首先表现树下面的各种情况，尽可能用简单、强有力的外轮廓线绘制树木。

·绘制时尽量保证最暗的明暗表现区域只占据最小的面积。

·使中等程度的明暗表现与最暗的明暗表现形成一个协调的整体。

·当地面的质感较暗时，尽可能将树木的表现简单化，总之，对比效果越鲜明越好。

【明暗对比和均衡表现的实例】

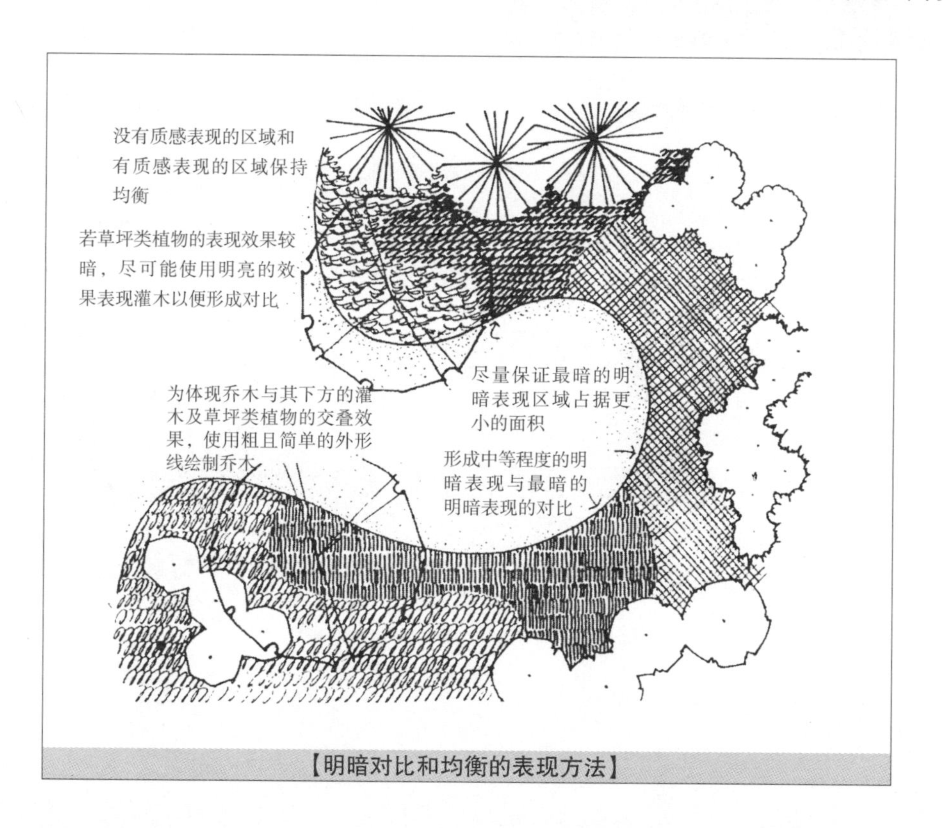

【明暗对比和均衡的表现方法】

2. 设计要素

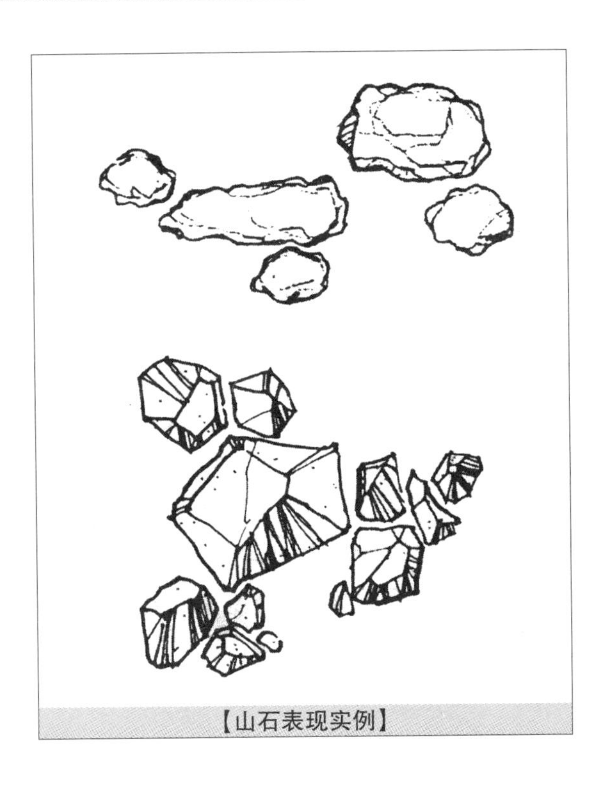
【山石表现实例】

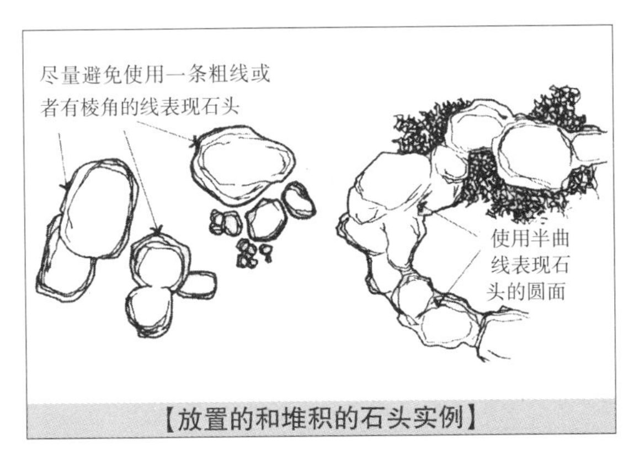

【放置的和堆积的石头实例】

这里所说的设计要素是指除制图通则规定的标记事项和一般的树木平面表现以外的实质性设计内容，通过这些内容我们可以了解到各设计要素的材料特性或形态。

◆ 自然石头的表现方法

景观设计中石头的使用占据了非常大的比重。在装饰自然景观时，可以直接使用自然石头，也可以在充分考虑功能性和观赏性的基础上选用人工石头。

在东方传统的庭院中较多使用的是自然石头，自然石头在景观设计中所占的比重有日趋增大的趋势，其影响也波及了全世界。

所谓自然石头是指完全产于自然，没有人工雕琢痕迹的不规则的石头。根据产地可以分为山石、江石、海石等。下面主要侧重于介绍如何表现自然石头在自然条件影响下所形成的形态的特性。

1）山石的表现

·因石头表面的质感比较粗糙或者有棱角，因此应注重表现其质感（石头的纹理或有棱角面的明暗、表面的苔藓等）。

·东方传统的庭院里山石的构成都非常和谐，因此应在练习表现手法的同时加强如何合理组织山石构成方法的练习。

·石头是立体形态，绘制时可通过随时调整线的强弱来体现其远近的距离感和立体感。

·在表现竖立状态的石头时，不要绘制石头与地面接触部分的轮廓线，而是通过说明地面材料去达到表现的效果（石头放置在草坪上时通过草坪表现，若放置于沙砾之上则以沙砾表现收尾）。

2）经水流冲击后的石头表现

·包括江石和海石两种。

·这类石头都是经水流冲击而形成的，石面一般较圆润光滑，因此在绘制时应强调其圆面的特征。

·此类石头表面坚硬、顺滑，应注意光线的反射。

·对于圆滑面和有棱角面的表现应通过线的强弱和面与面的关系说明来实现，尽可能避免使用太锐利的线条。

·用细线绘制不同石质石头特有的纹理。

·在表现明暗和质感时，灵活运用自然的半曲线会取得比使用直线更好的效果。

·对于经切割过的石面，在没有轮廓线的基础上只使用明暗对比反而会取得意想不到的效果。

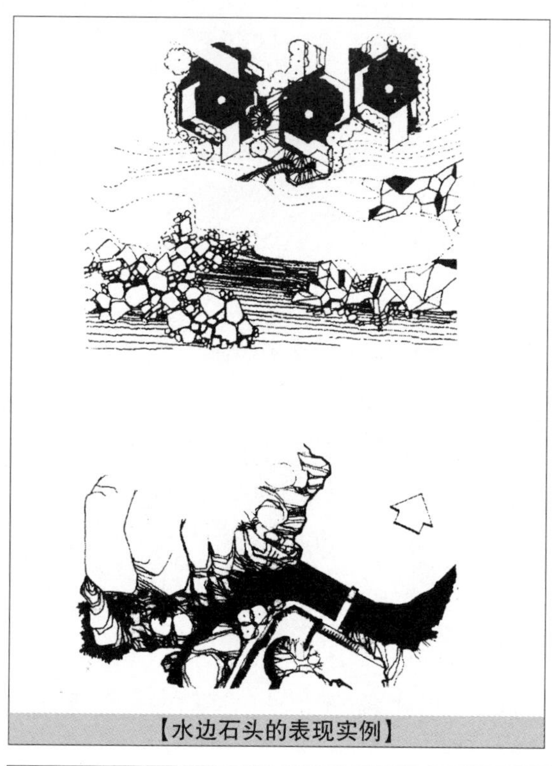

【水边石头的表现实例】

◆ 水的表现方法

作为设计要素之一的水具有灵动性，随着光线的反射其效果也不同。要想更好地表现水，就需要充分理解水的这种视觉效果和流动方式。

1）流水的表现

·若水边陆地的质感表现得很充分，水路部分可以通过留白来表现，只需在水边靠近陆地处绘制流动的线体现水的流动性即可。

·为了使水面与地表面形成对比，可以在水面处画出密密的水平线，也可将水平线间断开或者在断开的空白处绘制点线来表现水的流动效果。

·按照一定的水流方向，使用两重或者三重不同强弱的线强调水流或者水深，效果会更好。

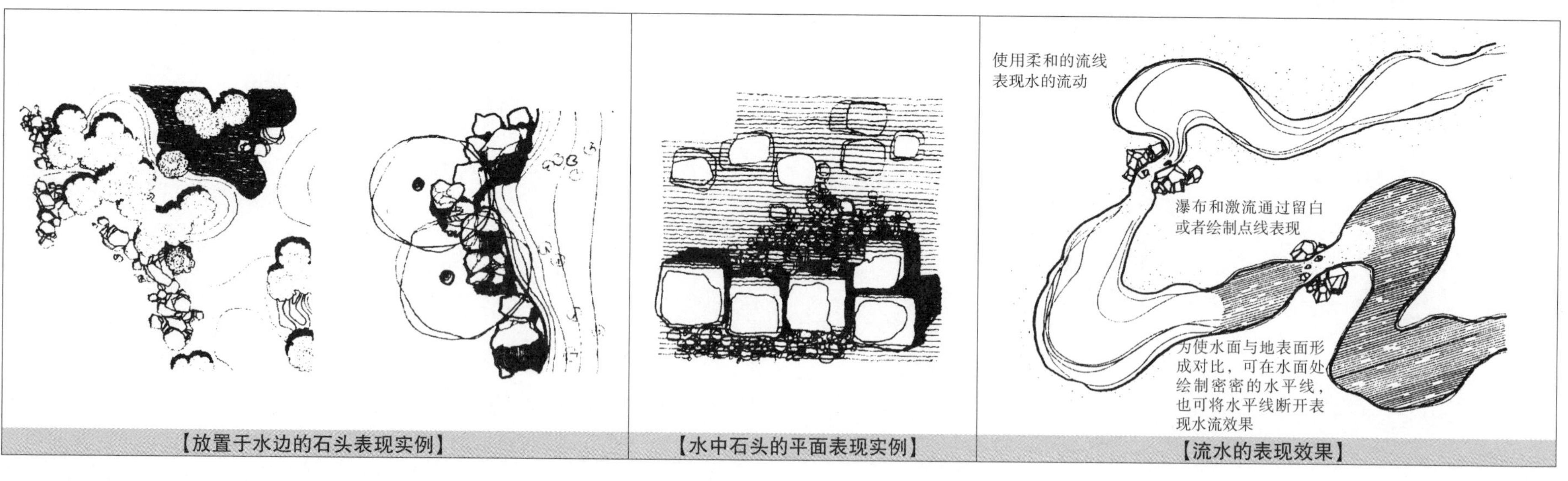

【放置于水边的石头表现实例】　【水中石头的平面表现实例】　【流水的表现效果】

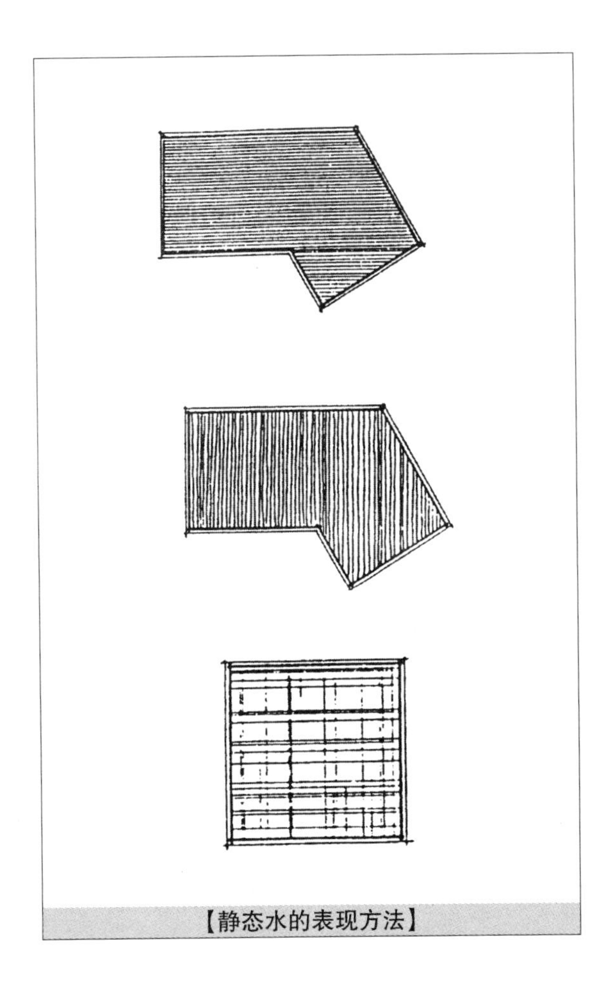
【静态水的表现方法】

2）莲池中静静流淌的水的表现

·按照水流方向使用模糊的辅助线留出一定的宽度，在其他部分绘制稠密的水平线，这些水平线到辅助线附近自然停止或者使用点或虚线使其终止，形成与水流部分的自然对比。

3）静态水的表现

·将正面均匀填满或者留作空白（与周围情况形成对比）。

·绘制水平线或垂直线时，可以使用直尺，也可徒手。绘制过程中也可随机变化线间间隔的大小。

4）岸边物体映照在晃动的水面上的表现

·若需要说明水底的情况，可以绘制一部分材料表现，同时绘制时充分表现出水面晃动的样子。

·越靠近岸边，水平线就越稠密。

5）经反射的水塘表现

·使用尺子绘制模糊的交叉线，交叉线之间留出空白停顿，体现被反射后水塘的模糊晃动。

6）因喷泉产生的同心圆的波长表现

·用铅笔画出模糊的辅助线，徒手画圆或者使用模板正确画线。

·可以按照相同的间隔绘制波长，也可以逐渐扩大间隔表现。

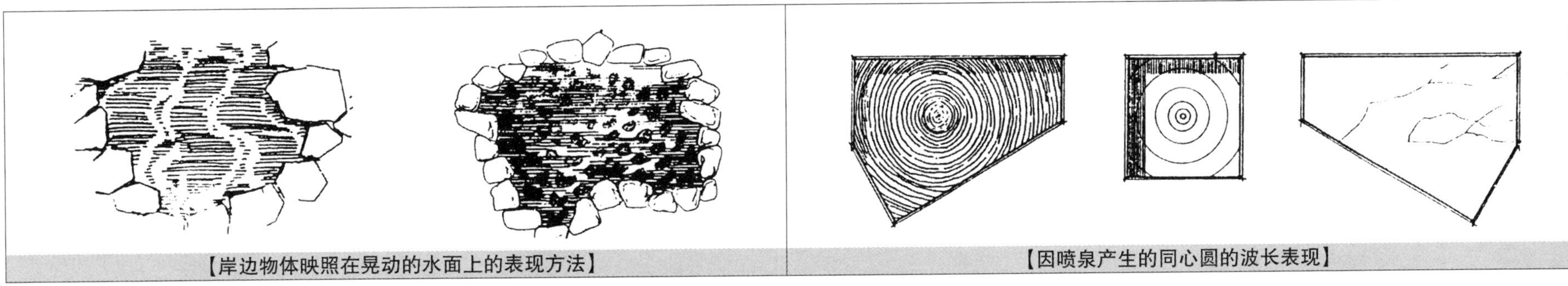
【岸边物体映照在晃动的水面上的表现方法】　【因喷泉产生的同心圆的波长表现】

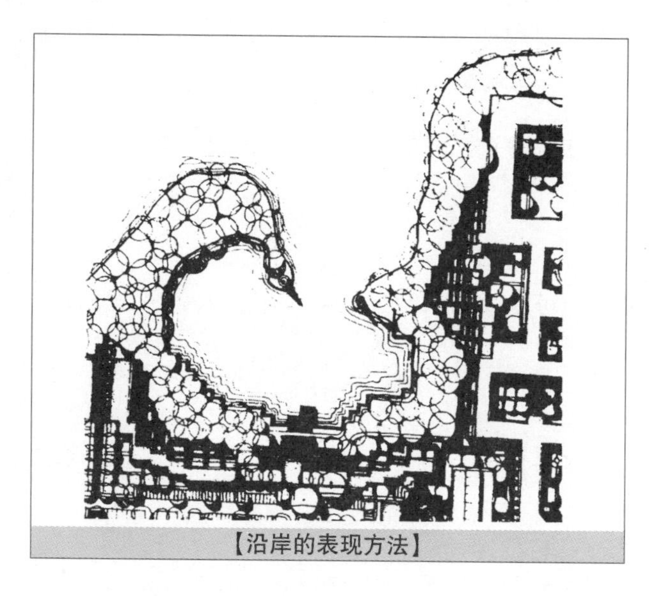
【沿岸的表现方法】

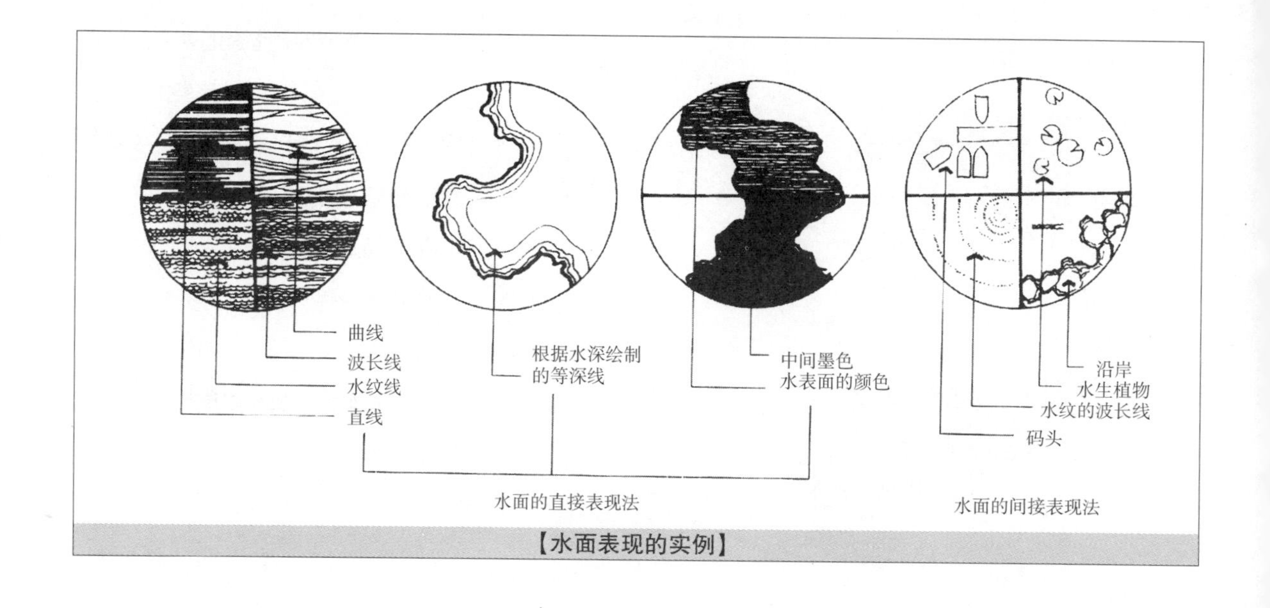

【水面表现的实例】

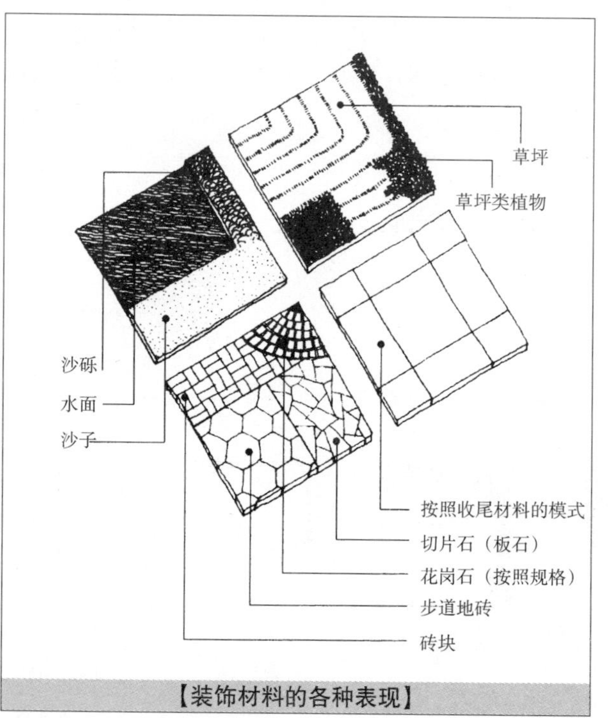

【装饰材料的各种表现】

7）沿岸的表现

·可以顺着不规则的岸边，向水面内部画出间距逐渐扩大的线。

·也可以像画等高线一样，在水和其临近的沿岸之间并排画出一定宽度的辅助线，然后在沿岸线的直角方向勾画直线，随着水越来越深，直线间的间隔可越来越近，反之亦可。

◆ 地面装饰的表现方法

地面收尾材料的表现除了要绘制材料的质感外，还要体现出材料的物理大小及单位大小的性质。不管是反射光线的琥珀石还是吸收光线的木质材料，都要明确、简洁地说明其特性和质感效果。

1）玉石和琥珀石的表现

·跟前面所介绍的江石的表现方法类似。

·绘制时需留意光线的反射。若表现面积较大时，无须过分详细地说明，应重点表现其中的几个，其他的适当模糊带过即可。

【硬质装饰材料的有效表现】

·这种石头的外形总体上用圆形表现。但为了减少其与左右两边石头的缝隙，一般绘制4~5个圆形石头即可。

·应注意大小石头的整体构成效果。

·应尽量避免只从一个方向开始绘制，否则会出现鱼鳞状纹理或不自然的缝隙连接模式。

2）板石的表现

·由4~5个边的连接构成。

·追求大小不同形态的和谐构造。

·不应使用一个方向的通缝，而是使用断缝来表现。

·不应为了减少缝隙而绘制成“冂”字形或“匚”字形模式。

·表面的质感应使用细线绘制，只选择其中几处表现即可。

3）沙子和沙砾的混凝土表现

·尽可能在外轮廓线周围集中画点，实现点的自然组合。

4）木材表现

·木材花纹用细线绘制。

·绘制木材花纹应避免使用相同方向、相同强度的线，应灵活运用各种模式和强弱的线。

5）红砖的表现

·根据所使用的比例尺，其表现详细情况也不相同，也可只部分说明其装饰方式。

·面积较大时，尽可能将红砖的边缘线条表现得自然一些。

6）各类瓷砖的表现

·不能一一绘制，只表现其中的一部分即可。

◆ 建筑物表现方法

建筑物在表现时需要如实反映出其各自的形态和不同时代房屋的特性。现代的建筑物一般都较大、厚重，但外观比较简单大方。因此，在绘制建筑物的外轮廓时，需先使用线条勾画出厚重、结实的边框，这样也会使建筑物整体看上去更加稳固。

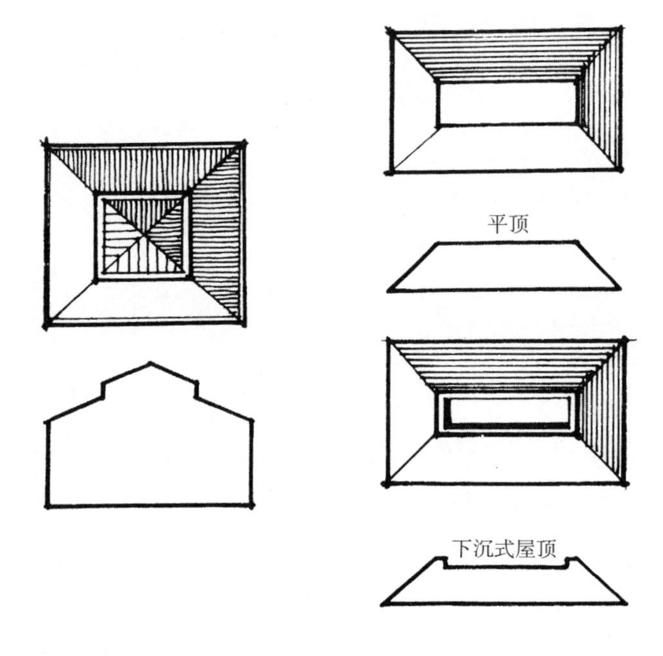

在表现倾斜屋顶的外观时应尽量简单化，要易于理解，屋顶阴影处的质感表现要浓于向阳处的质感表现。这样的质感表现对于说明屋顶的材料和倾斜面都有很大的帮助。

表现

·用较强的线画出建筑物的外轮廓，注意与其他内容所使用的线作好区分。

·在较强的外轮廓线内部使用细线绘制。

·对于平坦的斯拉夫屋顶来说，其伸缩缝用细线绘制。

·对于倾斜的屋顶来说，按照一定的方向表现出其质感。

·质感表现可以顺着建筑物的外轮廓线并列画线，也可以从建筑物的外轮廓线到屋顶线之间直角画线。

·屋顶的阴影表现对于不太重视地表面详细情况的大型图面来说很有效果，对于比例尺较小的图面来说应尽可能将建筑物的表现简单化。

·比起平面图，它在总平面图中的地位更加重要，特别适用于比例尺较大的情况。

·除此之外，东方传统的桁架结构的屋顶表现也占据了很大的比重。

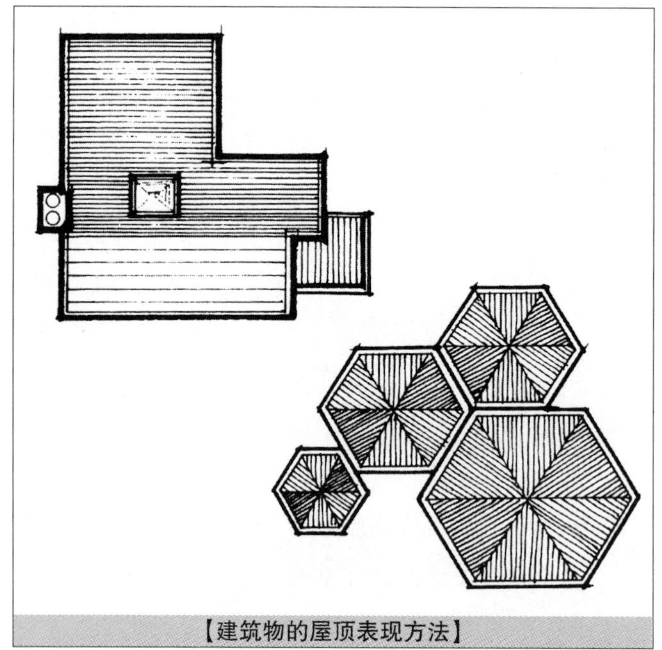

【建筑物的屋顶表现方法】

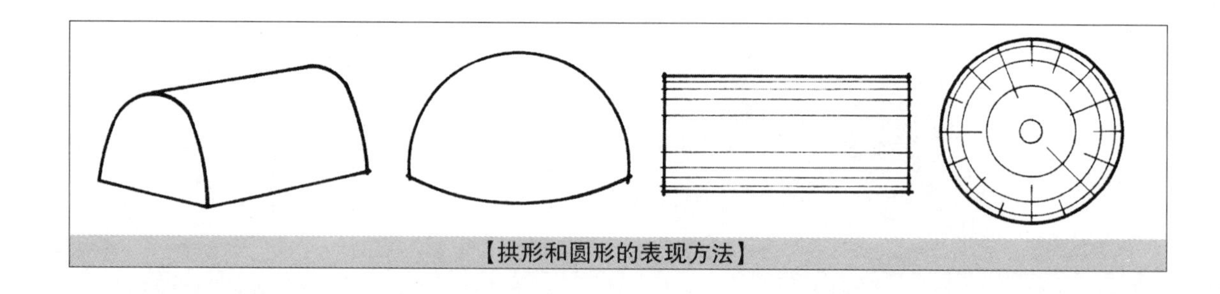

【拱形和圆形的表现方法】

外轮廓线用粗线，内部线用细线绘制

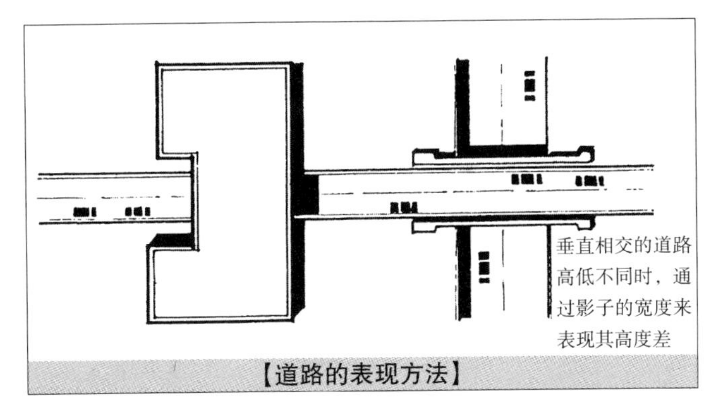

【道路的表现方法】

◆ 道路的表现方法

道路要素对于读者加深对设计范围的边界和周边情况的了解会起到帮助作用。在较大的区域内，道路情况可以通过与周围相连接地域的线条浓淡对比来表现，桥梁、高架桥或者地下倾斜通路等情况可以通过影子的表现来加深对道路状况的理解。

表现

·一般来说，道路都是按照道路的宽度使用连续的两条线来绘制。

·使用比例尺较大时，需使用两条线把界石也表现出来。

·像这样使用两条线时，外轮廓线用粗线、内部线用细线绘制。

·垂直相交的道路高低不同时，从匝道起点到结束点绘制三角形的影子。

·对于有两侧边墙的匝道来说，需从起点到匝道结束点绘制三角形的影子。

·若道路周边有各种色彩标记时，需与总计划保持一贯性。

·需要说明道路装饰的收尾材料时，尽可能使用浅色以便于与其他设计要素相区别。

·图面比例尺较大或需要将道路、建筑物及其他设计要素区分开来时，尽可能将道路说明简单化（特别是在描图纸上绘制的总平面图或土地登记附图等图面中）。

3. 其他有效的表现

其他各种有效的表现经常灵活运用在除实施设计之外的图面绘制中，即：总计划或者总平面图、基本设计中的立面图、剖面图等。这些要素不仅可以立体地传达设计的平面表现，还能够给周围的环境带来生机和活力。同时对于理解图面的实际大小也会有帮助作用。

◆ 影子的表现方法

影子体现了设计的三维效果。设计图面中的影子表现仅仅是一种象征，无法成为设计的直接内容。

但是我们可以通过影子的表现去了解物体的高度、地面的状况条件以及物体的立面特征等。

在表现影子时，尽可能按照光线的方向和季节变化确定一定的高度，影子的长度应与相同高度的设计设施保持一致。

1）落叶树的影子表现

·按照树木的外观形态绘制辅助线。

·填充影子空间的方法有很多种。

·首先，至辅助线之间可以绘制平行线作为位置填充。

·也可以完全涂黑填充。

·应注意树冠的中央部分稍高，一般都是圆形的。

·简单的外观可以使用模板绘制，比较复杂的外观可以徒手绘制，绘制时为了明确区分开外观和影子，应尽可能边填充边在适当的位置留出宽的空白。

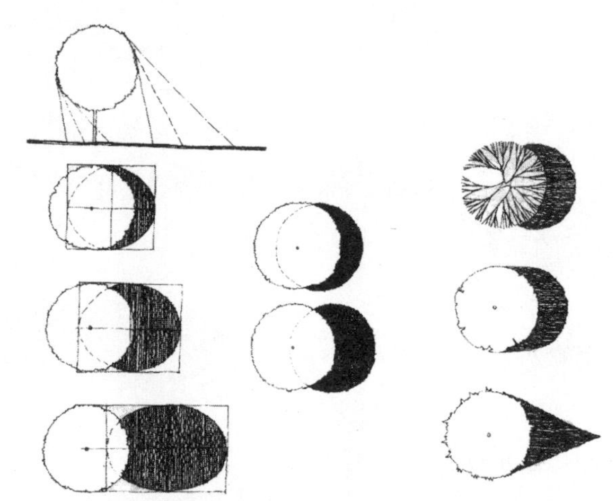

【影子表现】

【随树木形态变化而变化的影子】

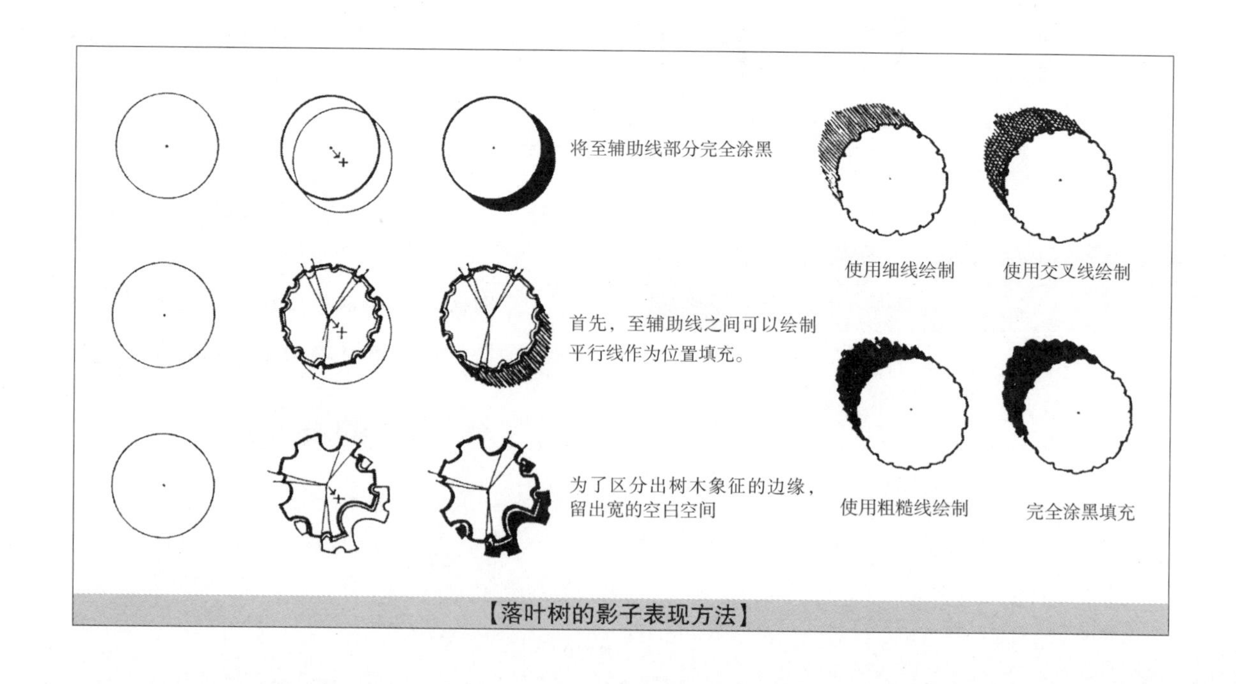

【落叶树的影子表现方法】

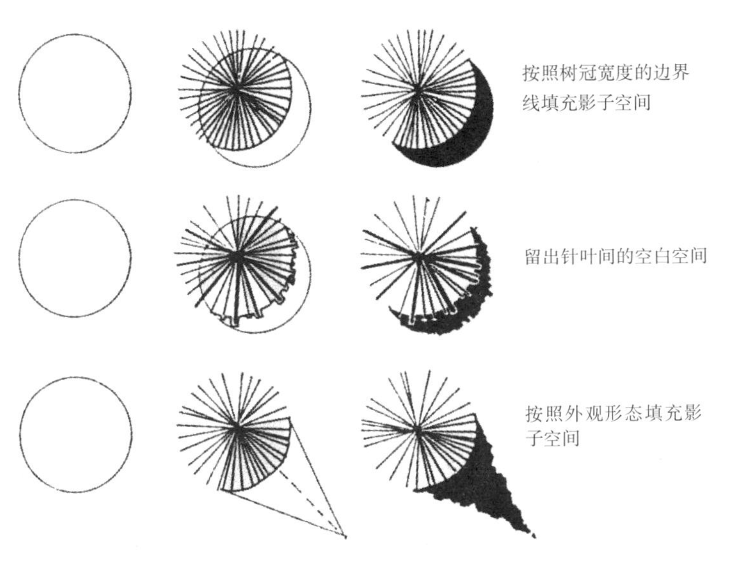

【常绿树的影子表现】

2）常绿树的影子表现

·按照与外观形态相同的条件绘制辅助线。

·填充影子空间有两种方法：

为了明确表现出针叶的边界，可以在圆形辅助线内按照树冠宽度画出边界线后填充；也可以在维持每个针叶间的空白空间的基础上填充。

·按照外观形态尽可能自然地表现影子。

3）建筑物的影子表现

·确定光线的角度，然后连接从各个角落出发的线。

·添加屋顶突出部分（烟囱或塔楼）等的详细事项。

·注意随屋顶倾斜度不同而变化的影子长度表现。

·屋顶面阴影的质感表现对于说明关于屋顶倾斜度的影子长度的变化会起到帮助作用。

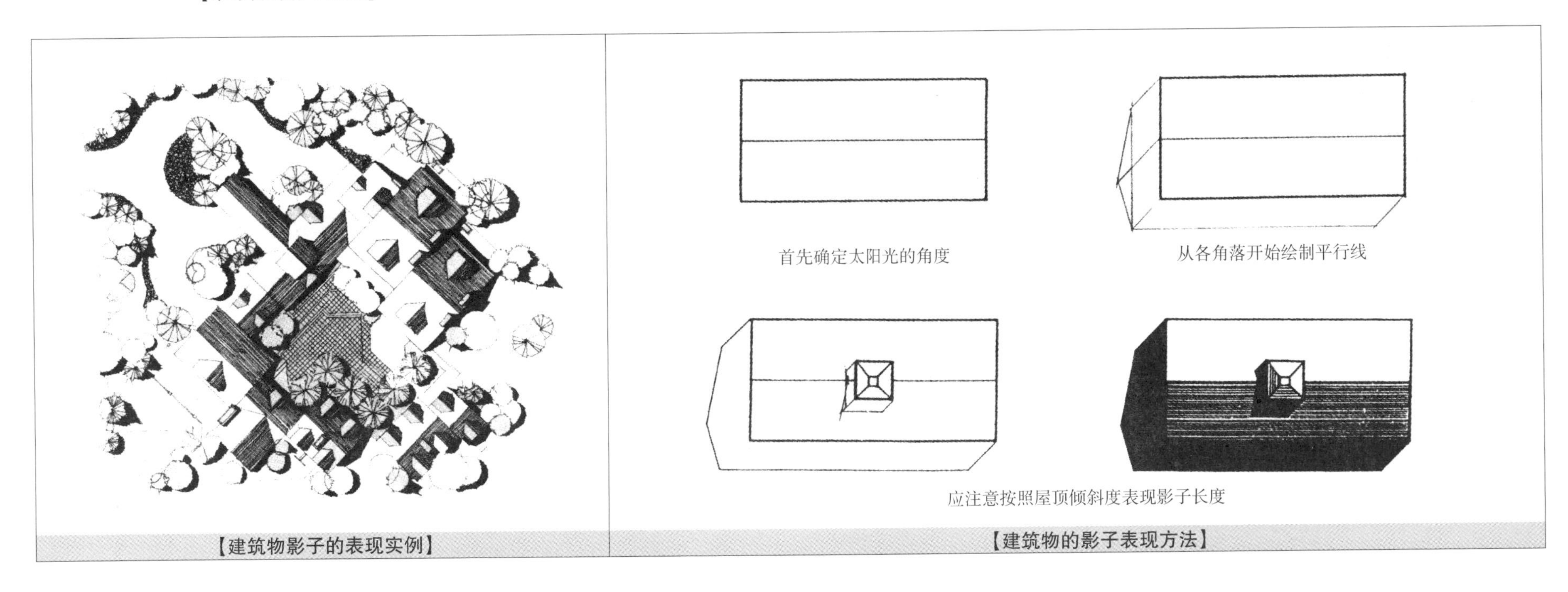

【建筑物影子的表现实例】 【建筑物的影子表现方法】

4）影子的复合表现

·建筑物的影子与相邻的树木重叠时，应考虑树木的高度和树龄。

·影子映照在高低不同的地面上，高处的影子应相应画得长一些。

·倾斜度越陡影子就越长。

·地面的装修材料不同，影子的收尾表现也应该不同（特别是通过色彩体现时尤其如此）。

【鸟瞰位置的影子表现】　【影子的复合表现】

【人的表现方法】

◆ 人和汽车的表现方法

图面中的人或车对正确表现相关空间的用途及图面的比例关系有很大的帮助。随之也会左右图面的构成形态，同时还可以加深对设计空间的理解，给图面带来生机和活力。

表现

·从上俯视，人的头部用黑色的点，身体用椭圆形表现。

·在大大小小的椭圆形上画出人的头部，同时绘制出人在步行中的前后脚，然后绘制抽象的影子。

·徒手绘制出精巧简单的汽车和火车，要能体现出规模和周边设施的功能。

·不需要特意去绘制某种特定的形态。

·除此之外，为了更好地表现其他空间特性，还应熟悉飞机、船、自行车等交通工具的表现方法，这对设计会有一定帮助。

在图面中画出人有助于加深对空间大小和场所的理解

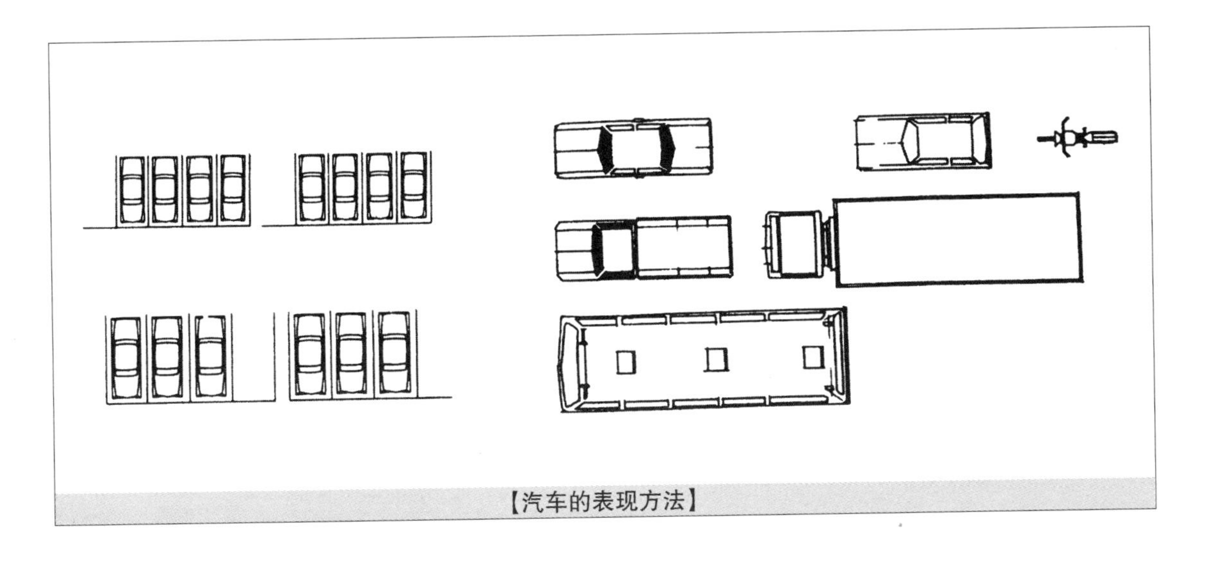

【汽车的表现方法】

◆ 立面表现

仅仅使用平面的表现手法是无法充分说明设计内容的。有些在平面图上难以表现的内容可以通过立面图实现，从图面的组成和构成上来说，立面表现是必须存在的。立面表现可以把整体形态的样子、大小，材料的质感、方式等设计内容通过立体的效果展示出来。

本章中主要介绍剖面图和立面图的特性、作为立面要素的树木表现方法等内容。剖面图和立面图是有效表现设计对象各个内部事项的详细内容以及垂直要素和水平要素间相互关系等的制图形式。这样的图面主要描绘截断面后面的所有要素，因此到底应该包含哪些说明对象需要设计者本人来进行判断，但一般来说，它需要包括所有可能对表现设计内容起到重要影响作用的要素。

本章还将介绍作为立面要素的树木表现的详细内容。这一部分内容将对树木的基本形态及表现方法、树木的表现方法进行讲述，具体的可以细分为通过外形线实现的树木表现、通过外形线+ 枝干实现的树木表现、通过质感实现的树木表现、通过枝干实现的树木表现以及通过阴影效果实现的树木表现等方面。

1. 剖面图·立面图

与单纯表现事物的外部形态相比，图面设计更为重视传达设计者对于设计内容的构思和想法。剖面图和立面图是立体说明形态内部事项间的详细内容以及垂直和水平要素间的组合关系最为恰当的表现方法。

◆ 剖面图·立面图的特性

假想用刀剖切图面，剖面图就是对截断的垂直面部分的内容进行说明的图面。截断面后面的内容不会出现在剖面图中。立面图是详细表现形态外观的有效方法，了解这种方法对于把它与平面图联系在一起制图会有所帮助。像剖面图、立面图这样稍为复杂的表现方法可以灵活运用在景观规划和设计过程中。

按照比例尺制图时，截断线后面的各个要素需用立面图来表现，按照远近体现大小变化并绘制成图则为剖面透视图。

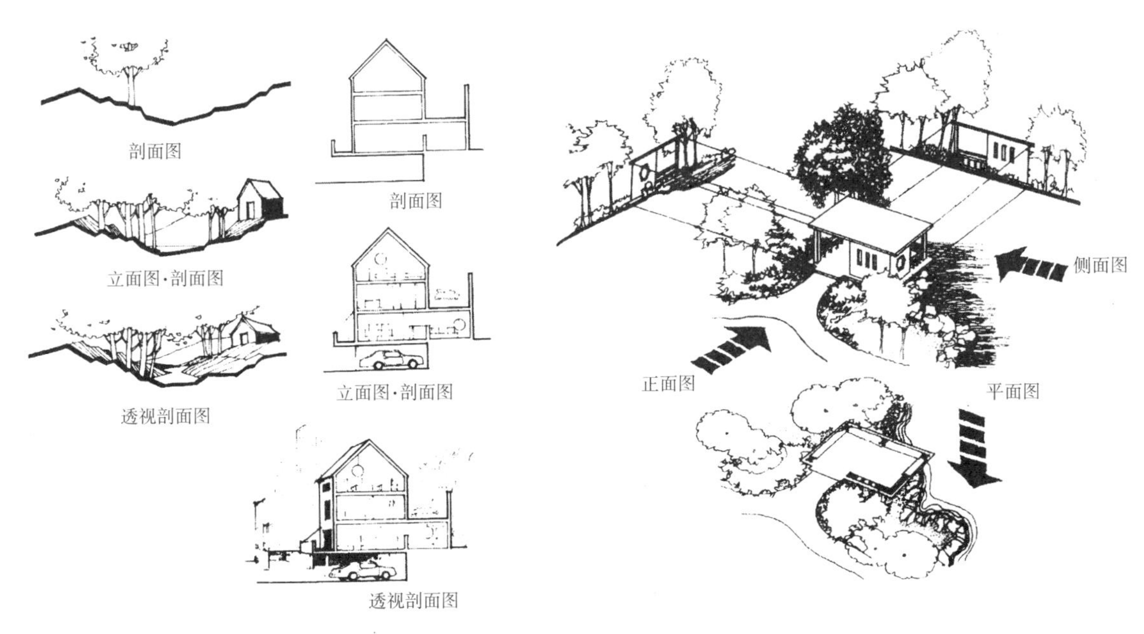

【剖面图，立面图·剖面图，透视剖面图】

【剖面图·立面图实例】

实际地形剖面

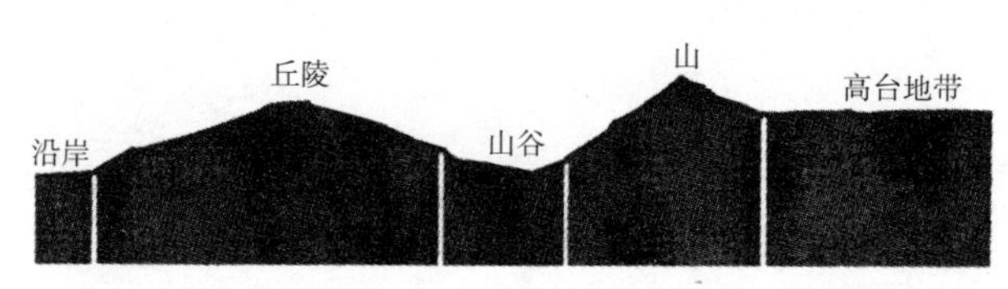

垂直要素的表现与长度相比不突出时应尽可能夸张地表现一定程度的高度要素

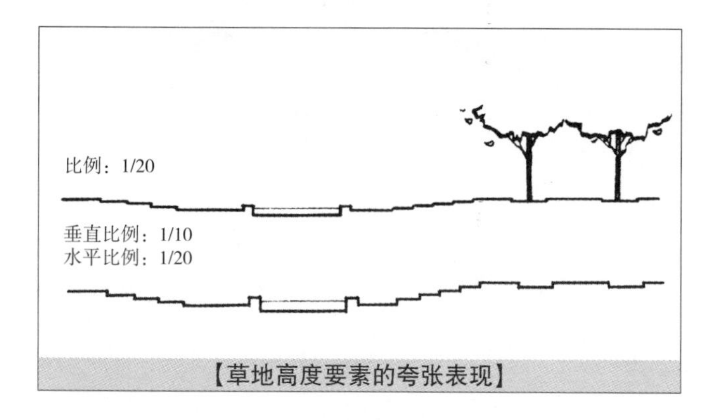

【草地高度要素的夸张表现】

1）表现的特性

·这样的图面主要描绘截断面后面的所有要素，因此到底应该包含哪些说明对象需要设计者本人来进行判断，但一般来说，它需要包括所有可能对表现设计内容起到重要影响作用的要素。

·较近的对象使用粗线详细绘制，较远的对象使用细的外形线大概绘制即可。

·这种情况下，较近距离使用墨水笔、中间及较远距离使用铅笔绘制也会取得不错的效果。特别是想要在描图纸上获得蓝图效果时更为适用。

·在景观图面中需要特别强调截断线。截断线应使用有些夸张的粗线绘制，效果要突出醒目。

·这是因为景观规划和设计大多情况下都是以土地和地形为对象进行的，因此特别重视地形的变化。

·使用粗线表现均一的面积比较困难时，常常使用明暗色调效果来表现。

·在地面或地形的变化中，垂直要素的表现与长度相比不突出时也可尽可能夸张地表现一定程度的高度要素（河流周围的复式河床或下沉广场的池塘和台阶等的表现）。

·特别在绘制实际实施设计图时需要明确标注尺寸，以保证施工的顺利进行。

·需特别注意，这种图面表现不应对整体地形及氛围的正确理解造成任何错觉误导或引发混乱。

2）景观要素的使用

·可以表现在平面图上难以说明的水里、绝壁或者突出部分以及连接在建筑物内部的特殊要素等。

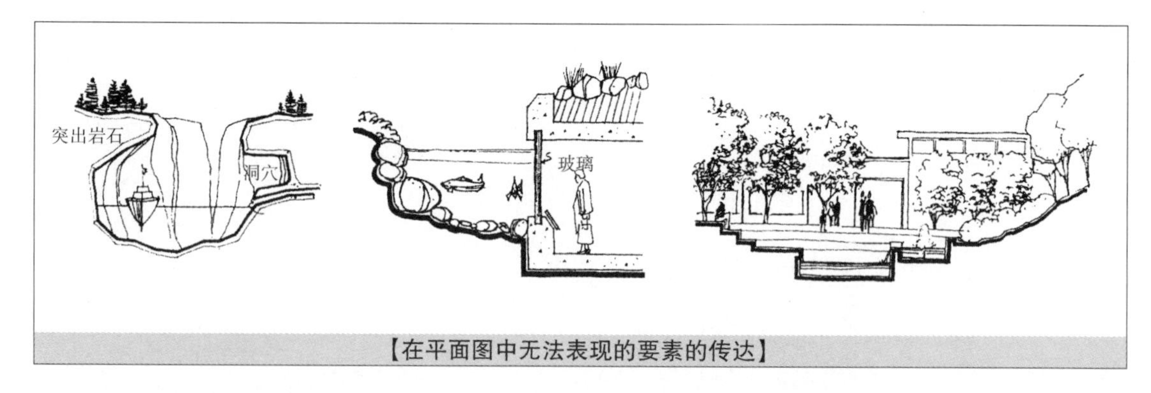

【在平面图中无法表现的要素的传达】

·在随高度变化而产生的视觉分析中也可以灵活应用。

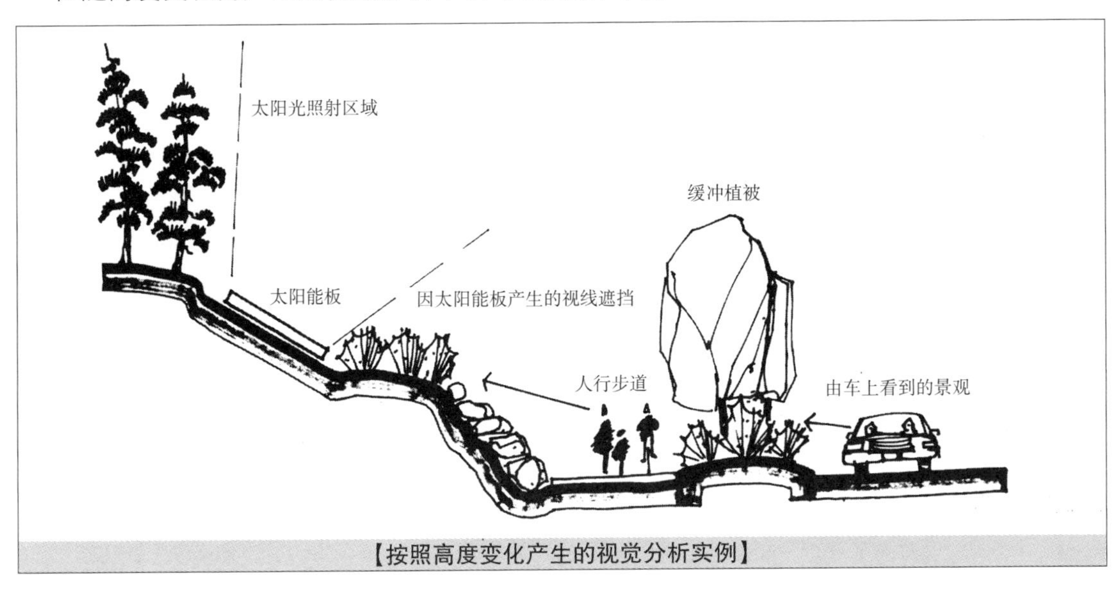

【按照高度变化产生的视觉分析实例】

·它在强调微气候重要性的表现过程中也是必需的。

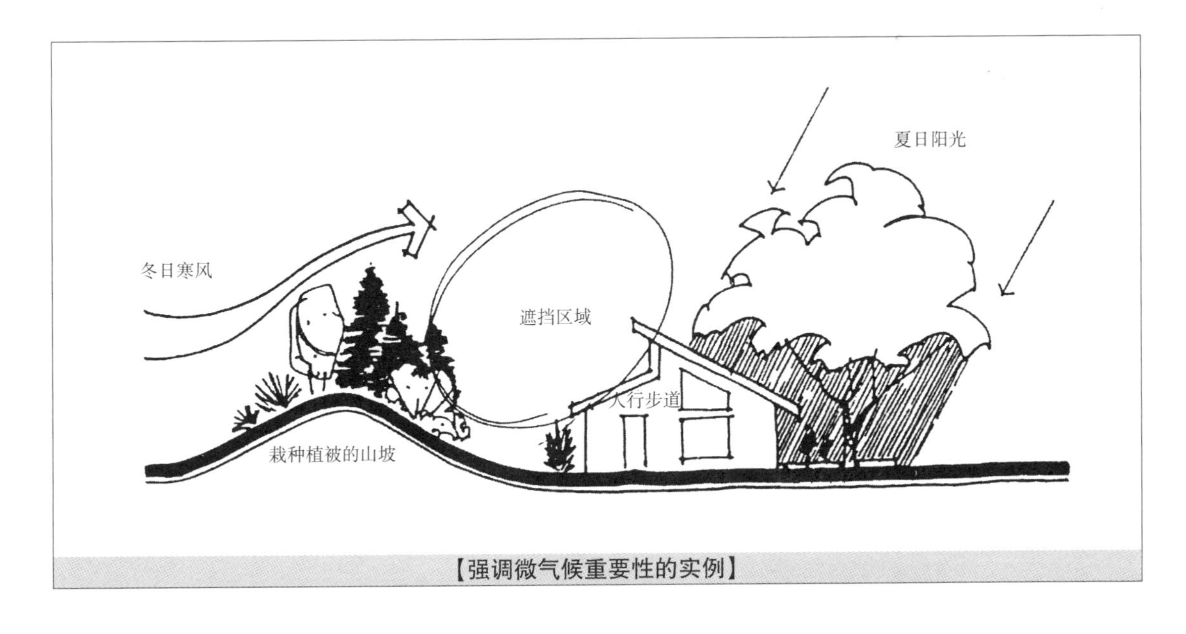

【强调微气候重要性的实例】

·在结构的剖面详图中也可以直接表现施工的可能性。

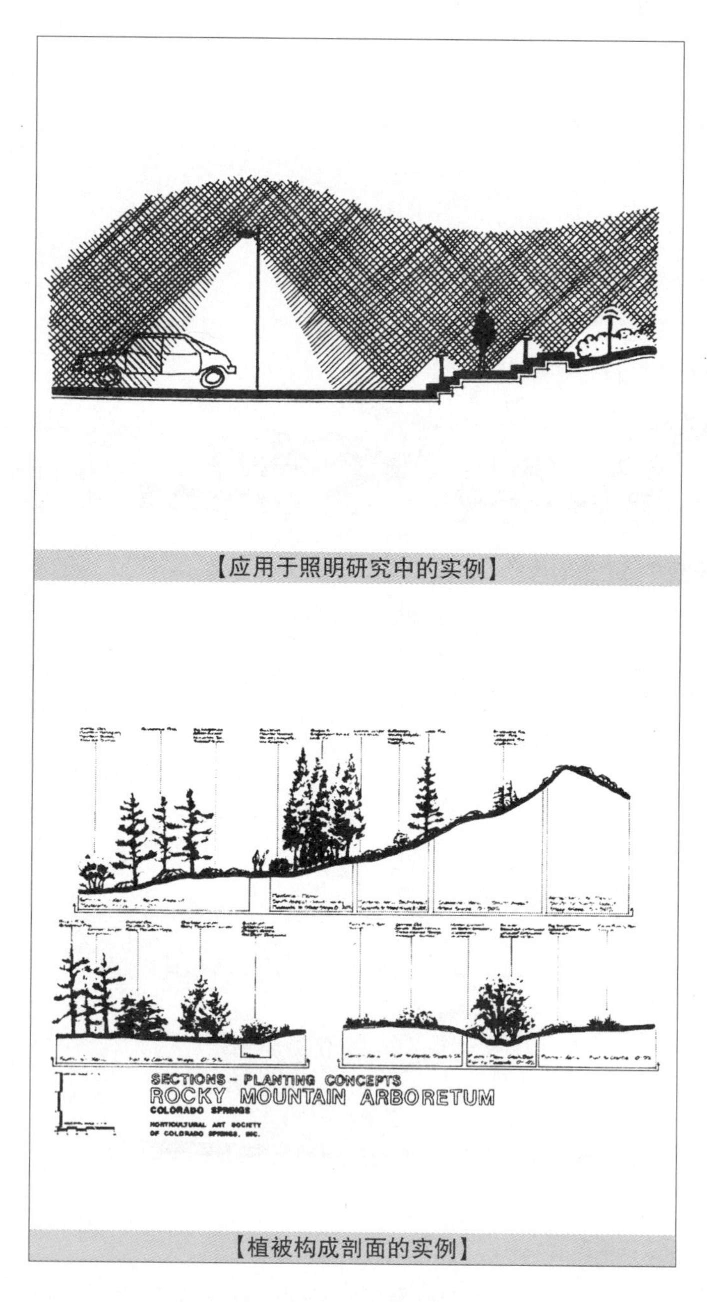

【应用于照明研究中的实例】

【植被构成剖面的实例】

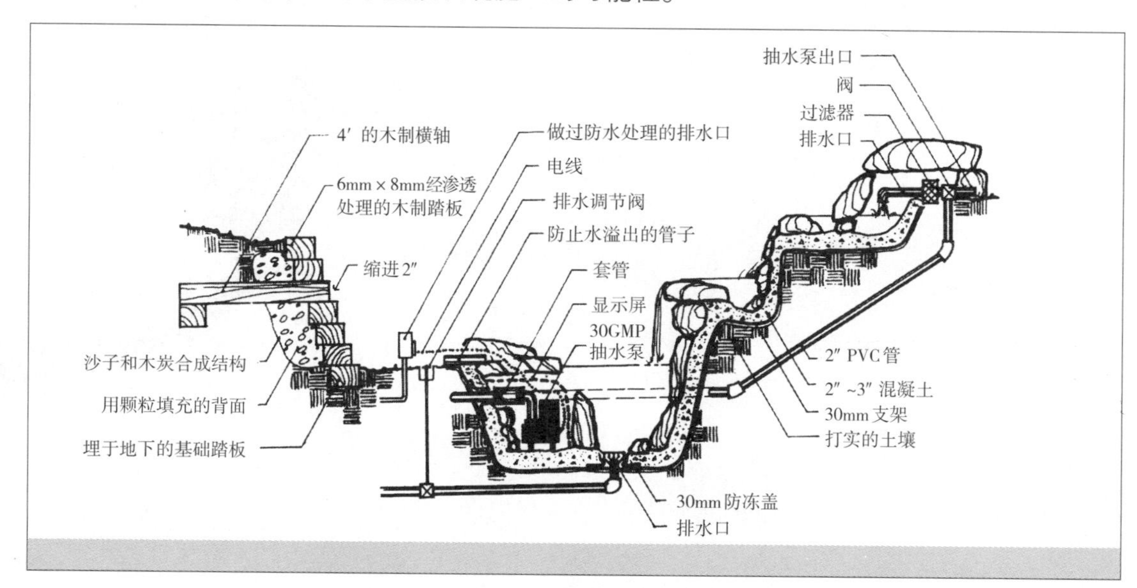

·除此之外，也可运用于景观设计的进行、地形的研究、照明研究、生态学关系的表现等过程中。

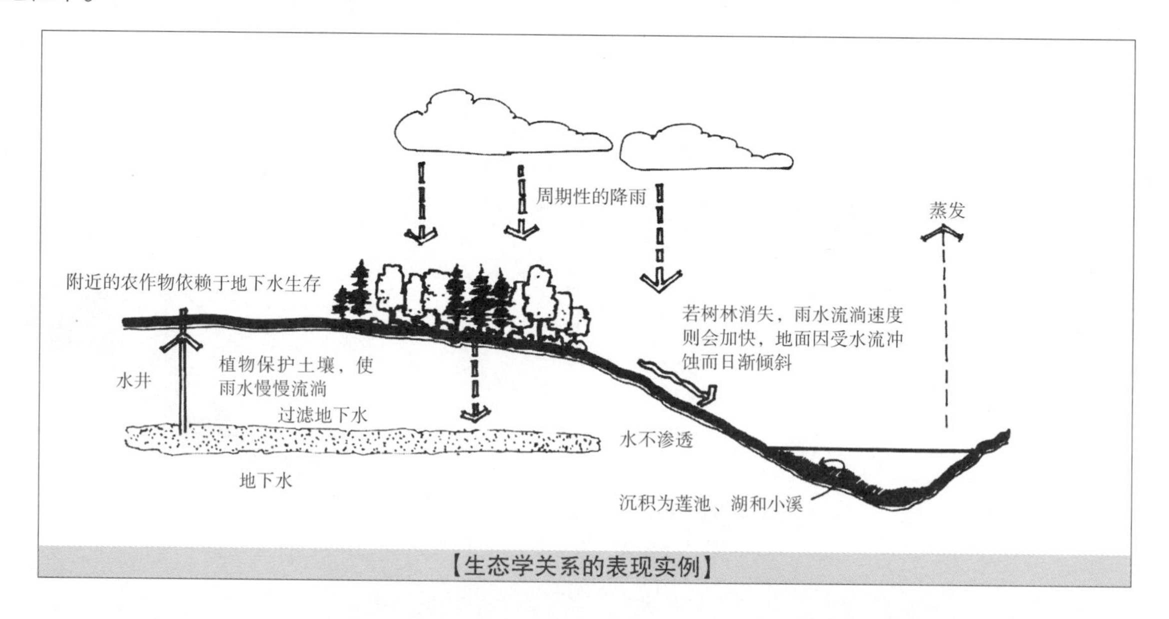

【生态学关系的表现实例】

2. 植物要素

即便是相同的树木，因其绘制目的的不同，表现结果也就不同。即：根据树木是在立面图中出现还是在立体的透视图、草图中出现，树木的表现不同，同时根据距离远近可表现的界限也是不一样的。下面将把作为立体要素的树木表现分为几大类简单给大家介绍一下。

◆ 基本的树形和其表现方法

1）基本树形

·圆形

·柱形

·椭圆形

·圆锥形

·不规则形

·扇形

·半圆形

2）表现方法

·绘制外形线

·外形线＋枝干

·质感表现

·质感＋外形线

·枝干

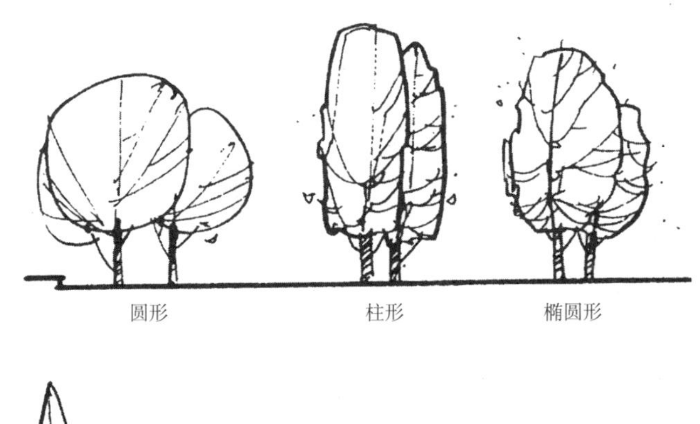

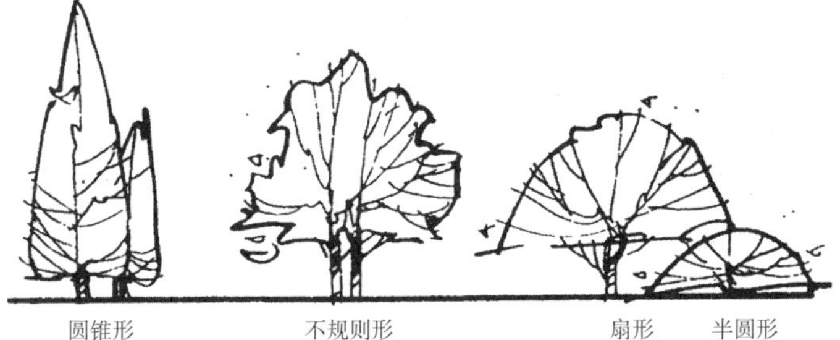

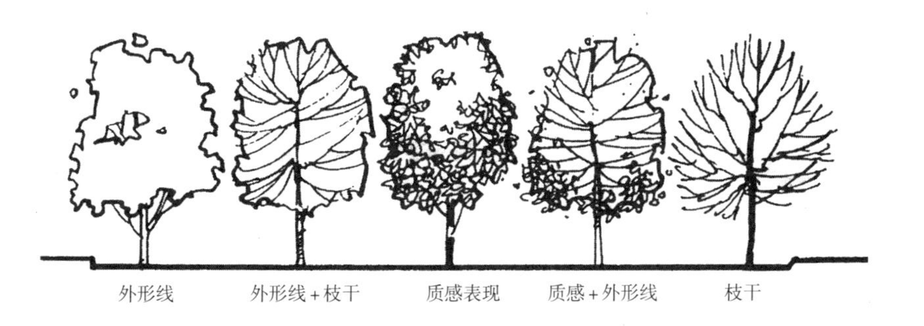

◆ 树木的表现方法

适用于基本规划或者基本设计中。

1）使用外形线的树木表现

·短时间内快速绘制。

·为提高视觉效果，随时注意调整线的粗细变化。

·也可在其中一部分范围内画点。

·只使用外形线表现树的形态和大小，因此其表现是抽象的。

·这种表现适用于基本规划或者基本设计阶段的剖面图的中景表现。

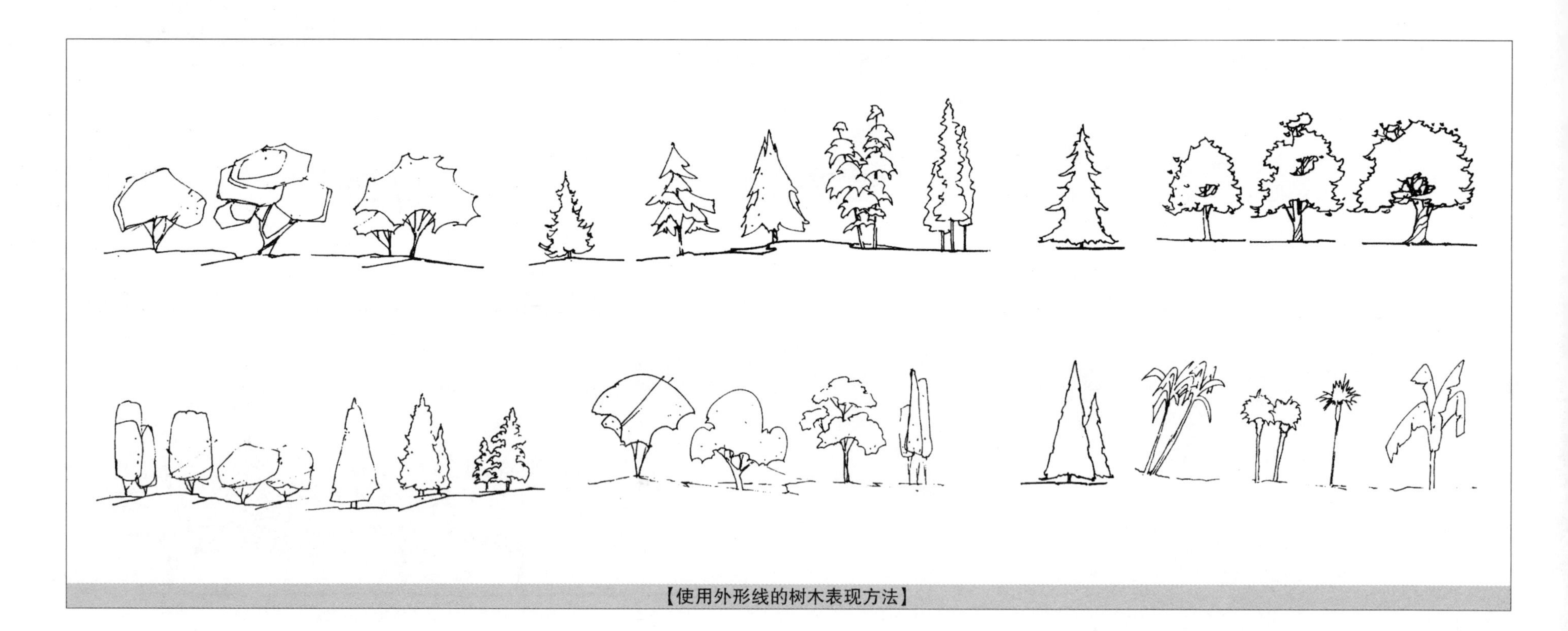

【使用外形线的树木表现方法】

2）外形线＋枝干表现

·比单纯绘制外形线需要更长的时间。

·这种表现整体来看比较抽象，因此适用于中景中的树木表现。

3）质感表现

·不仅要绘制出树叶的质感，同时也要体现叶子上立体光的特性，这样更有现实感。

·这种表现适用于详细并且更为精密的草图或者中景前面较近处的说明。

·模糊绘制形态的外形线，确定光的方向。

·影子的前方或下方需画得更暗一些（可以联想一下球状体）。

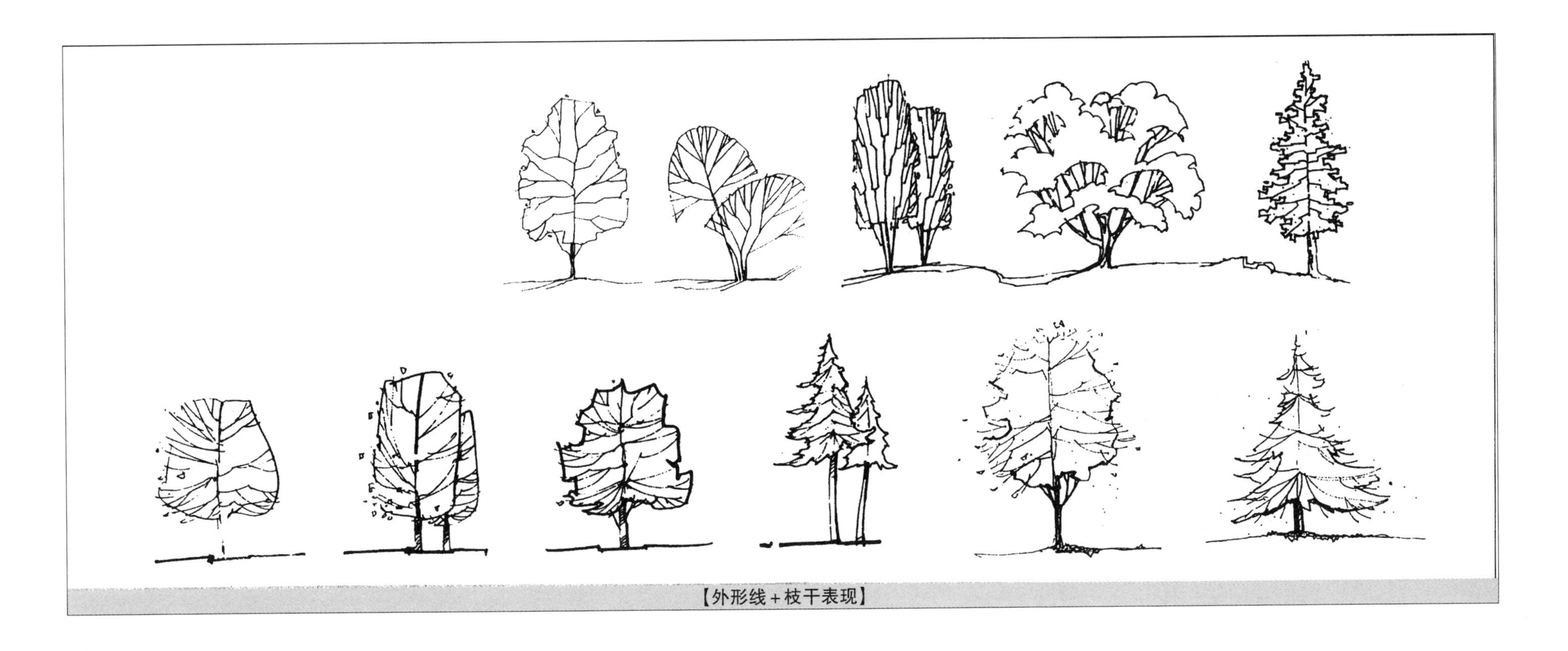

【外形线＋枝干表现】

·就像徒手制图中的应用线练习一样，在众多的纹样中选择一种慢慢勾画出树木的形态。

·树叶的质感及部分树干必须绘制成暗且深的颜色，这样才会更有立体感。

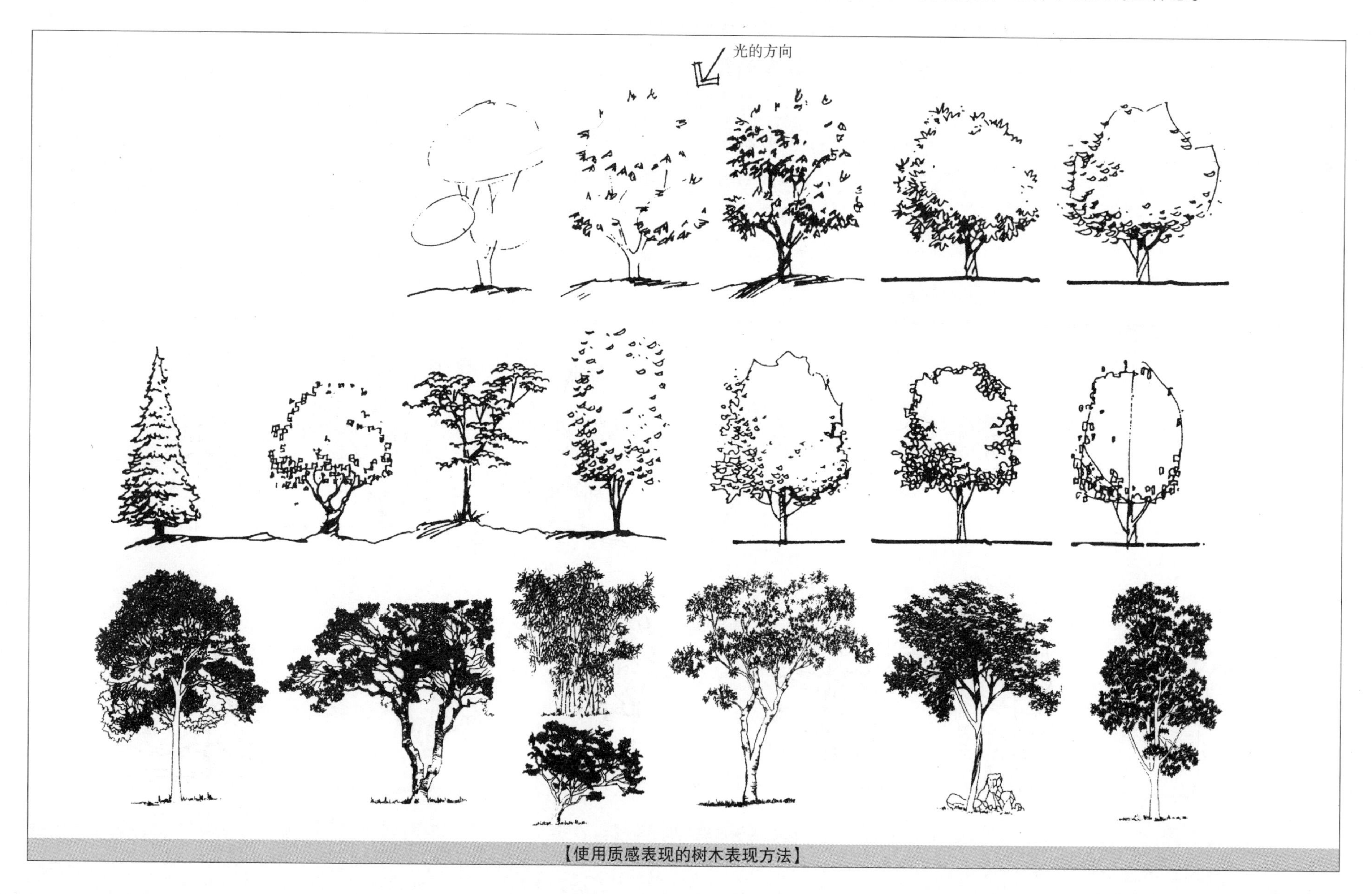

【使用质感表现的树木表现方法】

4）枝干表现

·相比较而言，绘制树木的枝干虽然比绘制质感更费时间，但比绘制外形线要快一些。

·首先应把握要绘制的树木枝干的方向和连接特性。

·先绘制整体树形的外形线。

·然后在外轮廓线附近集中绘制小的枝干。

·需体现冬天氛围时，绘制要真实，同时对树后面出现的造型进行相应表现。

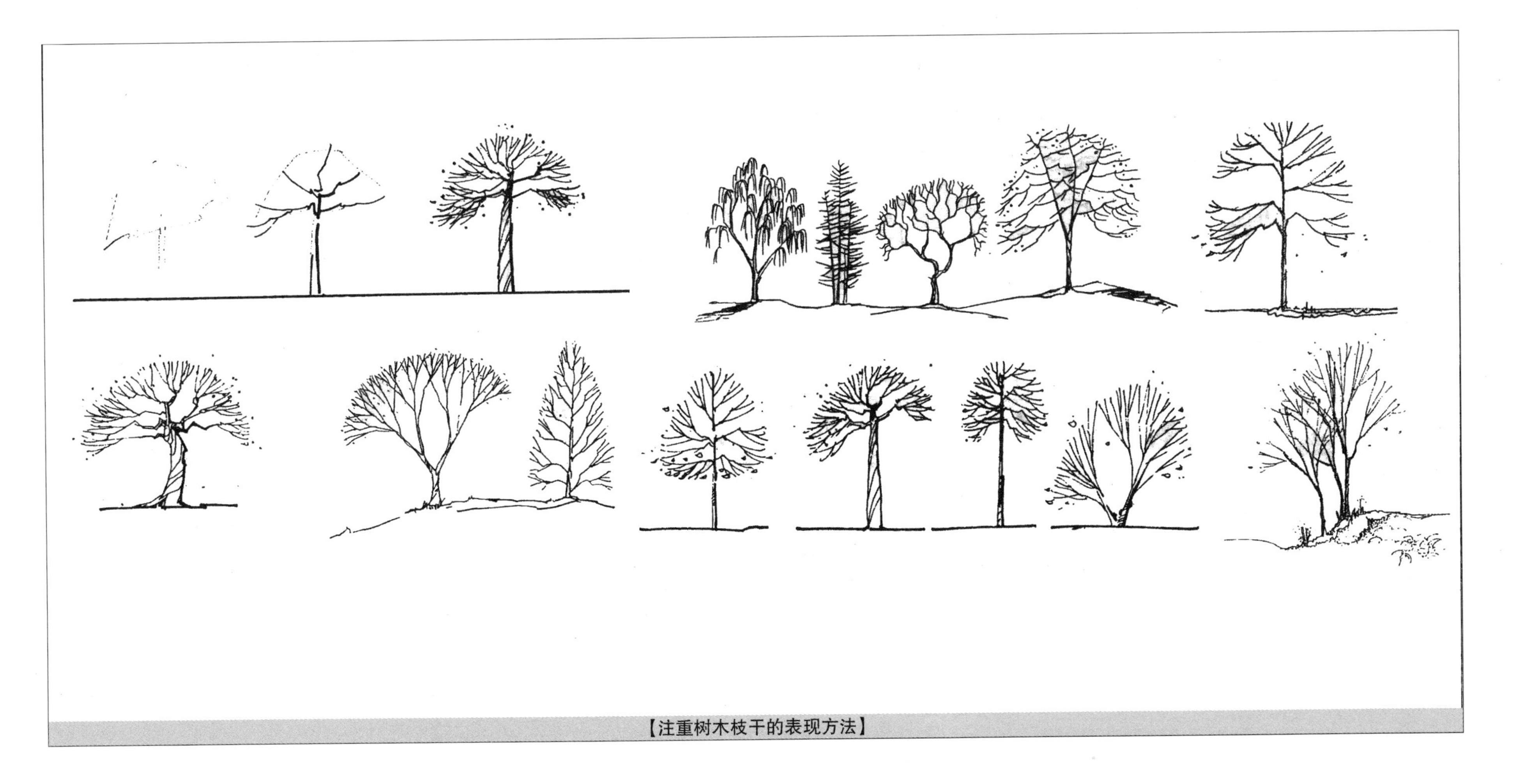

【注重树木枝干的表现方法】

5）使用阴影效果的树木表现

·灵活、恰当地使用上述方法，留意立体表现。

·调节明、暗部分，前面和立体表现部分的强弱变化。

·这种表现方式也适用于立面图、剖面图，但主要应用于立体草图的各种位置（根据表现程度的详细度分为全景、中景、背景）。

·使用铅笔可以绘制拱形，或者利用宽四方形的点、放射形态的短线、斜线等进行表现，也可以通过调节一个面的渐进式明暗强度等方法来表现。

·使用阴影效果表现常绿树时，比起一片片叶子的具体表现，更重视的是抽象地表现出整体叶子的特性。

·使用圆钝的草图工具快速绘制整体草图。

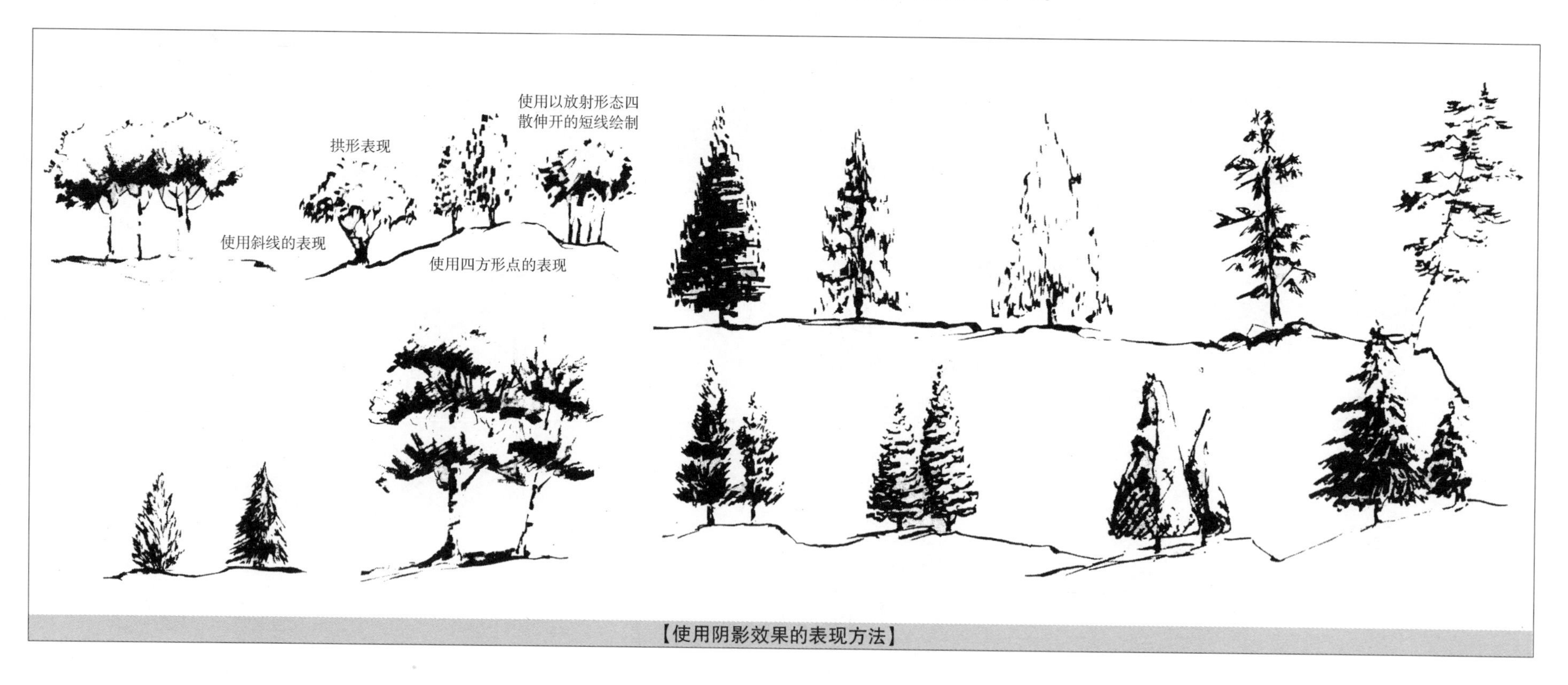

【使用阴影效果的表现方法】

◆ 灌木的表现方法

灌木的表现方法与乔木大致相似，但是在比例尺相同的情况下，灌木形态小，树干比较矮。

表现

·若位于全景图中，需要较为详细地绘制枝干的形态、叶子和果实等的质感；若位于中景图中，需表现得较为简单。

·形成鲜明对比的阴影需强调形态上相互交叠的部分，同时应区分开不同类别的植物。

椭圆形

扇形

低矮的藤蔓形

◆ 立体表现

如果不能快速地克服这种三维的实际世界和二维的平面感觉间的差别，就可能会导致对于表现技法的畏惧感和回避，甚至于还有可能导致最终放弃整个设计。

如果对前一阶段的基础事项有了初步了解并具有一定自信的话，就必须进一步去了解立体表现阶段的一些主要事项。即：对于立体的空间感的理解和一个个作为独立个体所认识的设计要素在新的构图中是如何相互关联、相互影响的，对这一点需要有一个确切的认识。

最后我想强调的是，不管任何新的、更为便利的表现技法得到开发，坚持不懈地提高作为设计者基本沟通交流手段的制图熟练能力才是最为重要的。

并且我坚信制图实力与付出的努力是成正比的。这是因为设计过程中的表现与纯粹的艺术行为（美术作品）是分属于不同领域的。

1. 对基本内容的认识

◆ 关于构图

构图基本要素是水平和垂直，同时需考虑平衡、移动、视线的流动、明暗的分配等因素。在构图时还需区分必需要素和非必需要素。

1）平衡

·避免将要绘制的对象按照画面的上下左右来区分。

·若关注的中心过于偏向一方而失去平衡的话，则视线易飘向画面之外。

·过于对称会产生生硬之感。

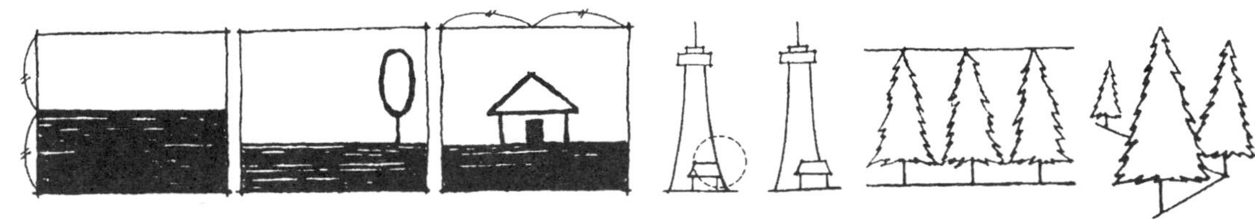

避免在图面中央区分　过于偏向一方　过度对称　线重复时使其移动　不要排成一排

2）移动

·将排成一排的要素移动位置重新组合，体现出层次感。

·在前后要素的重叠中，形态的相互重叠比线的重叠更能体现距离感。

·尽可能避免使用平行线。

·重叠部分的前面部分看上去距离更近。

使形态重叠营造距离感　避免使用平行线

3）线的方向

·在过于向一个方向倾斜的线上使用对角线来保持平衡。

·与画面并列或者两种要素平行出现时易使观看者产生厌倦感。

·应避免向画面的角落方向强调方向感，这样容易分散视线。

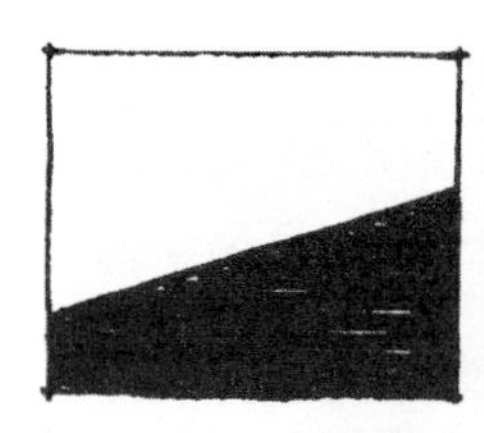

使用对角线保持平衡

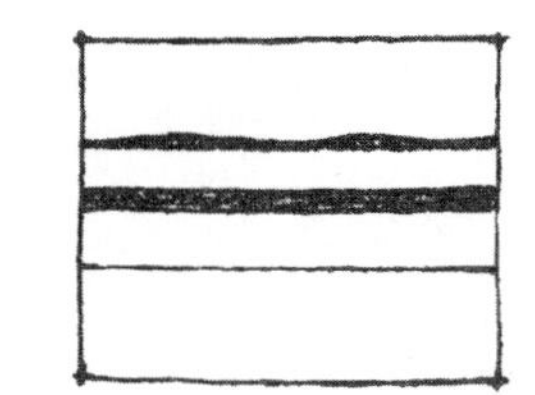

与画面平行易产生厌倦感

画面的角落部分脱离了视线

4）明暗度的调整

·对于相同的明暗度来说，尽可能不要平均分配明暗部分，适当调整使一部分成为背景会取得更好的效果。

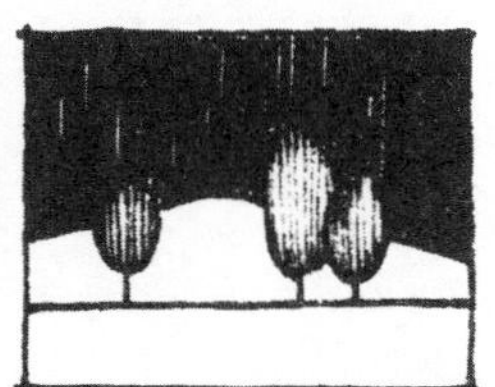

明暗度相同的事物的明暗因背景条件而不同

◆ 关于远近法

远近法是指根据眼睛的位置表现距离感的方法。当人的眼睛凝视正面时，就成为地平线，也可以成为所有的基准线。

交点

·若物体与画面平行则绘制一个交点。

·若物体与画面不平行而出现角度时，则出现两个交点。

·若物体不与画面平行且视高过低或者过高时产生三个交点。

·在自然对象的草图中会出现无数个交点。

·平面图中相同的长度因所看角度的不同其长度也不同。

·人物或者车辆等要素同时立于地面上时，眼睛的高度可穿过各人物基本相同的高度。

人眼睛的视高与地平线相同

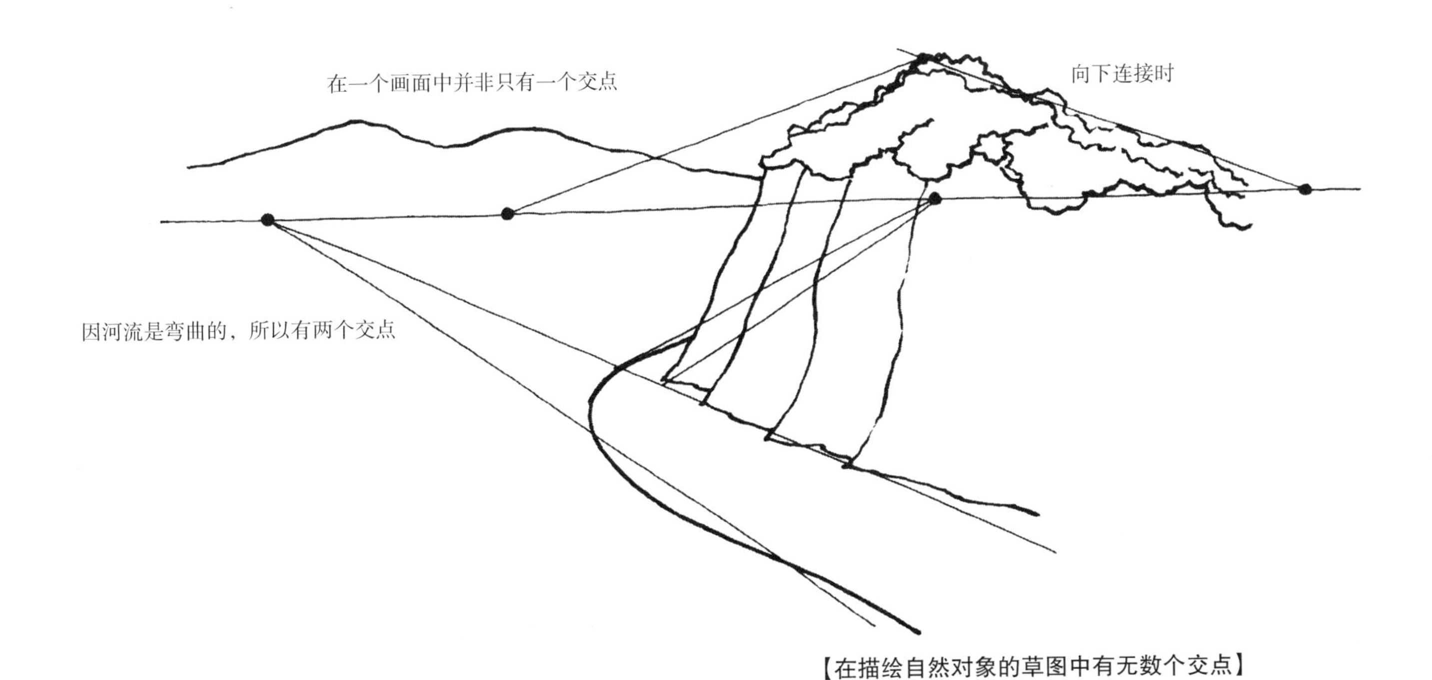

【在描绘自然对象的草图中有无数个交点】

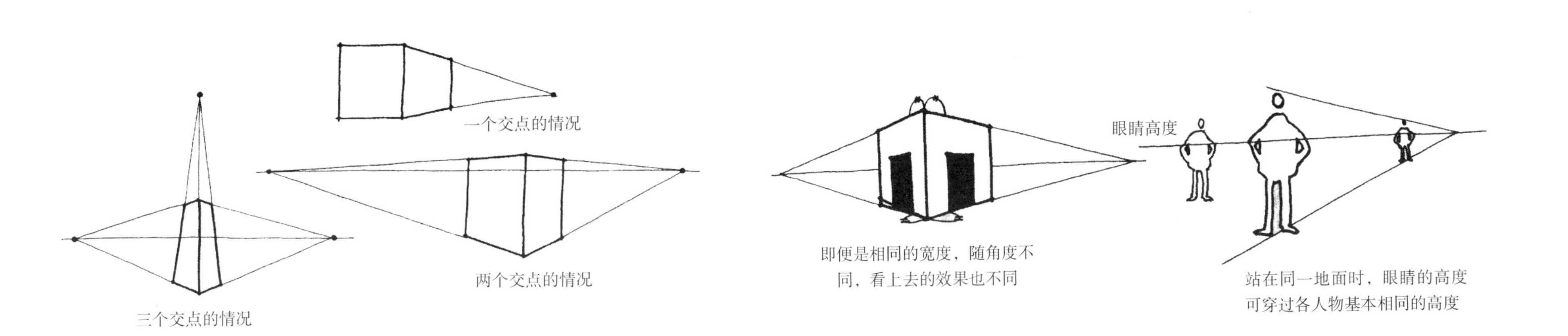

◆ 关于基本形态

如果只绘制自然中的事物及所有立体的轮廓，充其量就只是将平面的东西转移到平面图中而已。我们在绘制时必须将其周围的立体空间等要素也表现出来。

基本形态包括立方体、圆柱体、圆锥体、球体等。充分了解并把握这些基本形态会提高我们有效表现事物的能力。

1）基本形态的表现

・所有的事物都可以分为整体和部分并具有基本形态。所有的立体物都可以归结为某一种基本形态，在绘制时需整体考虑，包括不可视部分在内的所有因素，同时注意随时调整线的强弱变化。

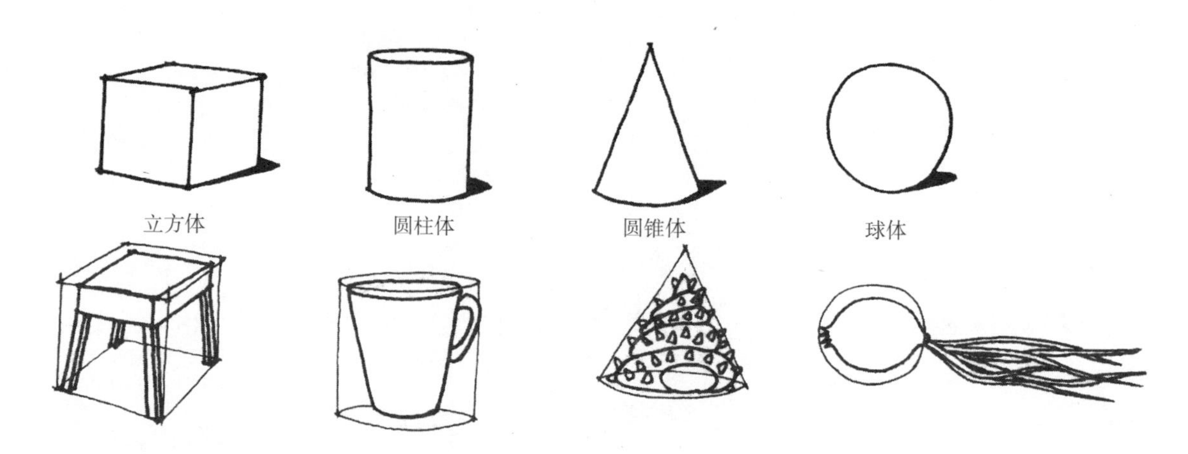

【所有的立体物都可以归结为立方体、圆柱体、圆锥体、球体等某种基本形态】

2）阴影的表现

・阴影表现是体现其立体感的重要因素。

・根据已构成的状态、材料的特性、光线条件等判断是否逆光。

・即便是相同的面，表现时也应该区分明暗程度。

【阴影表现可以体现出立体感】

2. 自然素材

请留意将树冠下半部分涂黑涂暗

【树冠与树叶的关系】

【将树叶的下半部分涂暗表现其立体感】

树木、石头、草坪类植物、水等的外表质感表现是自然景观及外部空间表现中的必需要素。需留意基本要素的表现方法。

◆ 前景中树木、石头、草坪类植物与水的融合

因前景与观看者距离非常近，所以细部表现很重要。需详细勾画出一片片叶子、枝干以及外皮的质感等。

1）树木的表现

·强调树木的性格。

·把握形态及枝干的特性（枝干向上伸展的方向、水平方向及下垂等）。

·叶子的质感表现与应用线练习中讲述的一样有多种方法。

·对于前后树木间交叠的部分大致表现即可，要体现其远近距离感。

·若想使用不同的方法绘制树冠部分，可通过使用粗线绘制大的“W”形表现下半部分的树叶，或者使用多个“W”进行连续的象征手法表现。

·树干的质感可使用自由线或者有棱角的多角形进行连续表现，在其立体表现中也可使用斜线来表现其圆润感。

·结合绘制图面的目的和时间综合考虑，也可将其绘制得更加详细、写实。

·如果需表现一片片叶子的情景，绘制出的叶子模样需各不相同，若大量树叶重叠，则将其表现为群落形态。

·绘制的详细程度可根据树木与其他设计要素间的表现程度和远近关系等条件来决定。

【树木的写实表现】

2）石头的表现

·综合考虑形态的特性、质感、光线条件等因素，恰当地选择所使用线的种类及强弱。

·表现的详尽程度参照其与周边各要素的远近确定，应保证整体的协调感。

·有时也可只使用线或者明暗效果表现石头，这时适当使用点要素可提升整体氛围及表现度。

【石头的表现方法】

【使用明暗效果表现的石头实例】

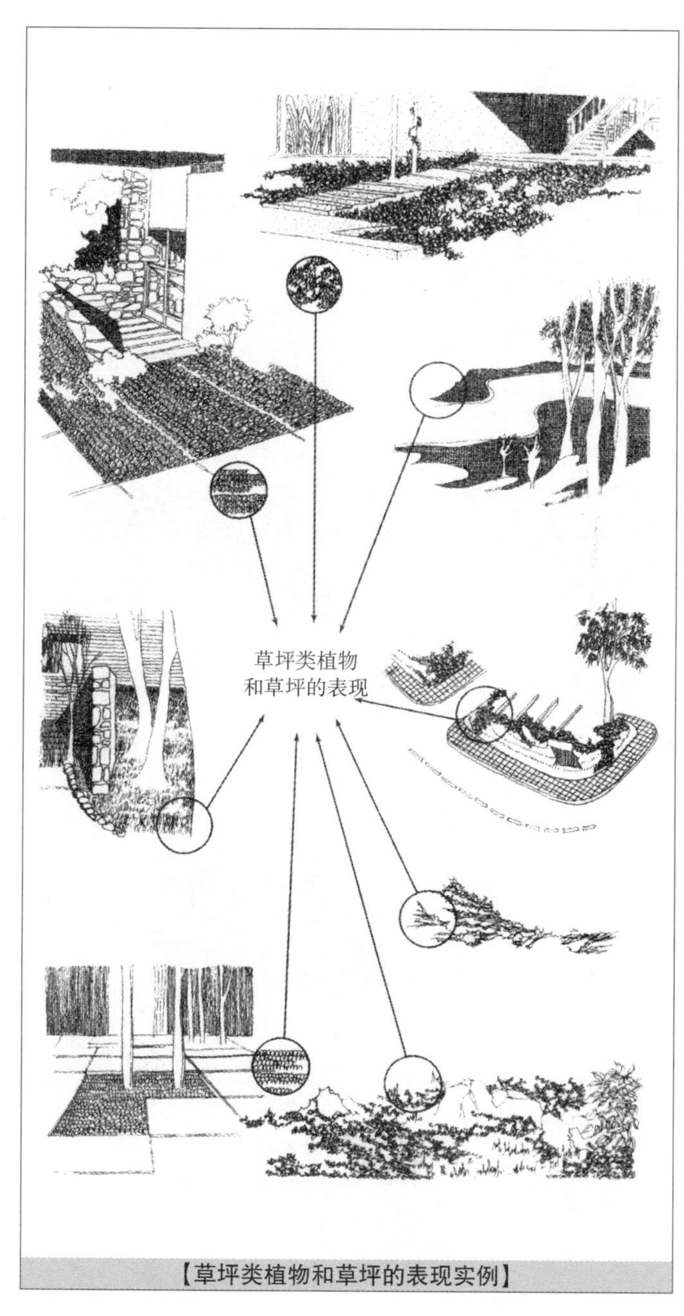

【草坪类植物和草坪的表现实例】

3）灌木和草坪类植物的表现

·简单的前景中的灌木表现只勾画叶子的轮廓即可。

·根据其在整体中的重要程度，描绘时也可比相邻的其他要素更加详细。

·草坪的表现随地形、光线条件、远近距离等而变化。

·曲线部分的草坪需加深颜色绘制，体现其与后面部分的远近距离感。

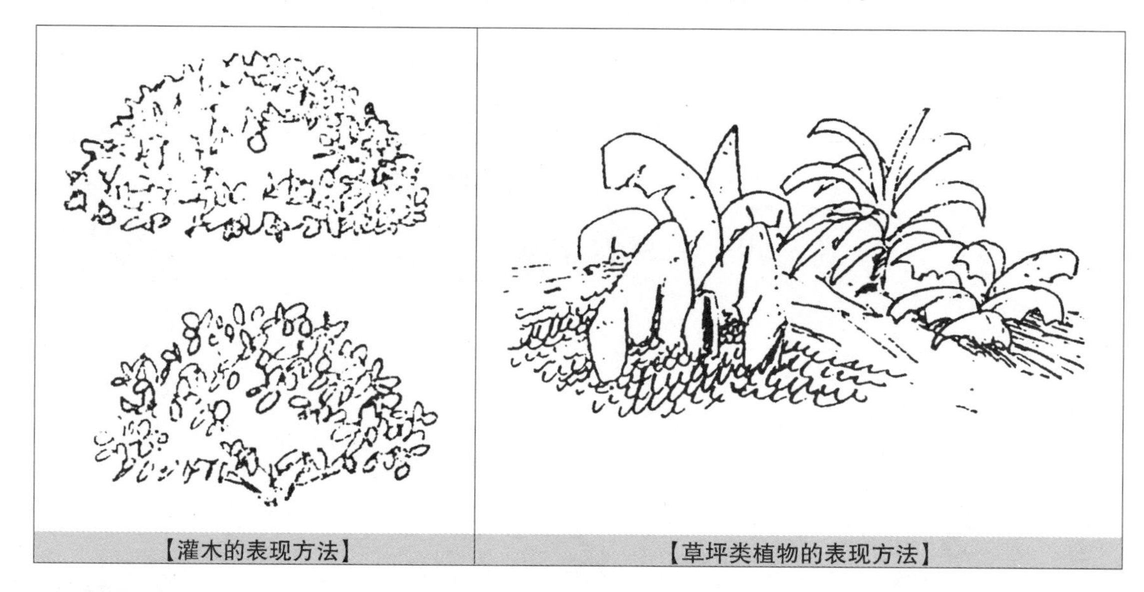
【灌木的表现方法】 【草坪类植物的表现方法】

4）水的表现

·水流若流淌并倾泻而下时产生光的反射和泡沫，可通过白色来表现。

·表现流动的水时，需体现出地面和水面的明暗对比。

·对于缓缓流淌的水或停滞的水，在绘制时需反映投影效果。

·在表现倾泻而下或喷涌而出的水流时，顺其流动方向间或绘制强力的线条，线条末端弹起，使人感受到水流的速度。

·若水流涌出速度较强较快时，可绘制背景，形成背景与白色喷涌而出部分的鲜明对比。

·对于水流坠落水面形成的泡沫，绘制时可确定一个较为自然的范围，留出空白部分表现，同时在空白部分灵活使用点要素增强表现效果。

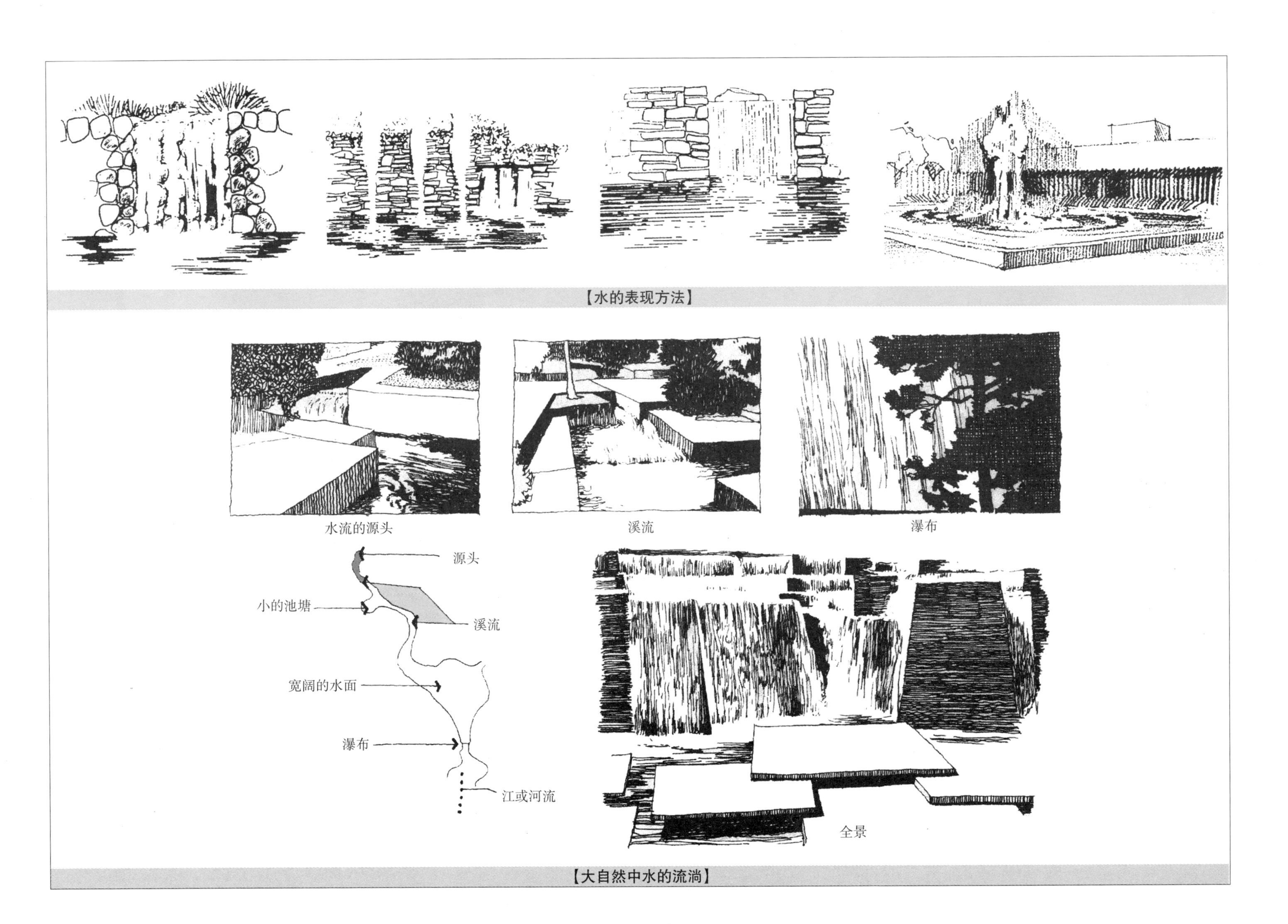
【水的表现方法】
水流的源头
溪流
瀑布
源头
小的池塘
溪流
宽阔的水面
瀑布
江或河流
全景
【大自然中水的流淌】

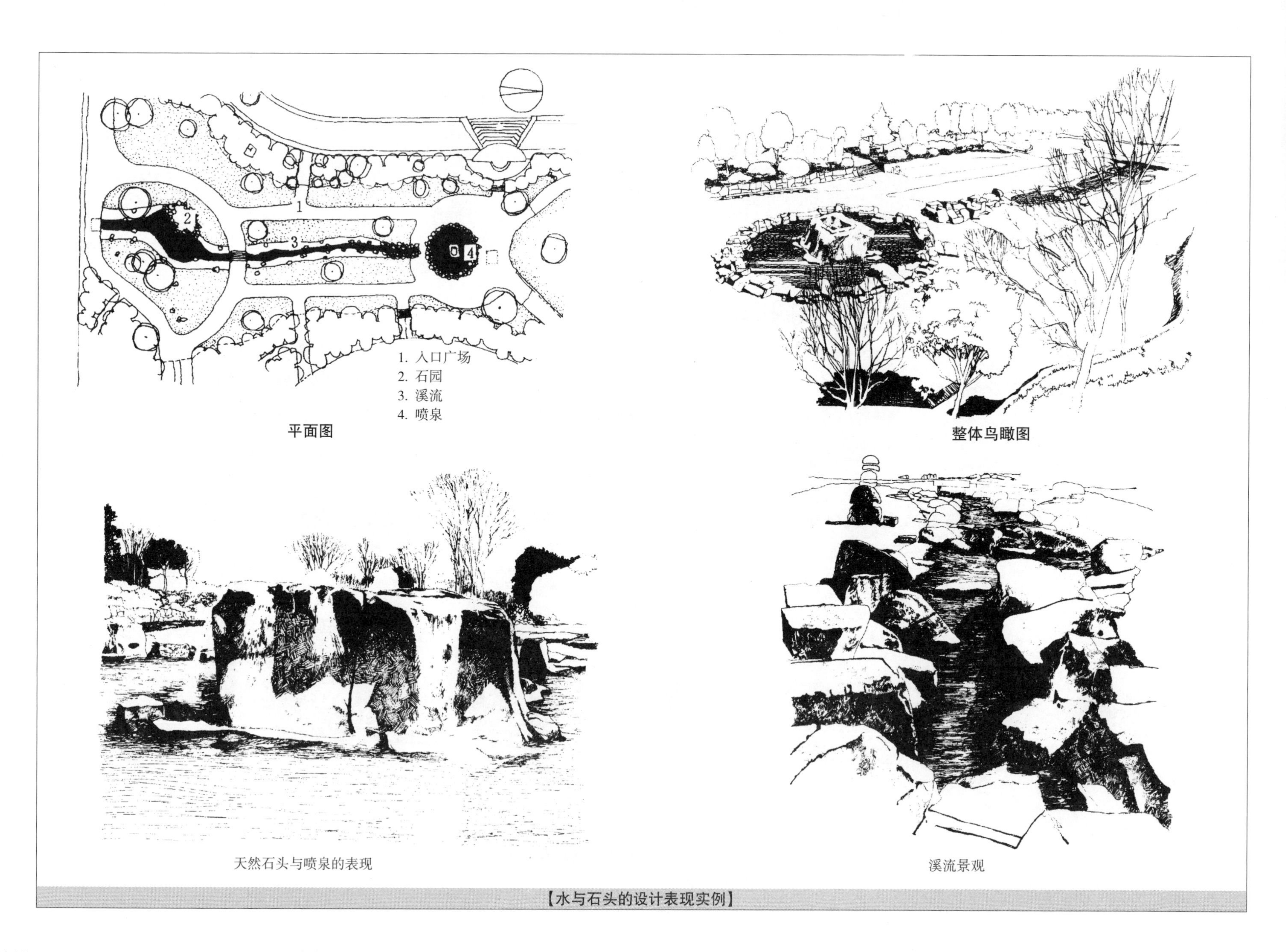

平面图

整体鸟瞰图

天然石头与喷泉的表现

溪流景观

【水与石头的设计表现实例】

3. 人工环境素材

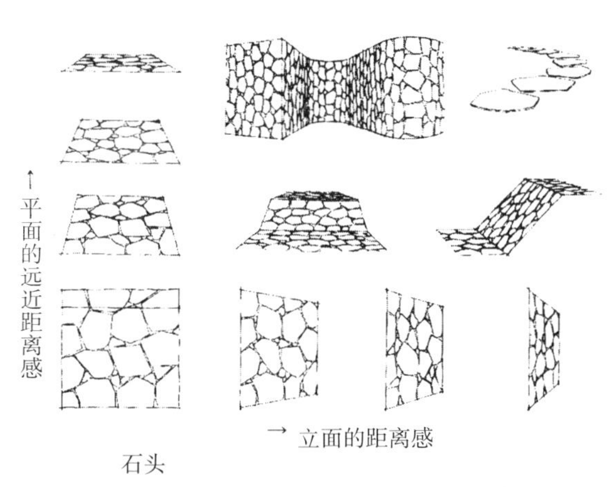

【根据远近产生的地面和墙壁的变化】

◆ 垂直要素及地面要素的表现方法

在这里所使用的线的变化需体现出根据设计模式的边界、缝隙、结合部、凹凸部等的条件和距离远近而来的明暗度等因素。这种表现一般适用于草图的全景图中。

1）石头及墙砖材料

·因其经过加工，往往带给人坚硬、牢固的感觉。

·对于中景或者背景表现使用更为简单的线勾画出轮廓即可。

·重要的是要表现出随眼睛视高或者方向变化而出现的远近距离感。

2）木材的表现

·按照设计模式绘制即可，需留意各交点处的远近距离感。

·表现出木材特有的纹理或柔韧性。

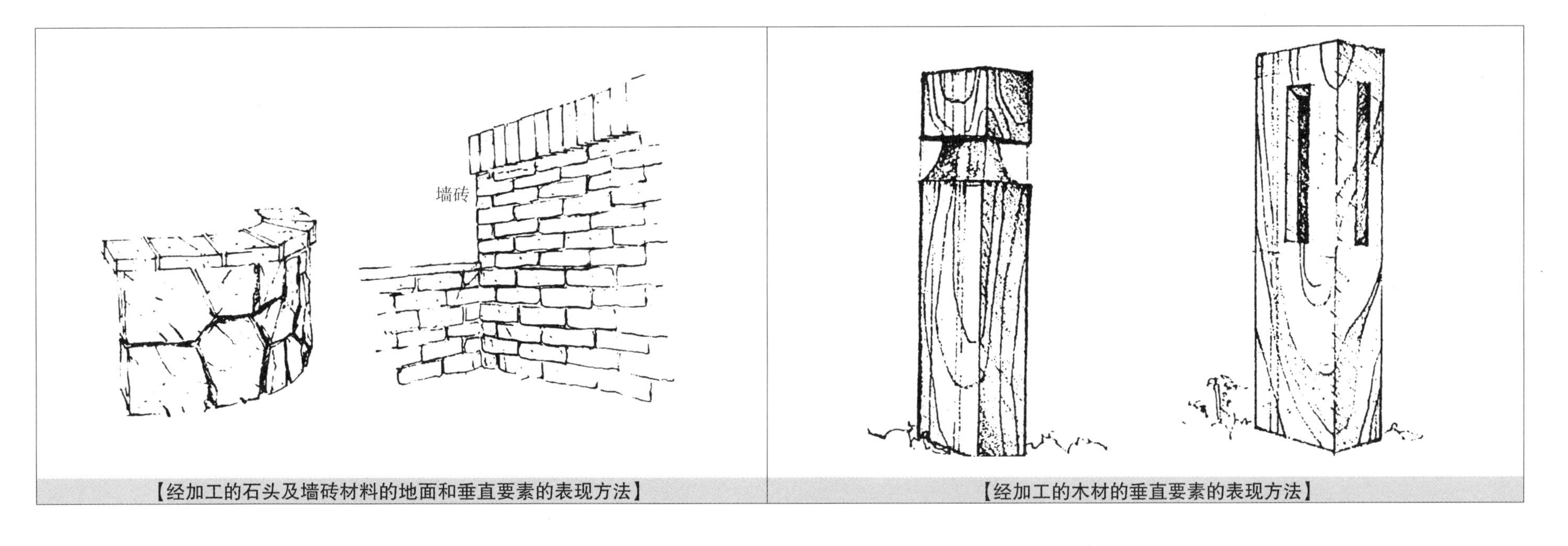

【经加工的石头及墙砖材料的地面和垂直要素的表现方法】【经加工的木材的垂直要素的表现方法】

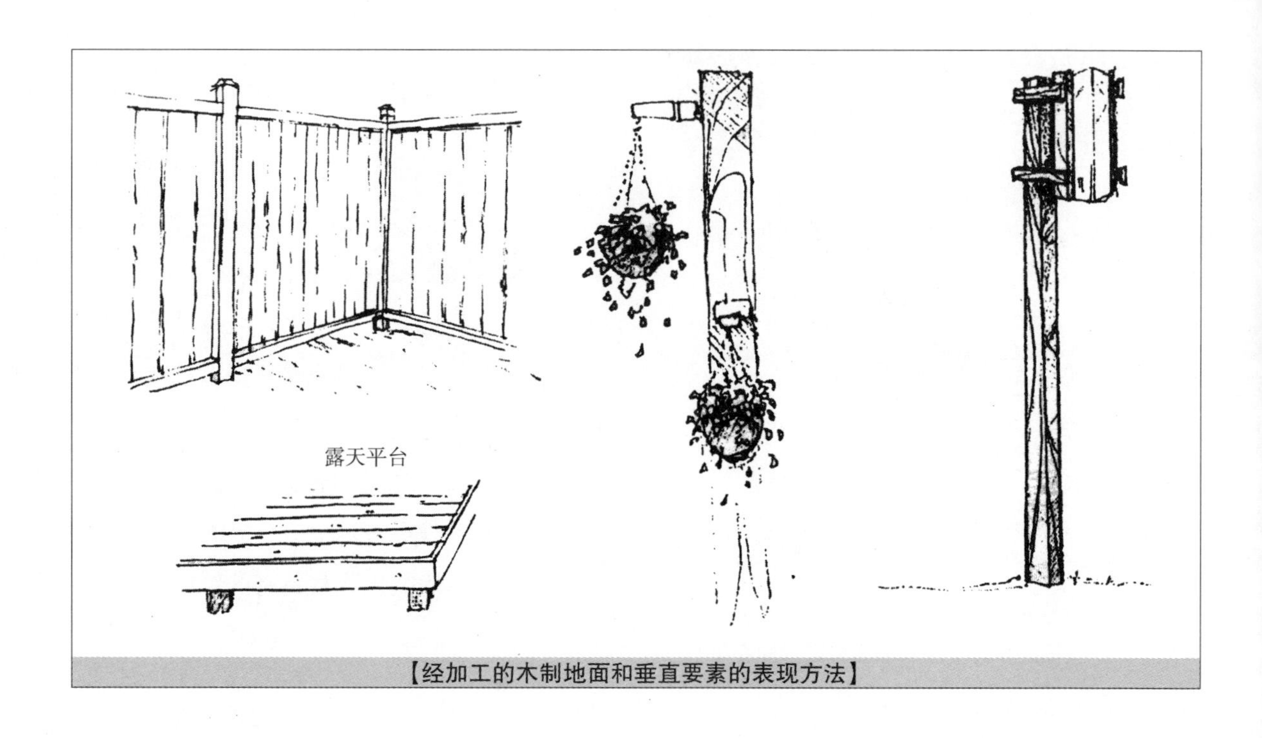

【经加工的木制地面和垂直要素的表现方法】

3）沥青或者混凝土

·间或体现出光线反射效果和点的效果。

·因光线反射较强，为形成其与周边要素和地面的对比，需留出空白部分。

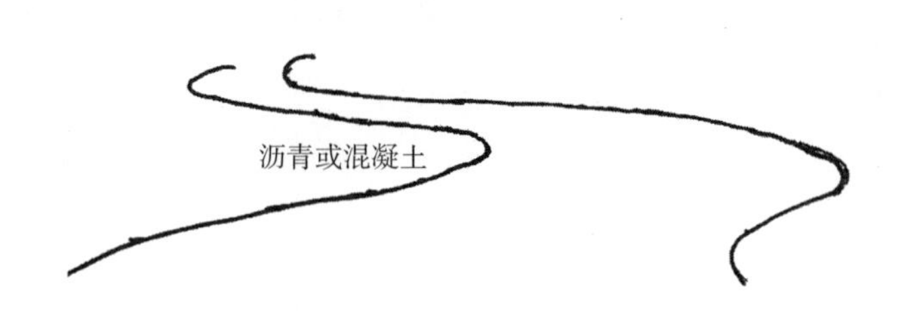

【沥青】

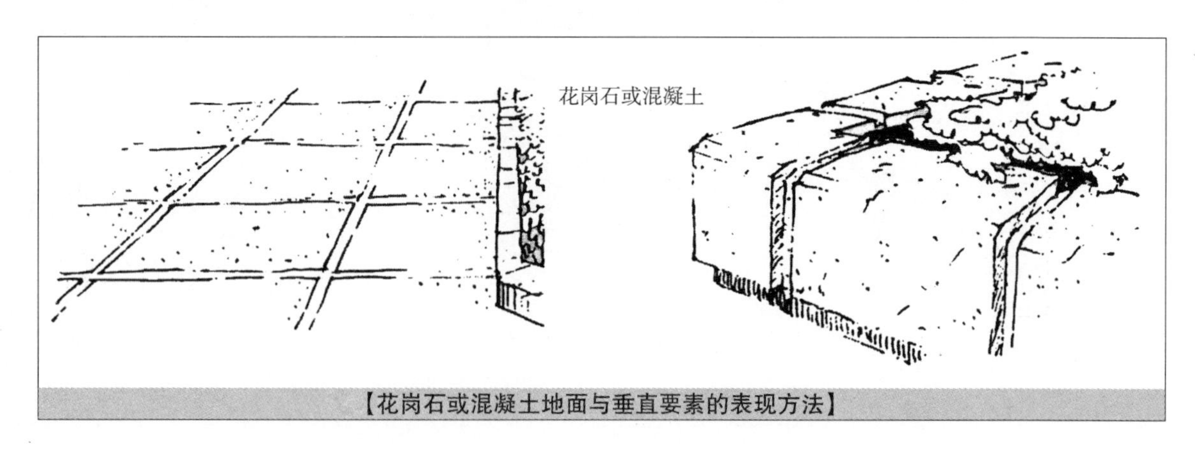

【花岗石或混凝土地面与垂直要素的表现方法】

◆ 汽车的表现方法

若想如实表现事物，当然直接按照对象事物的实际形态画草图是最为理想的一种方式，但是在实际执行过程中会存在许多不便的因素。因此，最为快捷方便的方法是我们以可收集到的车辆照片为参考，绘制汽车的透视图。

1）表现

·为使车辆看上去更为美观、干净，可将车体部分绘制得比实际车体低一些，同时将引擎盖的前半部分绘制得稍长一些。

·尽量将车身和车轮胎的关系表现得自然一些，特别是轮胎的椭圆形特征要绘制准确。

·要将所谓车辆的形态理解为在四角的箱子上坠有四个轮胎的基本形态。

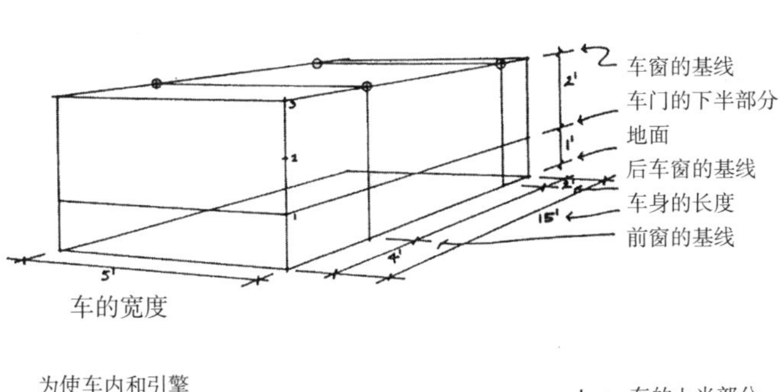

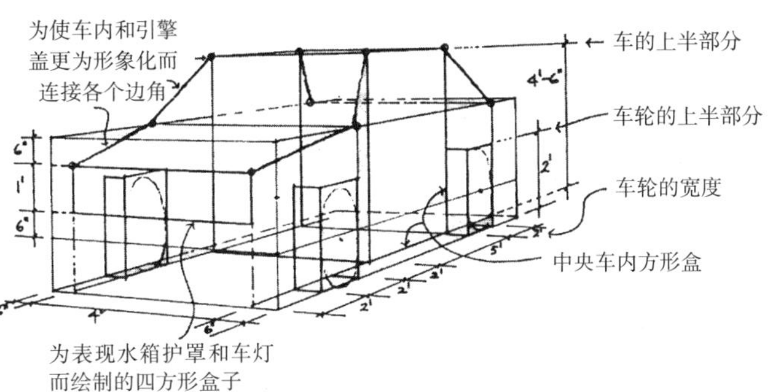

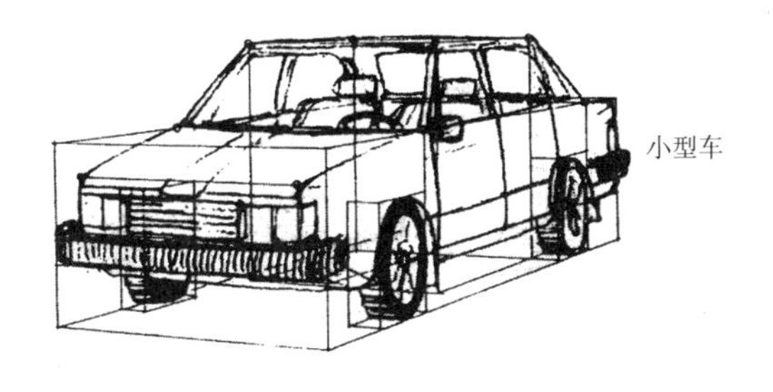

【汽车的表现顺序】

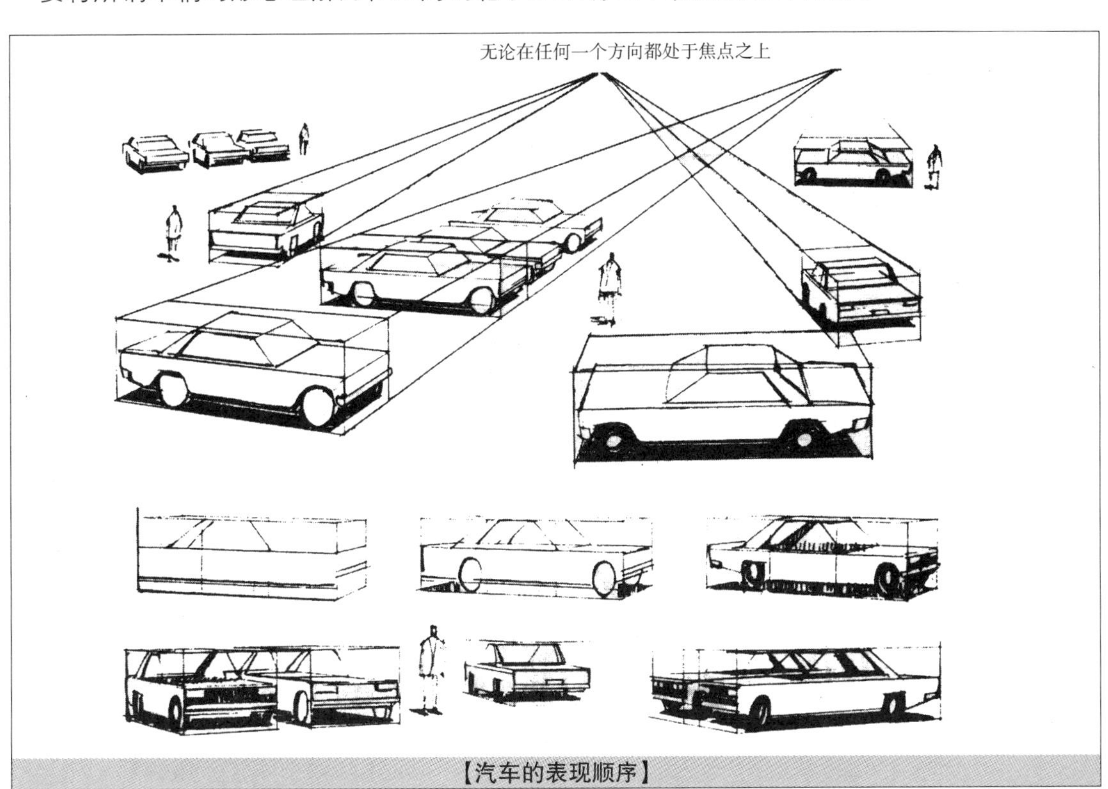

【汽车的表现顺序】

2）顺序

·在正方形箱子内部按比例分割空间。

·为使车内及引擎盖更为形象化，将各个边角连接起来。

·调整并确定前、后车轮的位置。

·确定表现水箱护罩和车灯的宽度。

·绘制窗框和驾驶台，连接车内空间的各个边和前、后窗的底端。

·将窗框部分整理为流线形。

·最后，草绘出车门、玻璃窗、车灯、窗框、驾驶台、后视镜、车身内部等部分，在标注阴影后调整细部的强弱力度。

◆ 人的表现方法

为了给整个图面带来比例的协调感和整体空间大小分配的准确度，需引入人的绘制尺度。即：按照实际的比例尺确定合适的大小绘制人体形象，不但可以直观了解其在空间内的相对大小，同时也可以给设计内容带来生动感。

在立面图、剖面图、透视图、剖面透视图等的设计中，需与对应的比例尺相联系引入人的绘制比例。

绘制人物的方法与绘制树木相似，方法多种多样，也存在着很大的个人差异。绘制时既可以极度抽象，也可以进行精巧的写实。我们应结合图面的比例和设计的背景图类型等确定人物绘制形式（根据绘制的图面是草图、精密透视图、以说明为目的的图面，或者是最终提交作品等而有所不同）。

1）人体的比例

·初学者需留意人体的头、身体、胳膊、腿等的比例关系并反复进行练习。

·如果最基本的比例关系不准确，将会导致在人体轮廓进一步细化的过程中出现各种问题。

·性别、老少的差异和身体比例必须准确反映于人体绘制中，首先抓住大致轮廓，然后依次添加绘制表情、服装等。

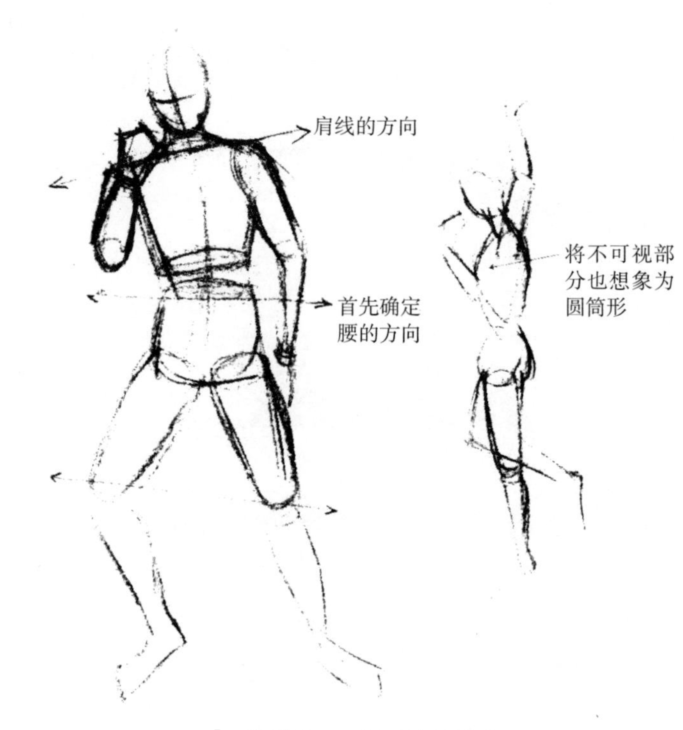

【未着装状态下的基本移动】

2）人的眼睛高度

·为分析讨论设计空间的视觉氛围，需以各自的眼睛高度为基准绘制草图。

·虽然以眼睛高度为基准绘制的草图并非表现相应空间的最完美的方式，但除非特殊情况，一般不使用那些非实际性的透视图。

·作为参考，儿童的眼睛高度一般为100~105cm，成人的眼睛高度一般为160~170cm。成人在坐着时的眼睛高度为85~95cm。

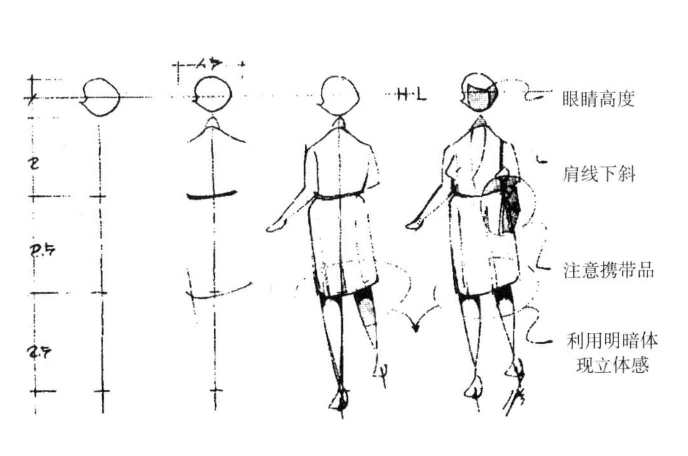

【透视图法中人的表现方法】

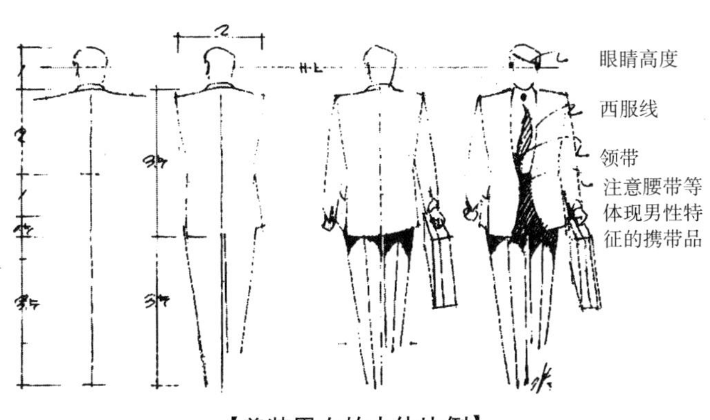

【着装男女的人体比例】

3）人体动作的描写

·为了在规划内容的空间范围内暗示人们的行为内容或空间氛围，需预想人们动态、静态的动作并练习绘制相应的行为模式。

·在充分考虑空间内会出现的行为模式后，在图面内确定人的位置，绘制包括头、胳膊、身体、腿等的身体姿态。

·一般来说，空间氛围的形成不是取决于一个人，而是取决于多个人的行为，因此一般需描绘多个人的动作行为。

·特别是在城市或者公共背景中，一般需要描绘由一群人组成的集团样貌。

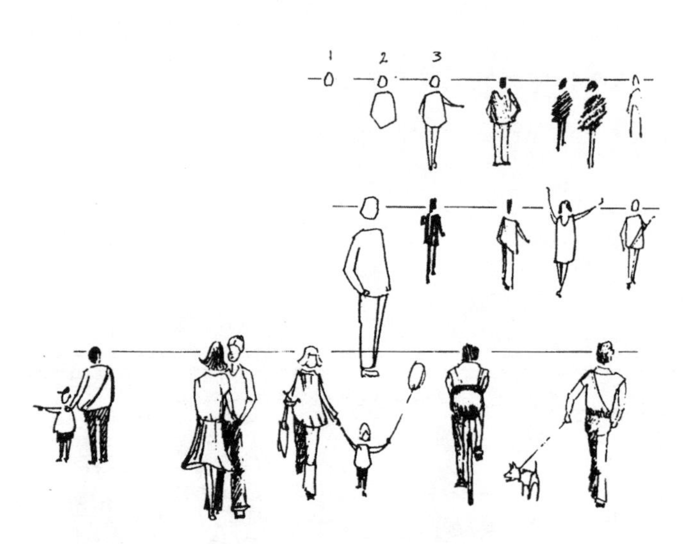

【各种动作的表现顺序】

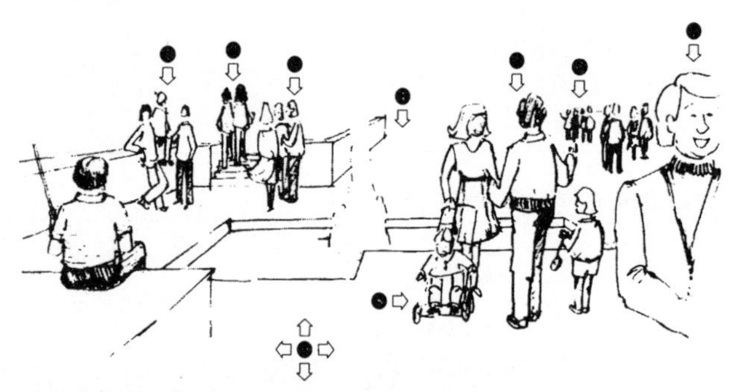

① 将人放置于图面中合适的位置，描绘一群人聚集重叠的样貌。
② 人在站立情况下，其视线在水平线以上。
③ 将大部分站立的成人的视线置于眼睛以上。
④ 避免将人放置于图面的中心位置及焦点位置。
⑤ 将胳膊和腿绘制成弯曲状，体现活动和相互作用的效果。
⑥ 背景表现需简单明了。
⑦ 前景表现非常重要，在绘制时需慎重考虑并在外轮廓附近绘制。
⑧ 将坐着的人和儿童的视线放置于水平线以下。
⑨ 描写正在交谈的人物情况，他们或靠在某处，或坐着，或上台阶，抑或正摆出别的某种姿势。

【人的位置分配和构成】

4）表现顺序

·绘制草图时，一般从头部开始，快速连接颈部，在绘制身体之后迅速连接胳膊和腿。

·绘制一群人时，按照从右往左的顺序依次进行。

·头部表现要立体，腿部的表现要逐渐变细或者弯曲。

·这种较为形象的描写一般适用于草图的中景图后半部分内容，或者说明立面图及剖面草图的空间大小时。

·在草图的前面部分或者需要添加说明的情况下，有必要绘制出细部或者面部表情。

·这种写实性的描写不但可以给草图带来生动感，同时也使得人的动作和空间氛围更加人性化。

·绘制的详细程度需与整体的感觉相协调。

·大致的草图与绘制详细的人物是互不协调的。

5）位置分配及构成

·应避免将人物放置于图面的中心或焦点位置。

·应尽量调节使基准面与眼睛高度保持一致。

·将人物放置于图面中合适的位置，描绘一群人聚集重叠的样貌。

·将坐着的人和儿童的视线放置于水平线以下。

·背景人物的描绘需简单明了。

·将人放置于前景中绘制会模糊其他景观要素，因此应尽量避免在前景中绘制人物或将人物放置于外轮廓附近。

·应避免绘制脱离图面范围的内容和动作。

·绘制人物应达到使图面的主题和内容相互联系、更加融合的目的（举例来说，若绘制美术馆等则应描绘相关的正在照相的人物等）。

·不仅绘制人物的正面，同时也要绘制背影。

·人物的性格和服饰表现需多样化。

·特别是服饰，要符合现在的潮流，季节感要与内容保持一致。

【人的各种表现方法】

◆ 透视图技法

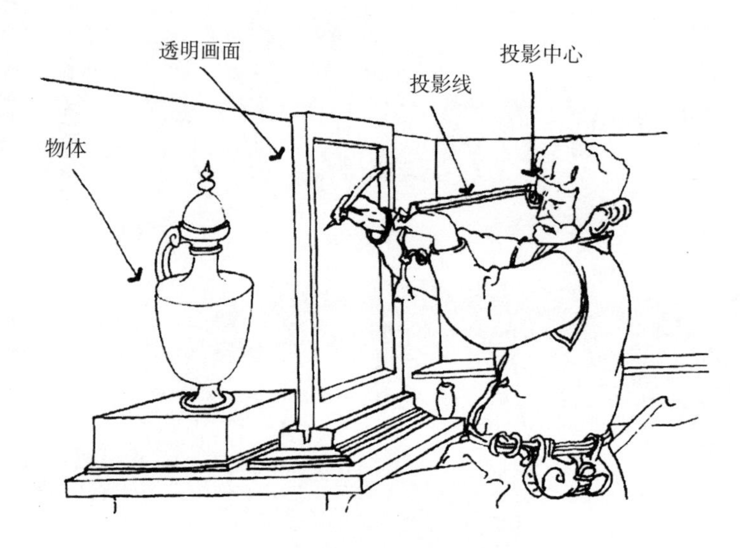

【关于透视形成过程的说明图】

1. 透视图的背景

透视图法是一种将视觉上感知到的物体形象用几何学方式表现出来的方法。对于透视图法理论的研究最早起源于意大利的建筑家、雕刻家布鲁捏列斯齐（Brunelleschi Filippo，1377—1446），至莱昂纳多·达·芬奇（ Leonardo da Vinci，1452—1519）则日趋完善。

到了15世纪，画家们纷纷研究透视图法，并用这种方法表现崭新的绘画空间。其中最具代表性的作品就是莱昂纳多·达·芬奇的《最后的晚餐》。

如同我们的眼睛，看远处的东西较小、近处的东西较大一样，透视图法就是将这样的各种景物非常精细地表现在一张画面上的方法，也可以称之为远近画法。

这种方法最初是作为一种绘画技法来使用的，将此方法机械化的媒介是照相机，我们一般就将使用这种远近法绘制的画像称为透视图。

2. 透视图的理解

规划者灵活运用自己的手整理自己的创意和想法的过程，既是整理自身思绪的一种作业，同时也是避免与委托人之间出现一些不必要的误会和混乱的有效手段。当然，我们也不应该否认，如果从机械化的、事实的、实用性的、商业性的角度来看的话，透视图确实缺少了一些人性化、感性的感觉。

因此对于不具有独创性、象征性、装饰性、艺术性（即不具有绘画性）的透视图来说，它在制图方面所起到的作用虽然是正面的，但若稍不注意，却很容易缺乏类似绘画那样的某种氛围。其直接原因就是大多数情况下制图者对于点景或者背景的考虑不足。基于这一点，为保证体现图面的价值，要求制图者在绘制图面时不但要自始至终坚持按照实际情况绘制，同时还应在不引起误会的范围内，适当使用省略法，并时时将省略和描画的均衡放在心头。

为激发绘画的氛围和生气，需要遵循五大原理、七大要素。即：统一、和谐、对比、比例、主调与方向，大小、韵律、均衡、明暗以及色彩、质感、形态等。

3. 透视图的基本内容

作为二维的平面图、立面图、剖面图，对于一些非专业人士来说，常常会出现无法正确理解的状况。于是，绘制立体的透视图就成为一种帮助那些非专业人士理解空间的有效手段。在表现空间和物体时，一般会使用较为自然的方法传递其设计印象，因而，透视图必须具体地表现设计者的构思和意图。

绘制透视图一般需要较长的时间，因此很多初学者都认为它难度较大，并且在很多时候绘制透视图也需要依赖于个人的专业素养。虽然平时通过绘画积累了一定素养的人可以通过绘制无数草图为绘制透视图打下基础，但我们必须严格区分自由表现感情的绘画和依赖于精密技术规定的透视图制图。某些情况下，思维过于固化于绘画感觉的人在适应透视图基础时反而会出现种种障碍。

我特别想强调一点，那就是我们通过熟悉基本的制图法并积累绘制众多透视图的经验就可以养成优秀的表现力。并且可以在描写优秀的透视图和表现日常生活中我们周边的一切（汽车、人、飞机、船、树木、建筑物等）的过程中提升技巧的熟练性。

随着技巧的逐渐熟练，我们自然而然就可以绘制各种透视图了。随之，在绘制过程中所出现的空间创造感及对质感的描写过程也可以让我们体验到创造新事物的崭新感觉，在此基础上，若赋予这个过程一定的价值感的话，我们也有可能创造出非常专业的透视图。

【景观的平面、立面及透视过程】

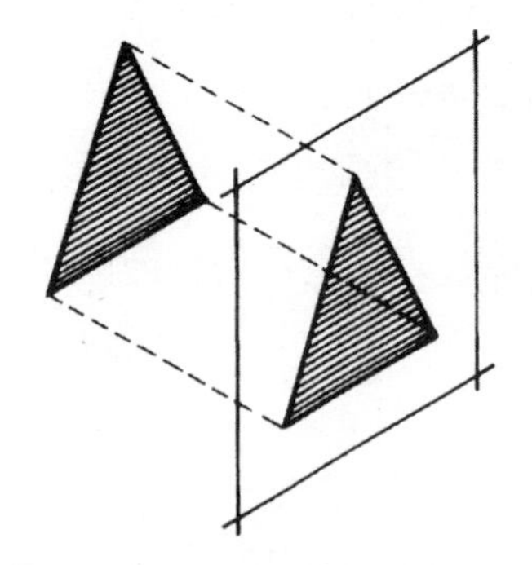

【物体与画面平行时的一般投影线】

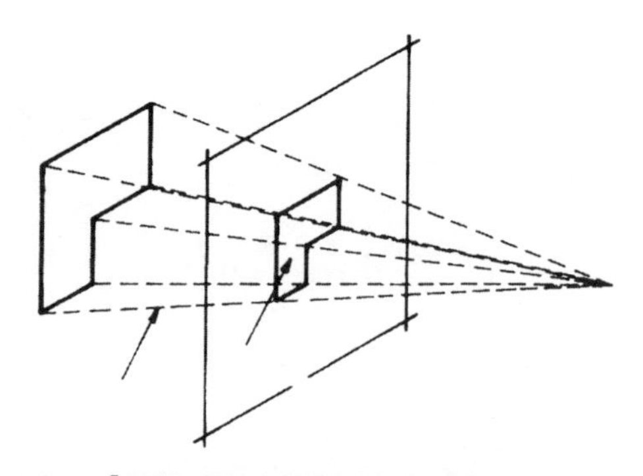

【透视过程中与眼睛的关系】

◆ 透视图的性质

所谓透视图，简言之，就是从任意一点观察物体，在物体和眼睛之间放置一透明的垂直立面，绘制投影在此垂直立面上的影像的图面。因此，透视图随眼睛位置的不同，同一物体或空间可以出现各种不同的投影形态。正因为它的这种可变性，可以根据表现意图的不同，或夸张表达线和面，或强调主要对象物的形态。也就是说，透视图的绘制既基于写实制图基础之上，同时又可以调整情感表现。

1）投影线

物体与画面平行时的一般投影线可以透视出与实物相同的大小和形态，但是由人眼看向物体的视线与画面相交形成的图形是不会与实物相同大小的。也就是说，透视图是在人眼在站点（*S.P*：Station Point）位置处所看到的大小，而不是实际大小。因此，一般不在作为图面的透视图中标注比例尺。

2）透视投影的大小

·透视投影的大小随观察者位置（*S.P*）的不同而不同。即以到站点的距离为基准，物体比画面（*P.P*：Picture Plane）距离远时，投影大小小于实物大小。当物体和画面的距离相同时，投影大小和实物大小一致。但是物体比画面距离近时，投影大小则大于实物大小。

·与画面平行的投影线在透视投影中也是平行的，但随其与画面的距离不同其长短也不同。

·不与画面平行的投影线相交于灭点（*V.P*：Vanishing Point）。这时的灭点通常与人眼的高度处于同一水平线（*H.L*：Horizontal Line）上。

·视角由要强调表现物体的哪一面来决定，在确定站点后研究这些相关事项或者在固定平面后也可以移动位置。

【平行透视鸟瞰实例】

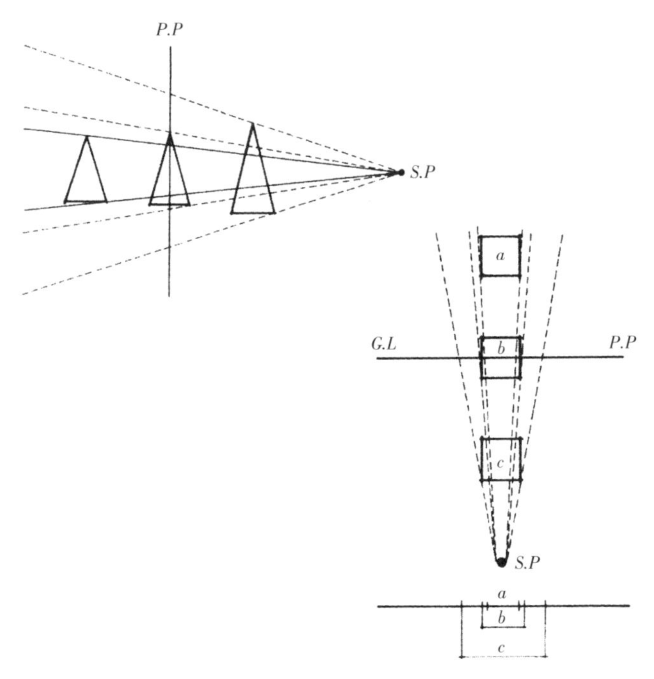

【透视后图面的大小】

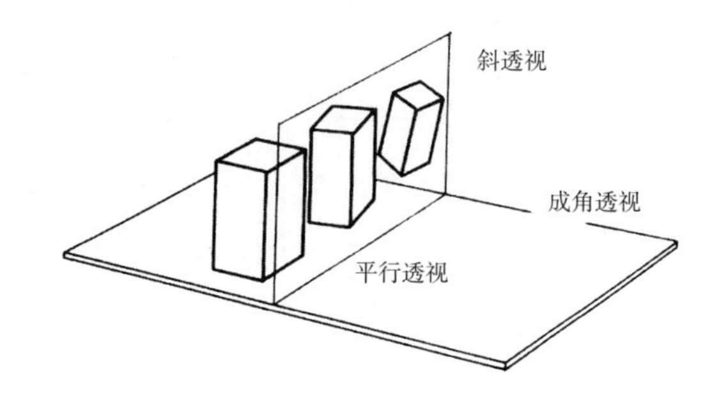

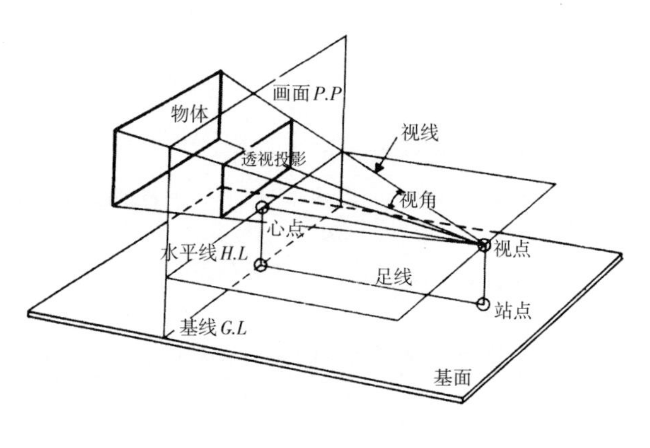

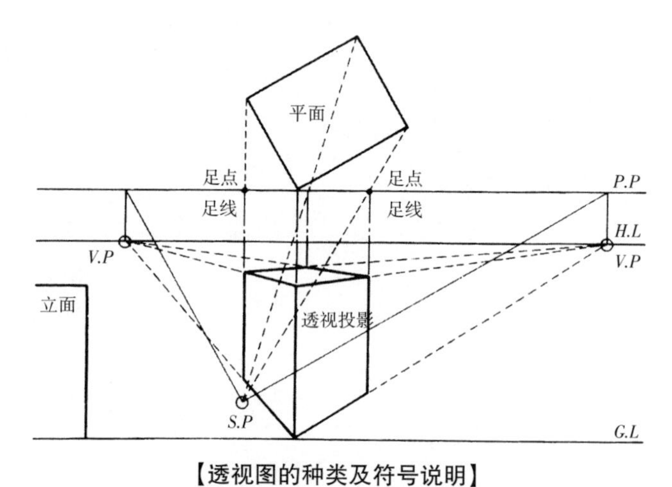

【透视图的种类及符号说明】

◆ 透视图的种类

透视图主要可以分为如下三种，可根据目的和用途选择使用，多数情况下根据平面布置条件来确定。

1）平行透视

物体与画面平行，且与基面平行时的透视投影。

2）有角或成角透视

当物体只有底面与基面平行时，物体与画面之间有一定的角度，这时与基线垂直得出的投影即为成角透视。这种透视有两个灭点，是最普遍使用的透视制图法。

3）斜角透视

物体既不与画面平行，也不与基面平行时得出的透视投影，这时有三个灭点。倾斜的屋顶面或者台阶、灯等立体物有一定倾斜角度时使用这种透视制图法。

4）物体与观察者视点的关系

·一般透视图：指观察者正常站立时，在正常视高情况下形成的透视图，水平线高度一般为1.5~1.6m。

·鸟瞰图：指抬高视点俯视形成的透视图，常用于规划用地较开阔或绘制总平面图时。

·非专业角度也经常混用上述两种技法，但一般在说明部分空间氛围时更常使用鸟瞰图技法。

5）按照制图方法的分类

·成角足线透视图法

·成角基点透视图法

·基线透视图法

·斜角透视图法

·介线透视图法

按照制图方法的不同，大致可以分为上述几种。我们可以根据需要开发、改善并灵活运用多种快捷、有效的透视图方法。

◆ 透视图的基本术语

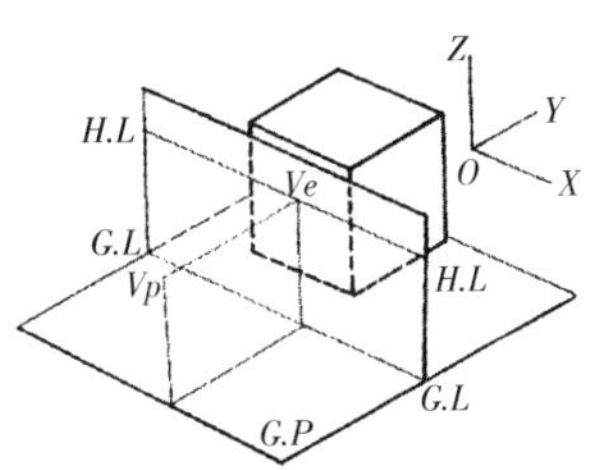

【一点平行透视的形成】

【平行透视的实例】

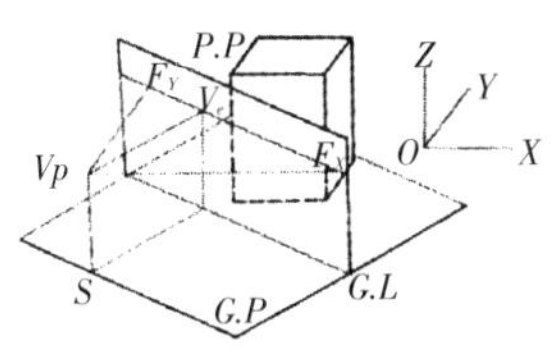

【两点透视的形成】

【两点透视的实例】

1）画面

物体经透视投影后绘制的垂直立面。

2）视平线

画面上人眼的中心通过的线。

3）基线

画面与基面的交线。

4）视点

观察者眼睛所在的位置。

5）站点

视点在基面上的平面点，与视点情况相同。

6）心点

指视点在画面上的正投影 S。一点透视的情况下，心点为眼睛的中心，也是一点透视的灭点。

7）足线

物体平面图的各点与站点的连线。

8）灭点

无限远点相交的点。

9）足点

足线与画面的交点。

【三点透视的实例】

【三点透视的形成】

◆ 透视图制图上的注意事项

透视图在灭点处画线形成画面，因此在绘制时应尽可能使用比一般制图板面积大的图板。通过确定角度、距离、视高等因素来确定构图和画面，以此绘制出更有效、更美观的图面。对于初学者来说，如何合理安排平面图、立面图和剖面图的位置，以及如何正确选择用纸是令人困惑却又十分重要的事，因此，应追求严谨性和慎重性。

1）平面和画面的角度

角度一般为30°、60°，若角度越大则立体感越低。

2）视角

观察者的生理视角一般应在60°以内，若超过60°，表现出的形态将会变得很不自然。

3）视点的距离

在平面上，若视点在观察建筑物或目的对象物的时候过度歪斜则会导致透视图立体感降低（即：站点选择太远或者太近时）。

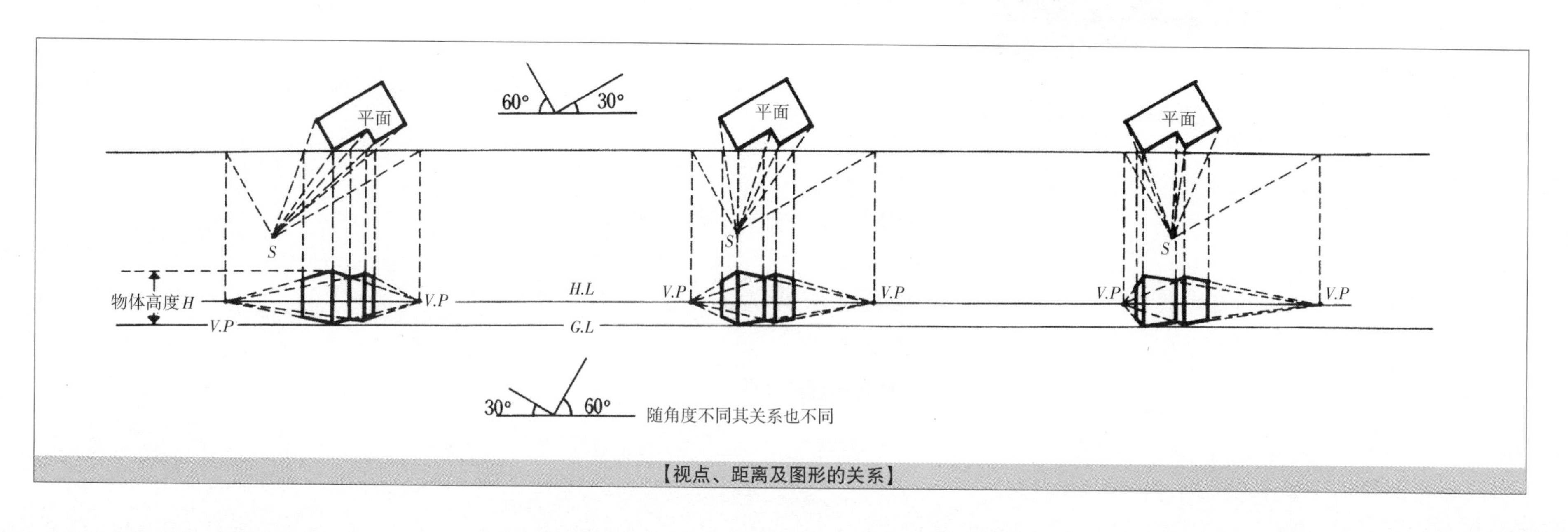

【视点、距离及图形的关系】

4）视高

·随图面用途不同有所不同。一般透视图的视高确定在1.5m上下，当整体平面分配比较重要时需根据需要确定恰当的视高。

·若视高定得过低，则会使其与建筑物的距离过近，最终导致透视图非常不自然。

·但是，若对象物是比普通视高低的一些物体（如：长椅、饮料机等）时，没有必要特意降低视高去绘制透视图。按照普通视高表现会对理解物体的实际大小有所帮助。

5）其他

·在熟练掌握透视图技法后，我们既可以直接绘制在用纸上，也可以先描在描图纸上，然后用铅笔描成黑纸再把图移动到最终用纸上。

·原则上应该按照制图法绘制，若视觉效果不太自然可适当修改。

·若细部也按照制图法绘制，则很容易造成制图过程复杂且出现线条混乱的情况（例：建筑物的窗框等），反而更为失真。

·若非主要对象，即可在不给对象物造成太大影响的范围内，按照经验和感觉自然地完成周边环境的收尾工作。

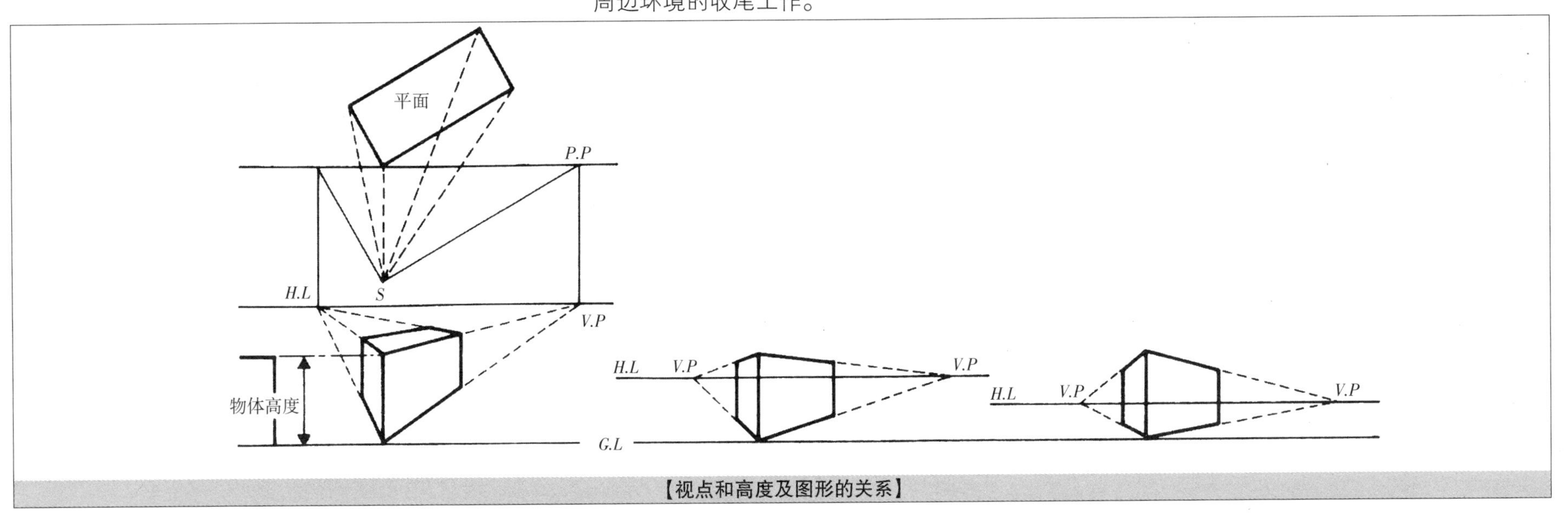

【视点和高度及图形的关系】

6）初学者应该遵守的事项

·将不同种类用纸固定在制图板上。

·将制图用的虚线用细线绘制，保证准确性。

·对一些细部事项可灵活运用省略法。

·确认各灭点、足点是否准确，地平线和画面等是否有不妥之处。

·严格遵守对构图起决定作用的各注意事项。

·在常常使用的灭点、视点处插上摁钉或者大头针，以便更好地灵活运用各种制图工具。

4. 各透视图的制图方法

◆ 点的透视过程

制图顺序

点*A*的透视图*A*′ 即为直线*C.Va*与穿过足点*F.P*的垂直线的交点。

·由点*A*向画面（*P.P*）引垂线。

·由点*A*向站点（*S.P*）引线。

·从这条引线与画面（*P.P*）的交点处（*F.P*）向上引垂线。

·由站点（*S.P*）向画面（*P.P*）引垂线（*S.P*→*S*）。

·在站点（*S.P*）和画面（*P.P*）的交点处向上引线。

·由视点向画面（*P.P*）引垂线确定心点（*C.V*）。

·通过*C.V*画出视平线（*H.L*）。

·将得到的与画面（*P.P*）相交的三个点连接起来。

·点*A*与视点间的连线和*C.Va*的交点（*A*′ ）就是点*A*的透视投影。

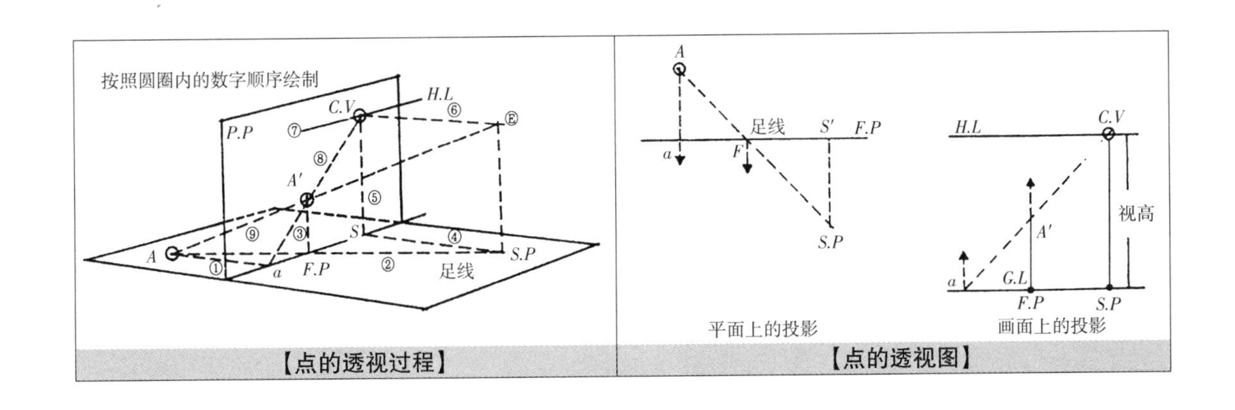

【点的透视过程】　【点的透视图】

◆ 线的透视过程

线的透视图就是先求直线上的两点，然后将两点连接所得。如图所示，根据线和画面的不同位置应遵循以下基本原则。

基本原则

·与画面平行的水平线的透视图与画面平行。

·与画面垂直的垂直线的透视图经过心点 *C.V*。

·与画面成一定角度相交的直线的透视图经过灭点 *V.P*。

·垂直线的透视图为垂直于基线 *G.L* 的直线。

·画面上所有倾斜的直线相交于一点，即为灭点 *V.P*，从视点出发引一条与线 *AB* 平行的直线，这条直线与画面的交点就是这一灭点。

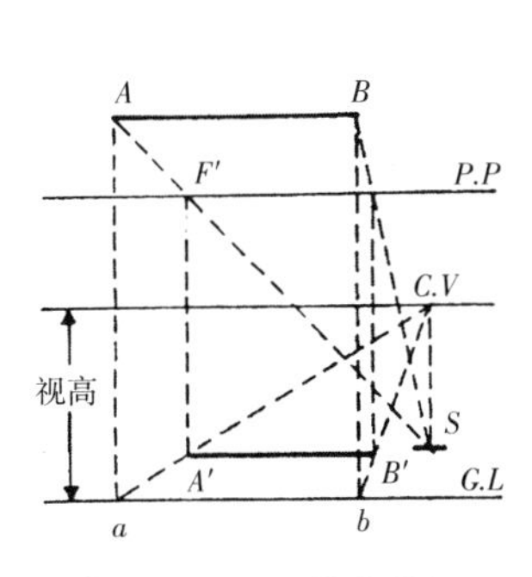

【与画面平行的直线】

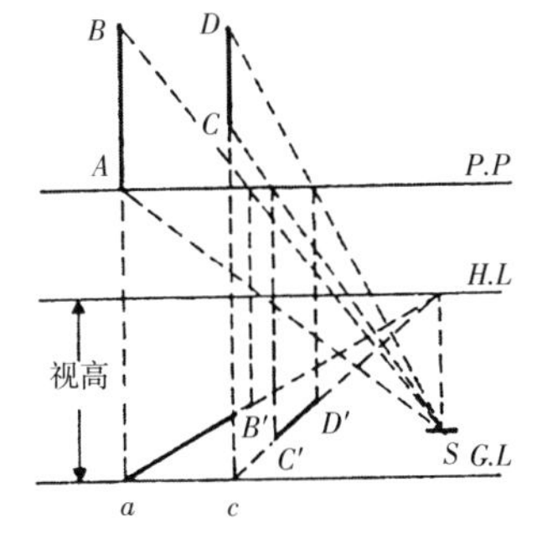

【与画面垂直的直线】

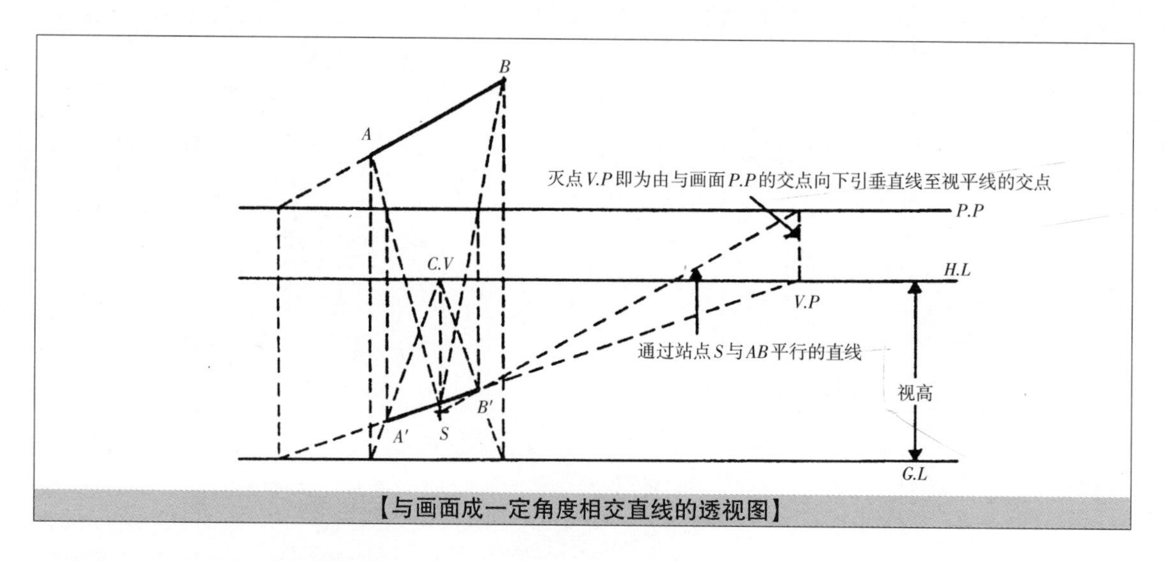

【与画面成一定角度相交直线的透视图】

◆ 面和立体的透视过程

可分为与画面平行的水平面及与画面成直角的垂直平面两种情况。

制图顺序

·平面的透视图与围成这个平面的线的透视过程相同。

·立体的透视图就是将其立面及剖面上的高度从水平方向引出后连接即可。

◆ 与画面成一定角度的水平面和立体的透视过程

制图顺序

·首先确定需要绘制透视图的大小。

·如图，将其落至画面 *P.P*，绘制成比实际物体小的透视图。

·画出画面 *P.P*，将平面按照所需要的角度固定好。

·确定站点 *S*，按照图面角度画与平面平行的直线并使其相交于画面 *P.P*。

·确定视高，使其低于实物高度，画出视平线 *H.L*，由与画面相交的点向下引垂线找出灭点 *V.P*。

·将平面一角的B点按照相同角度随意下降至画面$P.P$，然后引其垂直线与基线$G.L$交于一点。

·连接站点S和B，由其与画面的交点处引垂线至基线$G.L$，这条垂线和上步所作交点与灭点$V.P$的连线相交，得到的交点即为B' 。

·从与B的足线相交的B' 点至两灭点引线，可以得到物体的底边。

·A和C的足线与画面相交后，从交点处向下引垂线，其与B'和两个方向的灭点连线的交点即为A' 和C' 。

·按照与底边相同的方法，连接各灭点和在物体高度上与水平线相交的点。

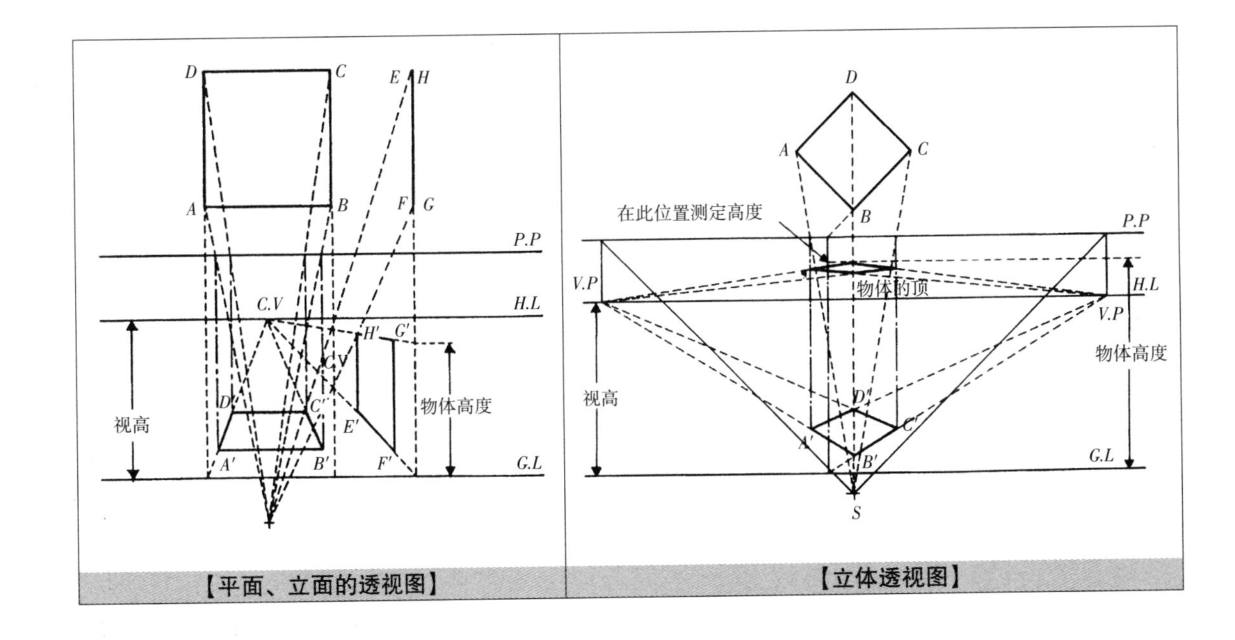

【平面、立面的透视图】 【立体透视图】

◆ 平行透视过程

1）与画面有一定距离、视高较高时

（透视画面变小，可以看到顶部）

·从平面上各支点向下连线至站点*S*。

·从各连线与画面*P.P*的交点处向下引垂线。

·在视平线*H.L*上找出心点*C.V*。

·确定立面*H*，画出基线*G.L*的平行线。

·垂直线与水平线相交的各点聚于心点*C.V*。

·使用实线整理实际的外形线。

2）一个面与画面相交、视高适中时

（透视图的一部分大小与实际大小相同）

确定实际高度*H*需按照画面所在位置来进行，具体要领也不相同，请特别注意。

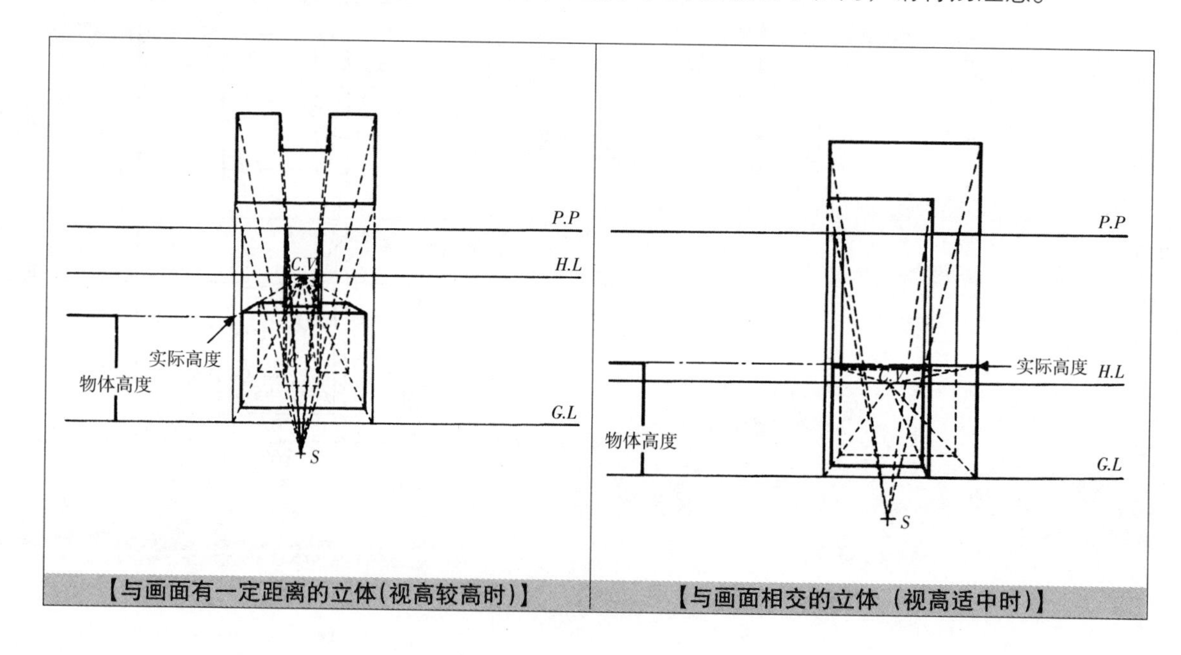

【与画面有一定距离的立体(视高较高时)】　【与画面相交的立体（视高适中时)】

3）画面前方放置物体、视高较低时

（透视图的一部分比实际大小大，为仰视图）

需注意区分站点、画面、平面图的相互关系，这样就可以按照不同的用途绘制或大或小的透视图。

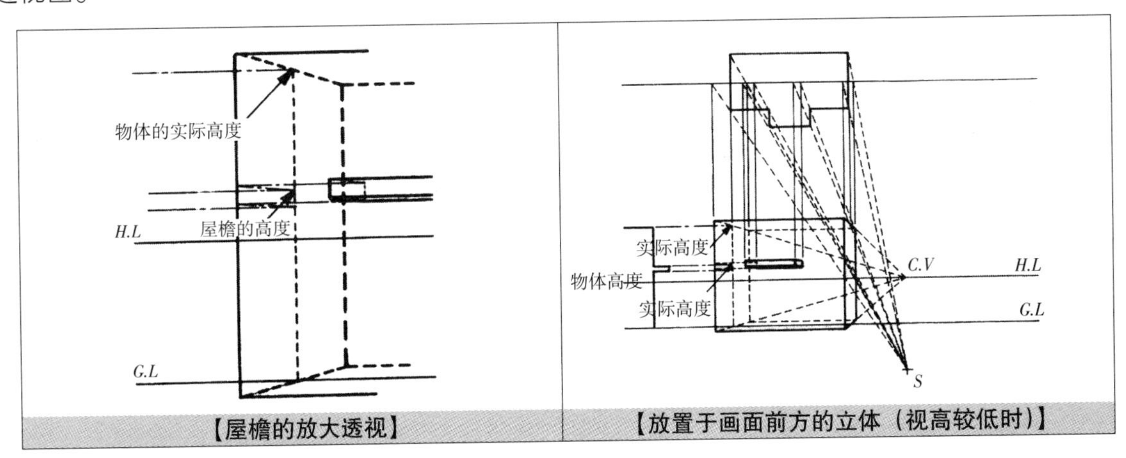

【屋檐的放大透视】【放置于画面前方的立体（视高较低时）】

◆ 有角或成角透视过程

1）与画面有一定距离、视高较高时

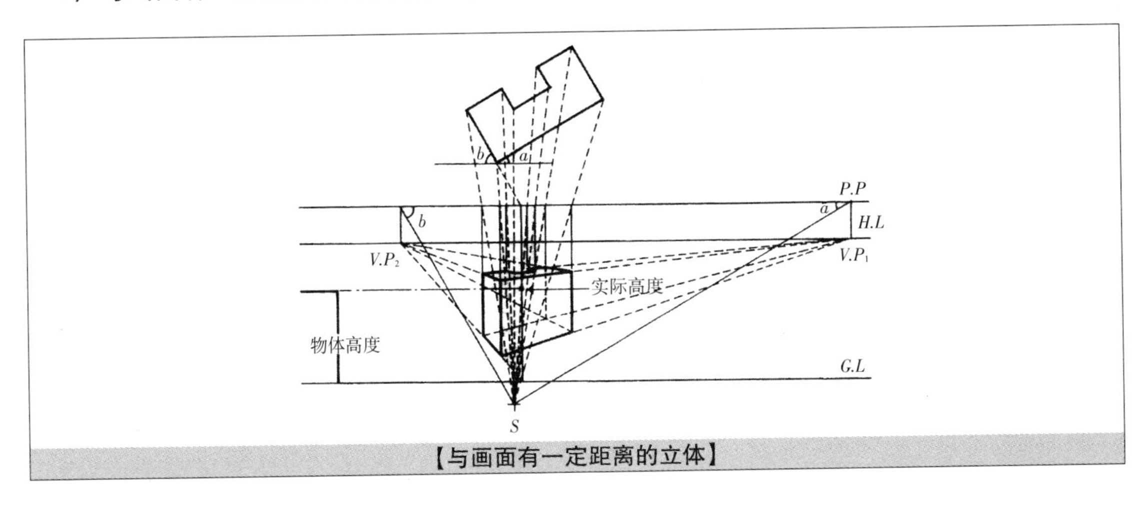

【与画面有一定距离的立体】

2）一个角与画面相交、视高适中时

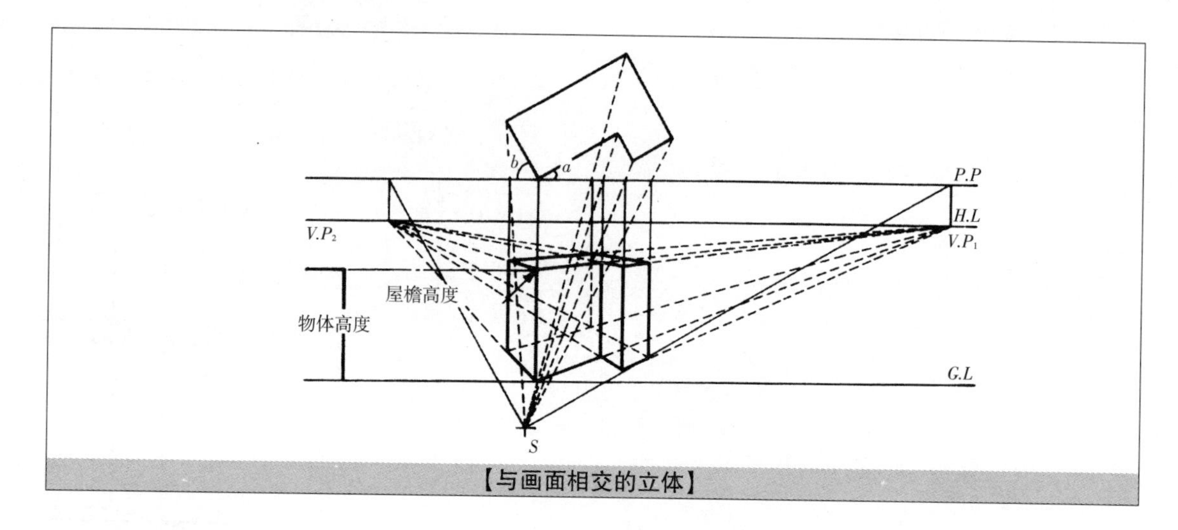

【与画面相交的立体】

3）画面前方放置物体、视高较低时

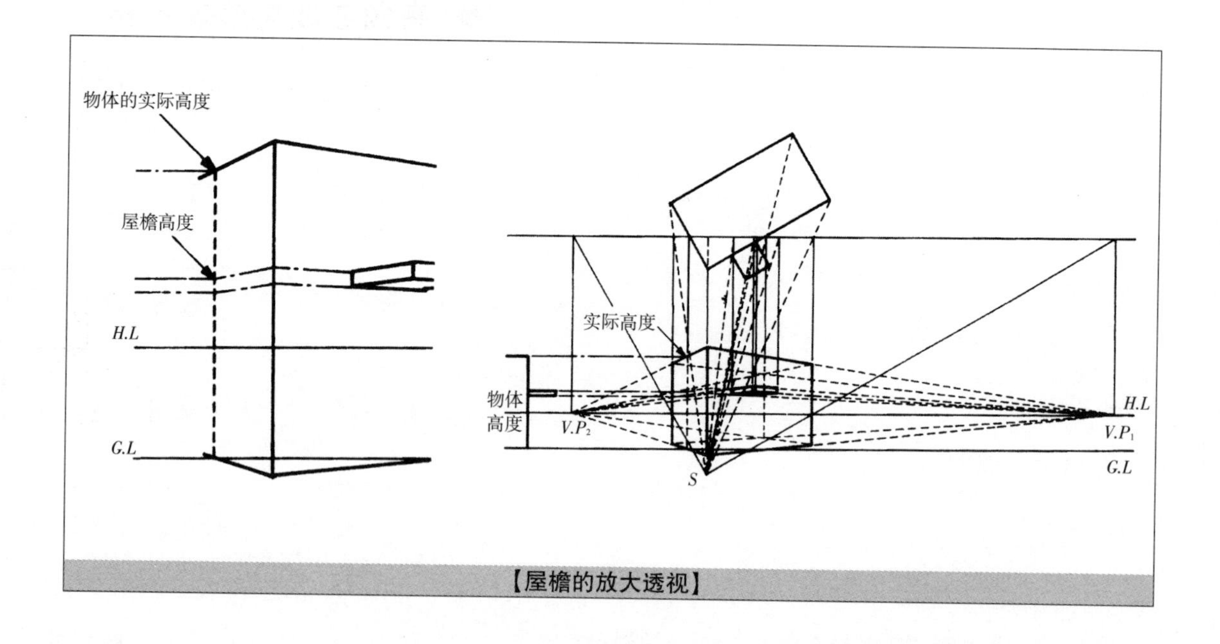

【屋檐的放大透视】

上述三种制图与平行透视过程相同，具体制图过程如下：

·画出画面*P.P*，确定站点*S*。将平面图与画面成一定角度放置，尽可能将放置角度定为30°、60°。

·从站点*S*出发画出平面图各点的平行线，找出其与画面相交的各点*V1*′、*V2*′。

·用直线连接站点*S*和平面图的各点，找出其与画面的交点，由交点处向下作垂线至基线*G.L*。

·在视高*H*上画平行于视平线*H.L*的水平线，将立面图放置于基线*G.L*上。

·从*V1*′、*V2*′点向下引垂线至视平线*H.L*，找出交点*V1*′、*V2*′。

·找出实际的*H*后，将其与各灭点连接，确定各连线与各支点的垂直线的交点，然后用实线整理。

4）制图效果

·视点过远则会导致透视图过小，视点过近则会因视角太宽造成透视结果倾斜。

·若不把视点定于平面图的正下方，则会造成透视图像大小左右的不均衡，远近距离感失去均衡。

·若将制图时的站点确定于肉眼所看到的站点的大约1.5倍远的地方，则绘制出的透视图像的大小跟肉眼看到的影像相接近。

5）透视图制图过程实例

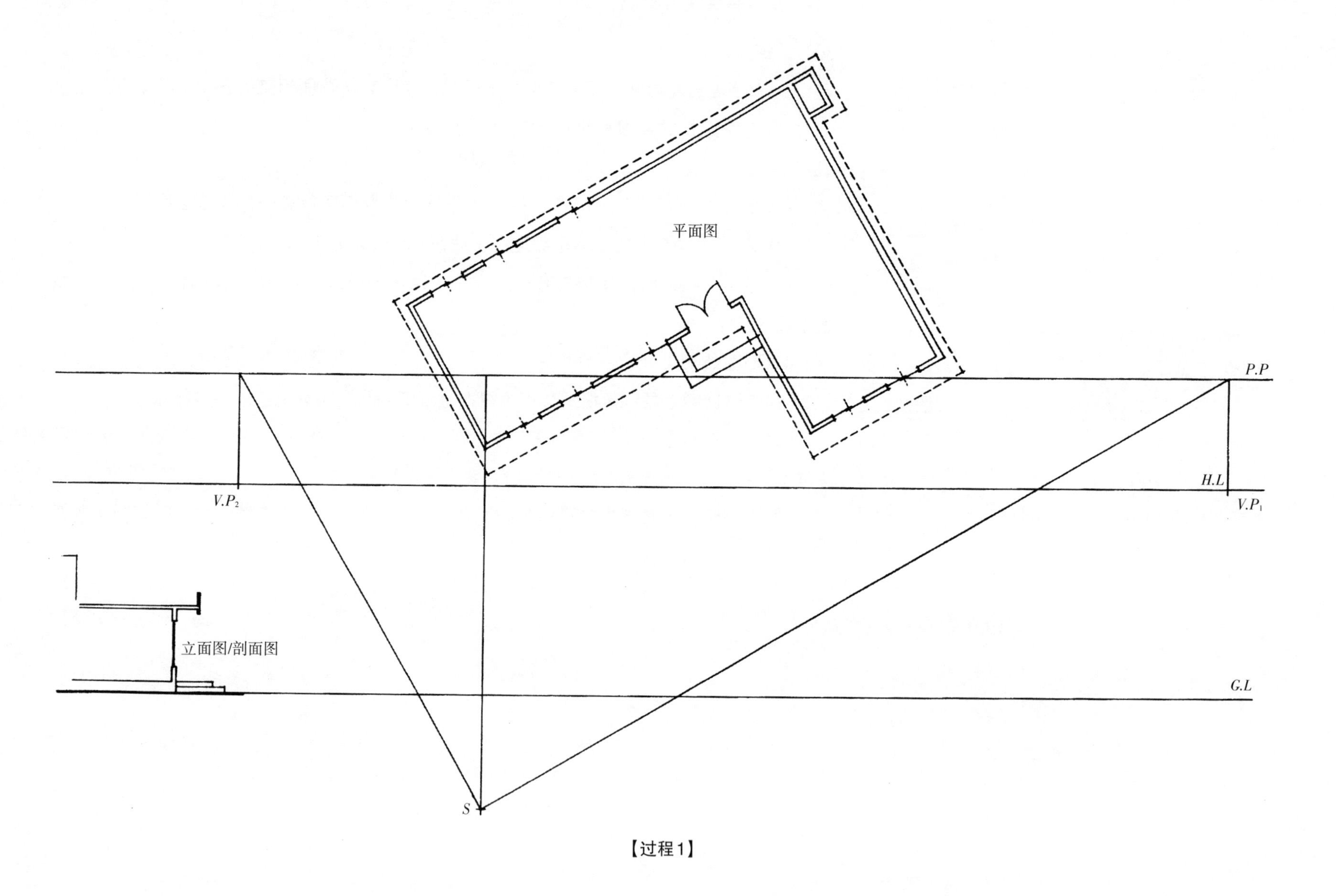

【过程1】

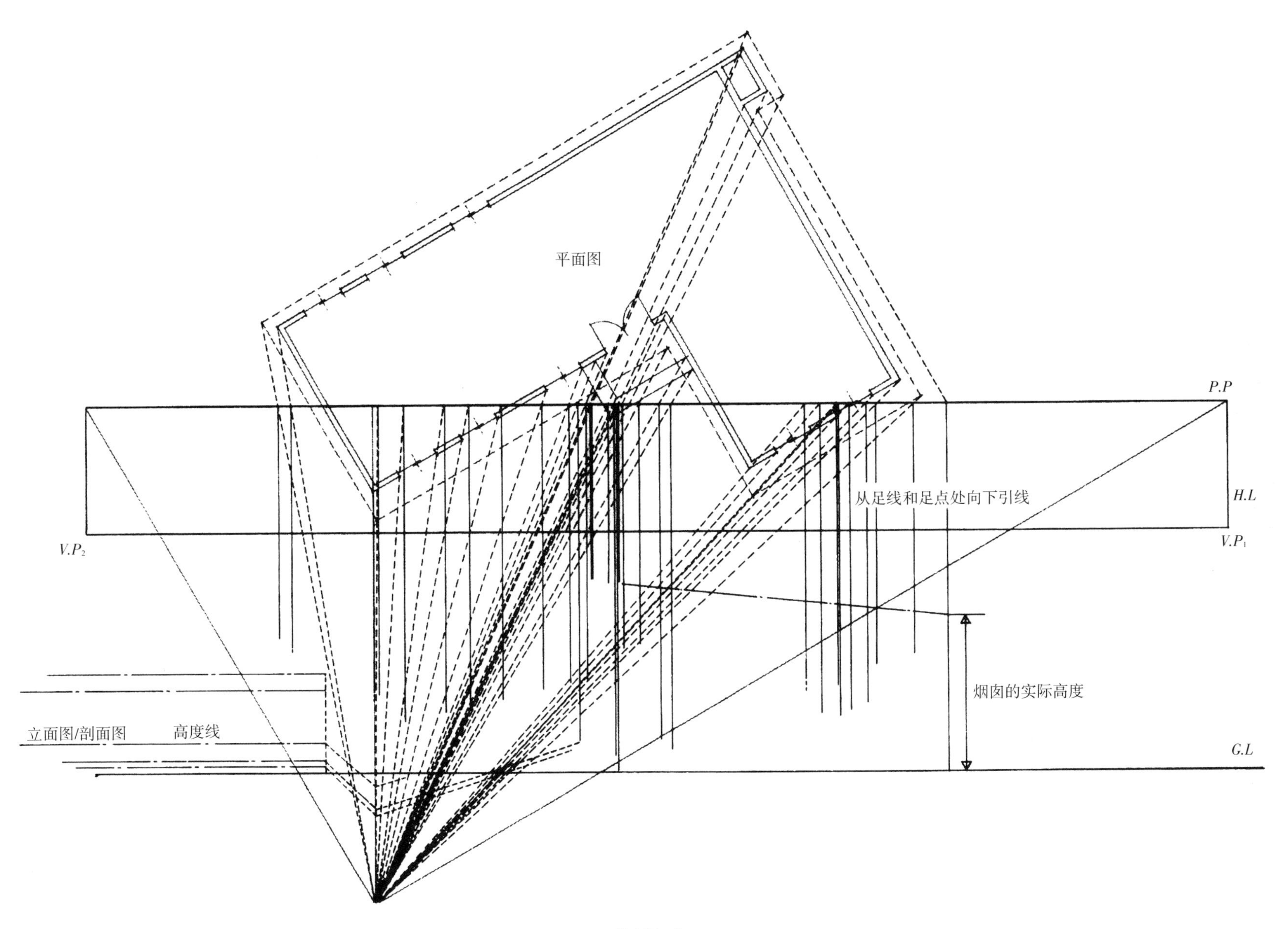

【过程2】

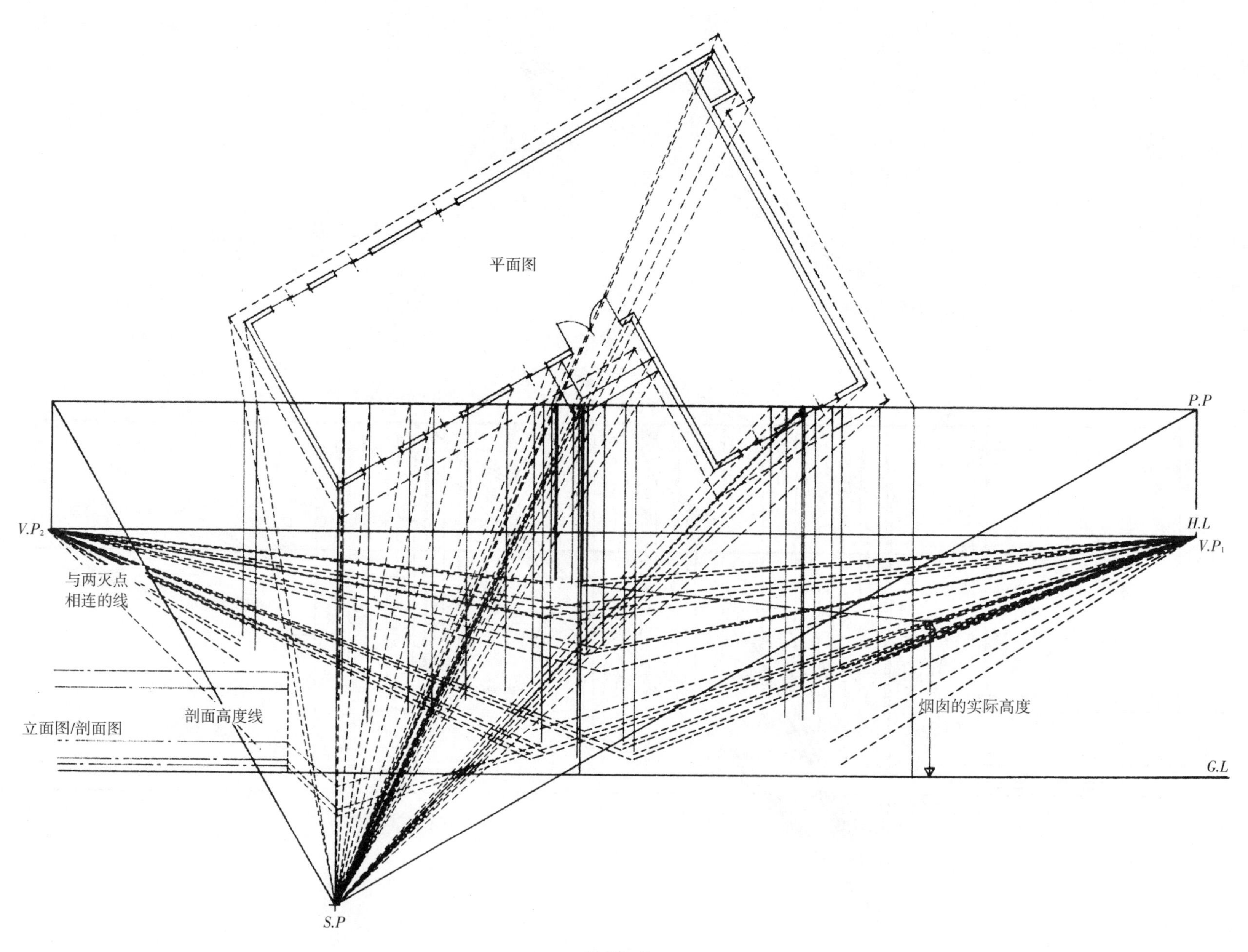

【过程3】

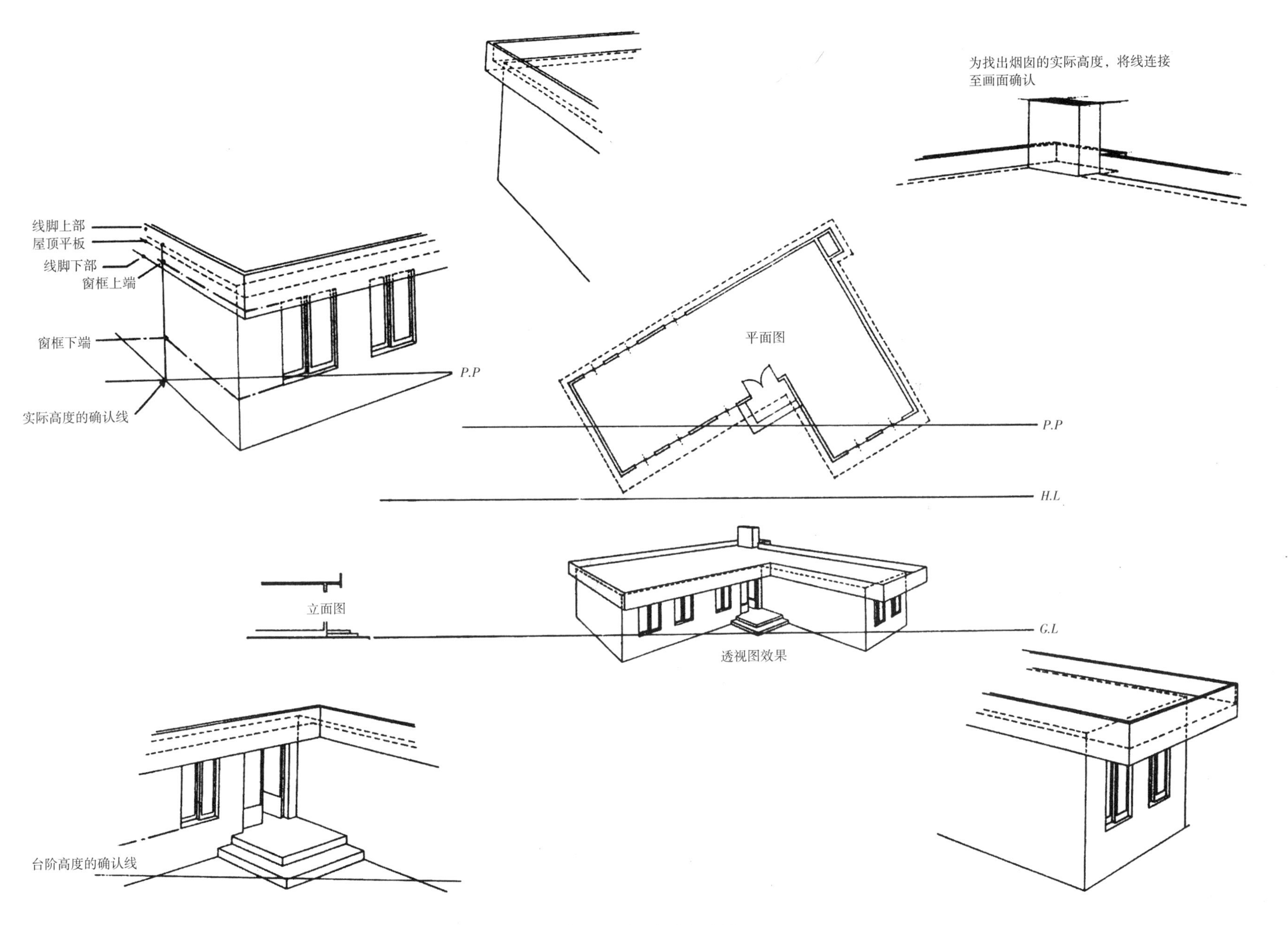
为找出烟囱的实际高度，将线连接至画面确认
线脚上部
屋顶平板
线脚下部
窗框上端
窗框下端
P.P
实际高度的确认线
平面图
P.P
H.L
立面图
G.L
透视图效果
台阶高度的确认线

【过程4（各部分扩大）】

◆ 斜角透视过程

1）制图顺序

·按照斜角角度方向测量出站点到画面的距离，按照这个长度找出水平面上的灭点 *V.P*。

·确定测量基准点，从这点出发按照实际斜角角度画直线，找出这条直线与通过灭点的垂直线的交点，这个交点即为斜角灭点。

·确定站点，找出灭点 *V.P*。

·绘制底面透视图。

·找出斜角灭点，绘制斜面透视图。

·按高度拉伸，完成立体图。

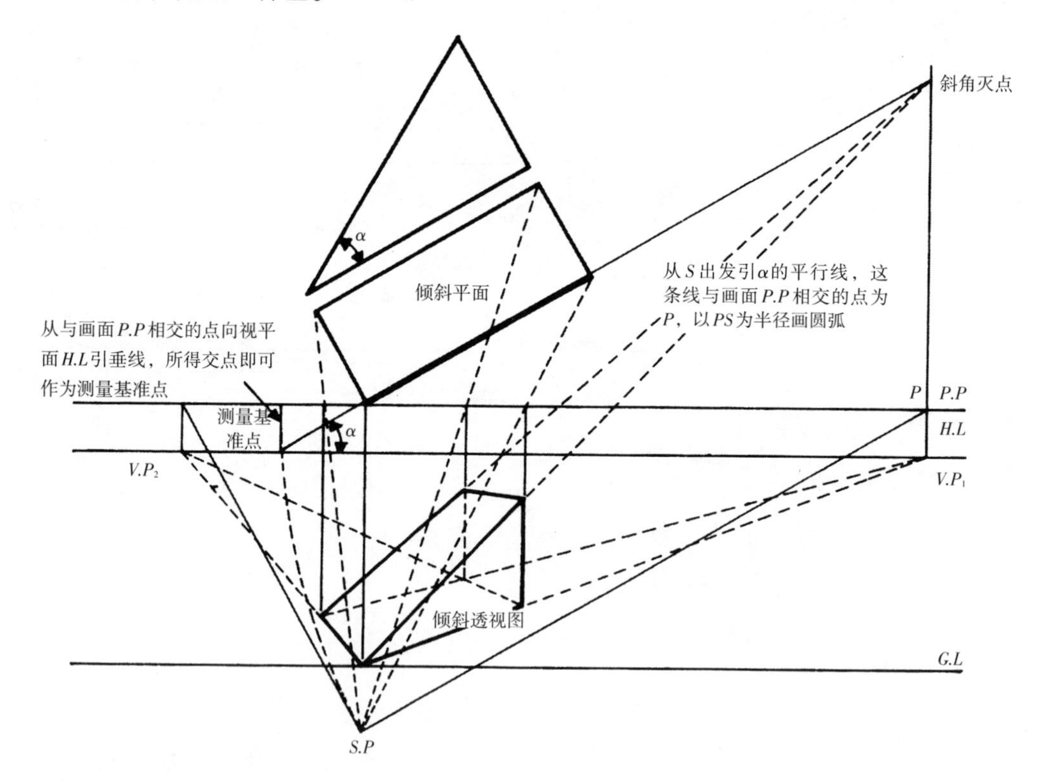

2）台阶透视图的作图顺序实例

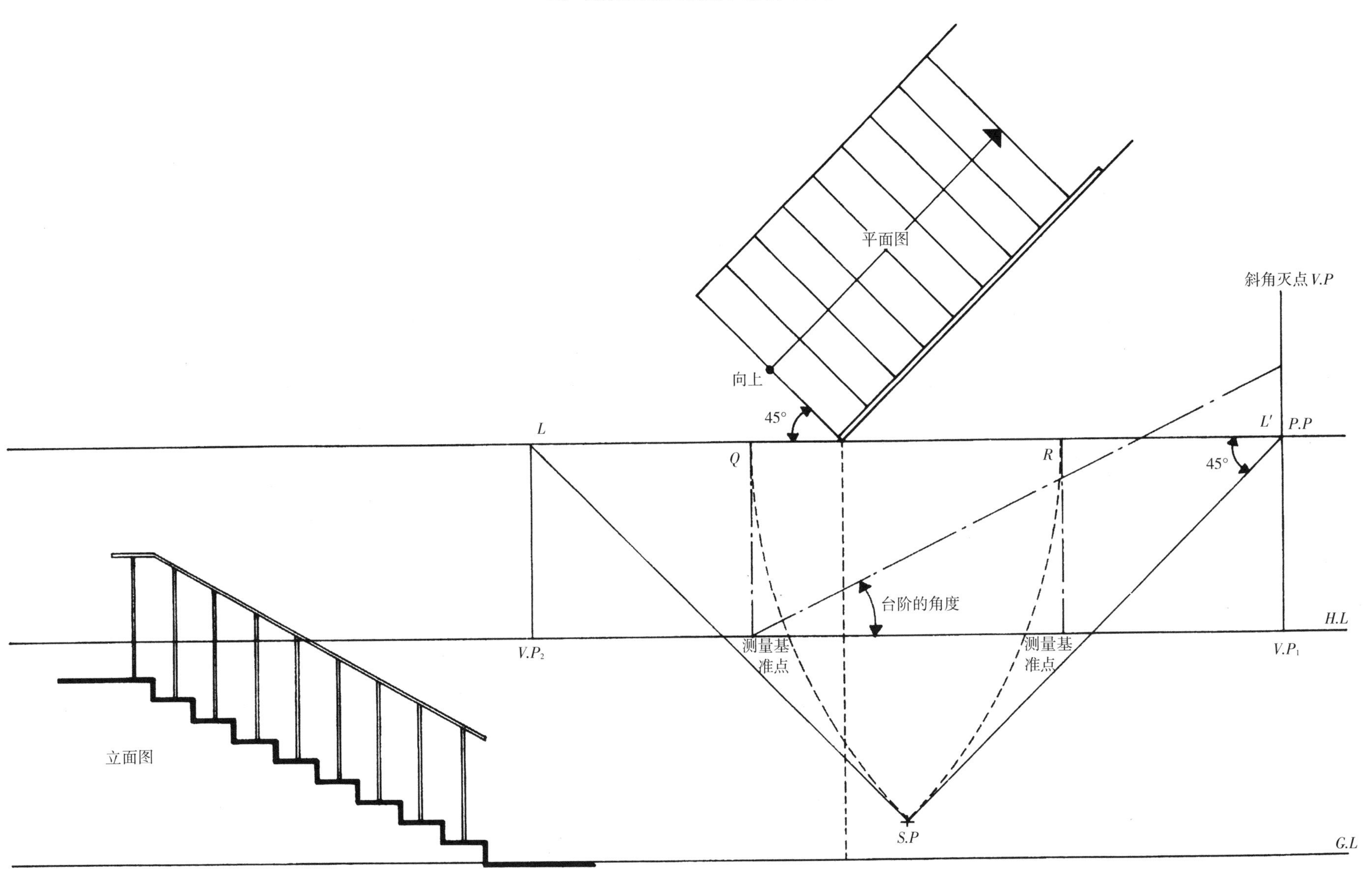

【过程1】

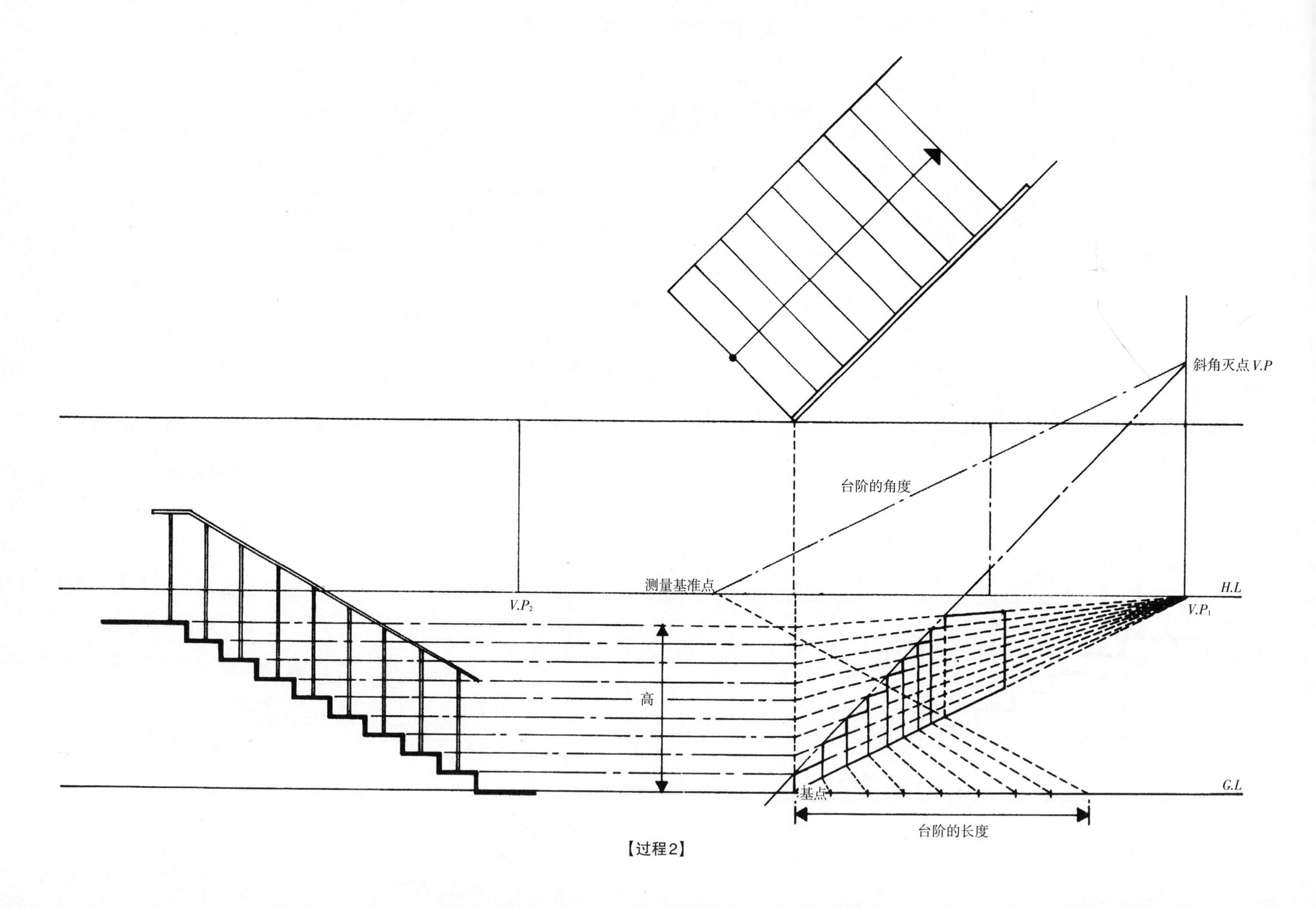

【过程2】

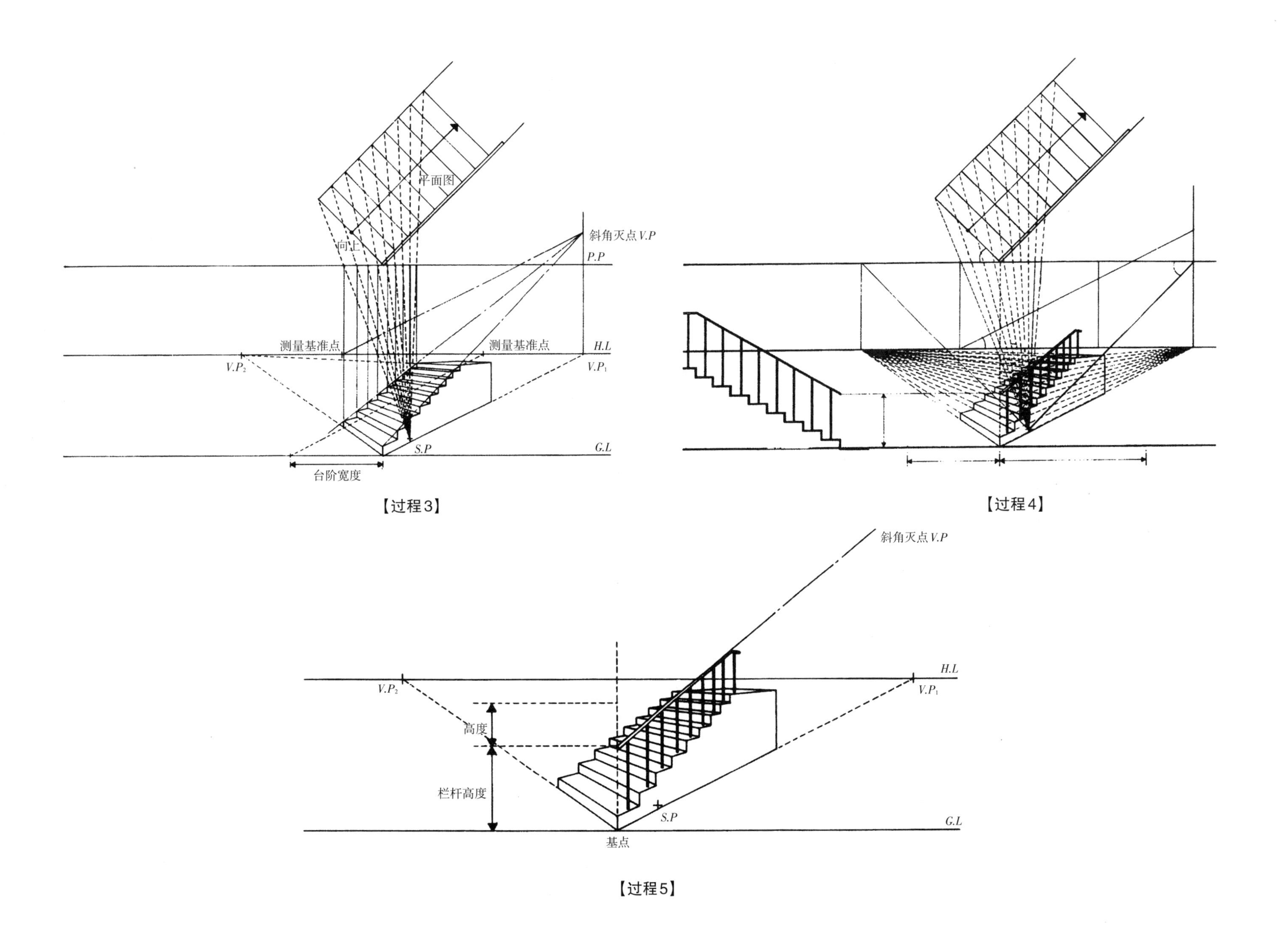
平面图
向上
斜角灭点 V.P
P.P
测量基准点
测量基准点
H.L
V.P₂
V.P₁
S.P
G.L
台阶宽度
【过程3】
【过程4】
斜角灭点 V.P
H.L
V.P₂
V.P₁
高度
栏杆高度
S.P
G.L
基点
【过程5】

◆ 网格法的透视过程

一般来说，在表现景观设计的立体成果时，与表现建筑物的对象造型自身不同，更多的是使用说明规划用地整体空间的鸟瞰图技法。

这种情况下，若众多的造型要素一一使用成角透视图法绘制的话，不但浪费时间，而且也会因为制图板的大小存在一定的限制，在有限的制图板上常常无法找到我们想要的灭点。这时最为简捷的方法就是使用灭点网格法，首先找出符合建筑规划用地条件的角度，然后以此角度绘制出预想面积大小的正方形网格。

在这一部分内容中，我将以建立在任意四方形土地上的建筑形态为例来简单说明一下这种制图法的基本制图过程。

1）制图顺序

·首先绘制出可以纳入建筑用地的正方形草图。确定建筑用地前方 $V.P_1$ 方向的格线，然后确定 $V.P_2$ 方向的 B 和 C。

·一般都是先绘制出正方形草图，在此基础上，再进一步详细画线（图1）。

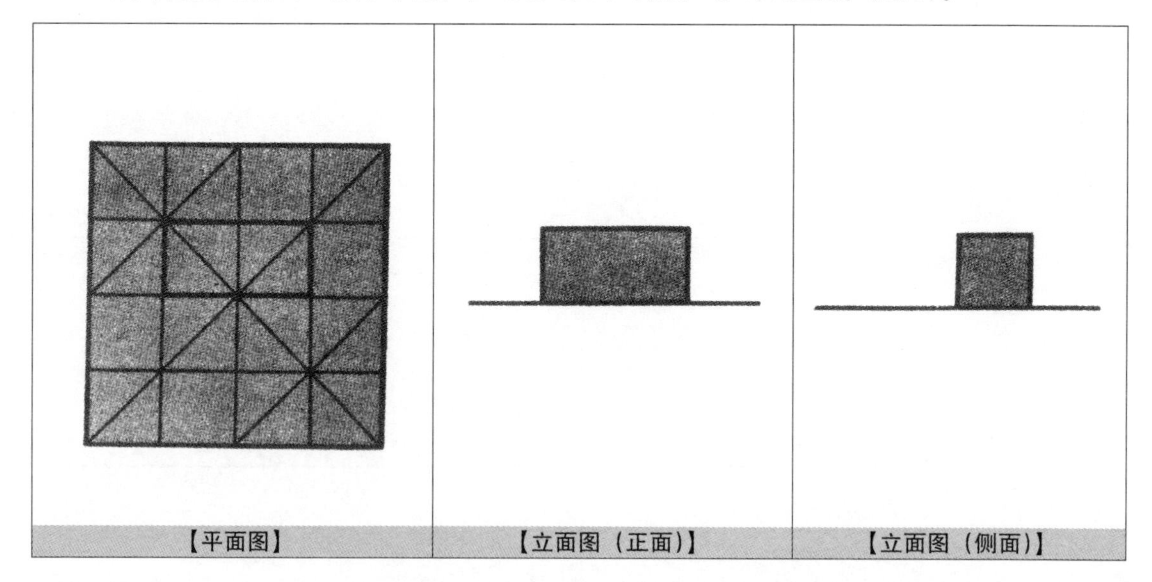

【平面图】 【立面图（正面）】 【立面图（侧面）】

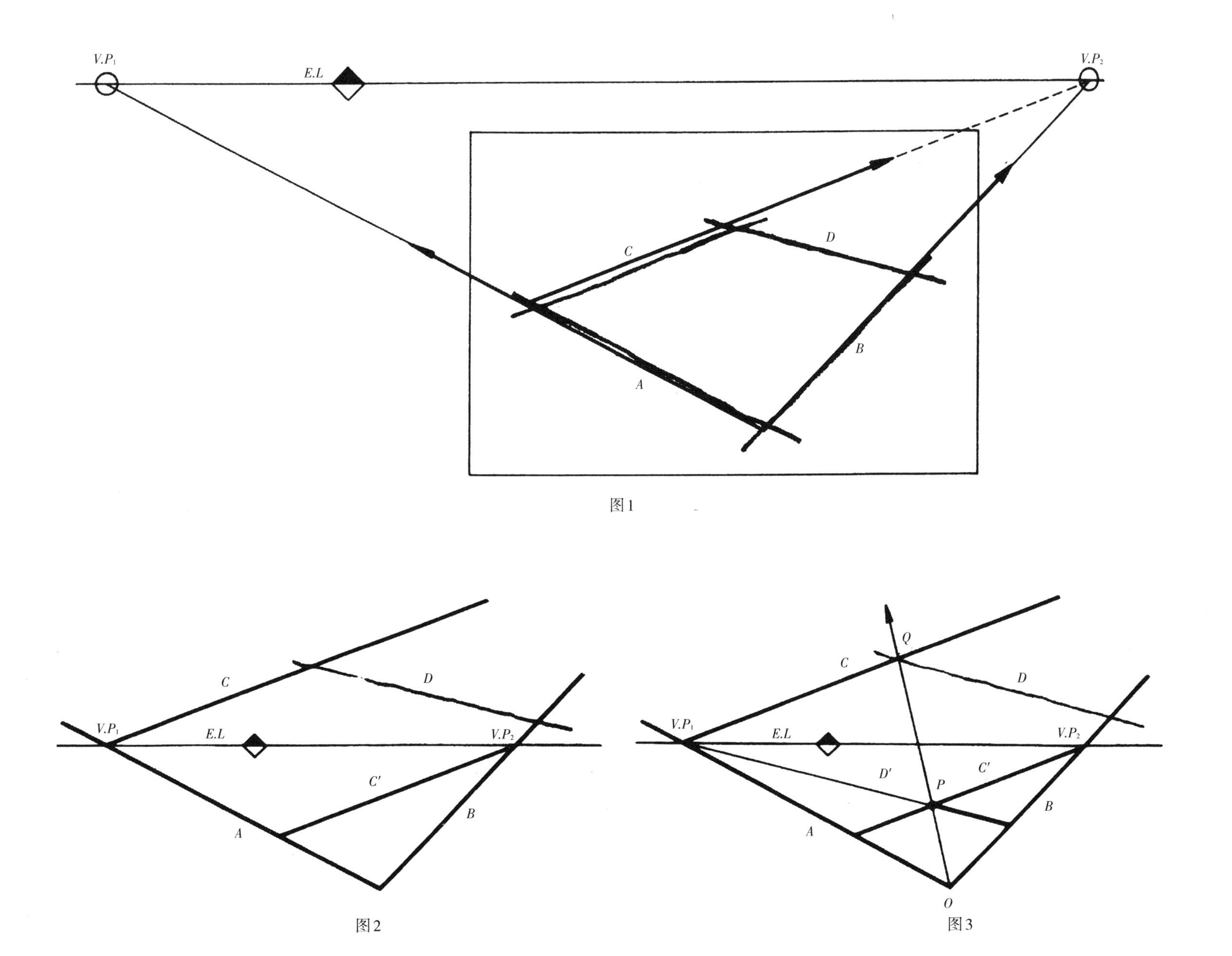

图1

图2

图3

【过程1】

·接下来，为了找出与$V.P_1$相交的格线D，将$E.L$平移至画面中，取得临时灭点$V.P_2$。

·然后将格线C平行移动至$V.P_2$（图2）。

·从A和B的交点O处连线至C和最初的草图D的交点Q，得到这条线与C'的交点P。

·将连接P和$V.P_1$的格线D'平行移动至Q点，这样就可以得出正确的D的格线（图3）。

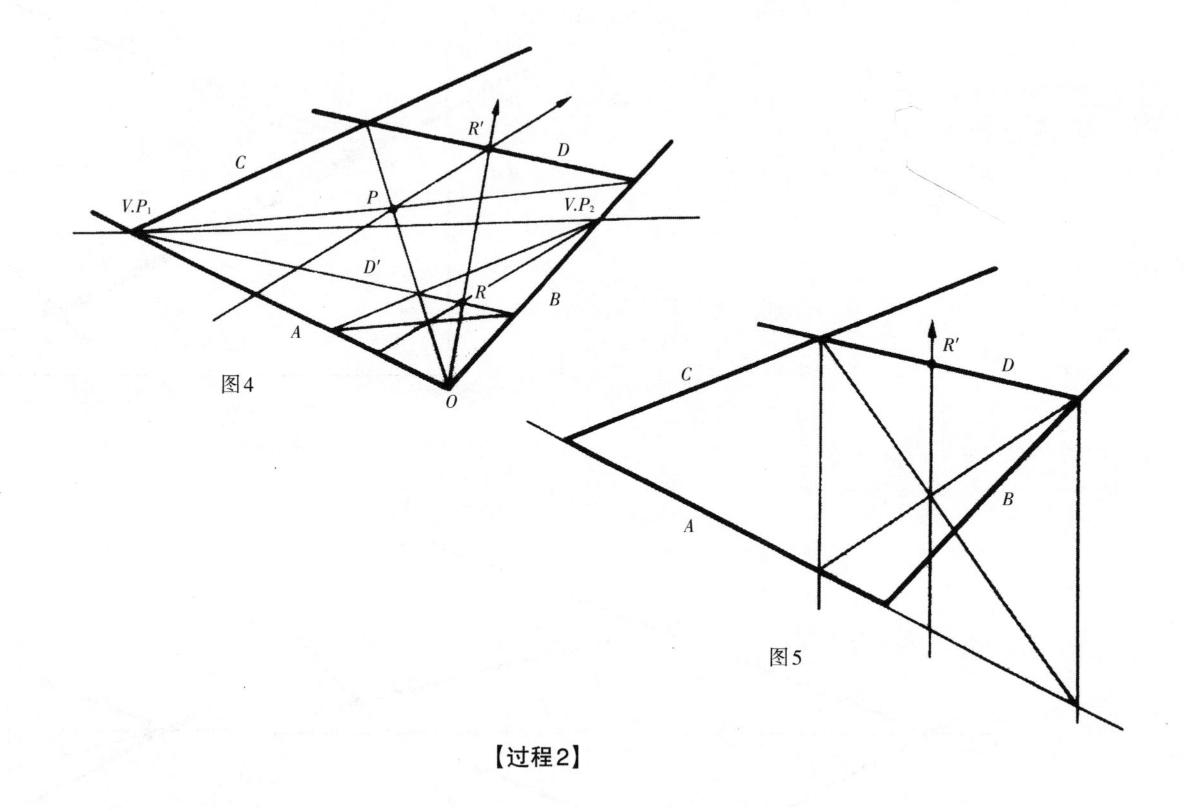

图4

图5

【过程2】

·在前边画出的正方形网格中画对角线，将其交点与$V.P_2$相连接，找出这条线与格线D'的交点R。

·延长O和R的连线，得出格线D的中点R'。

·连接规划用地的正方形网格的中心P和R'，确定将用地2等分的网格线（图4）。

·如图绘制四方形，利用其对角线找出D的中心（图5）

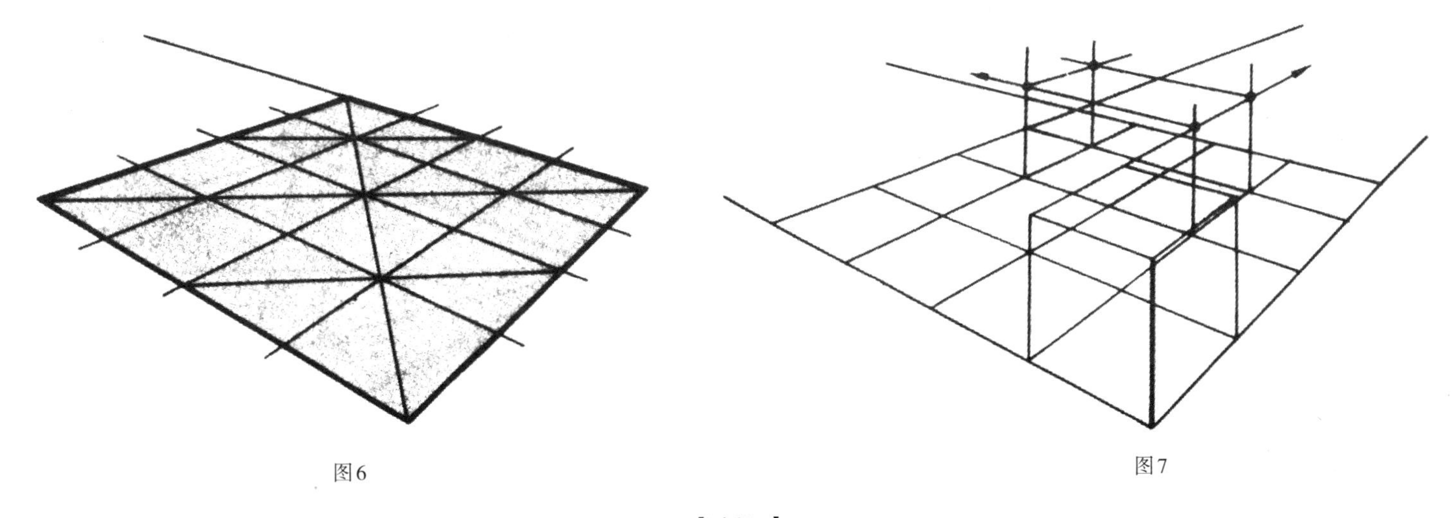

图6　　图7

【过程3】

·顺着二等分线，使用对角线分割法绘制出用地的网格线（图6）。

·将其中一个网格的一面提升绘制成正六面体（图7，物体高度可在平面图中推算出来）。

·此正六面体的垂直脊线即为高度的测量线（如图8，在底面上画出对角线$A—C$，按其70%左右的长度为距离预测得出B'，$A—B'$的长度即为高度$A—B''$）。

·用网格线代替平面上的格线，将物体放置于规定位置对应画出垂直线（图9）。

·移动高度，完成鸟瞰网格图（图10）。

·使用上述方法可以依次定出自然界的山或人工莲池等设计内容。这样大到城市规划鸟瞰图，小到近邻公园、儿童游乐场等都可以使用这种方法绘制出来。

·但同时我们也应该看到，利用网格法绘制透视图因对远距离的造型高度的测定不是非常准确，在制图上也会存在一定的偏差。

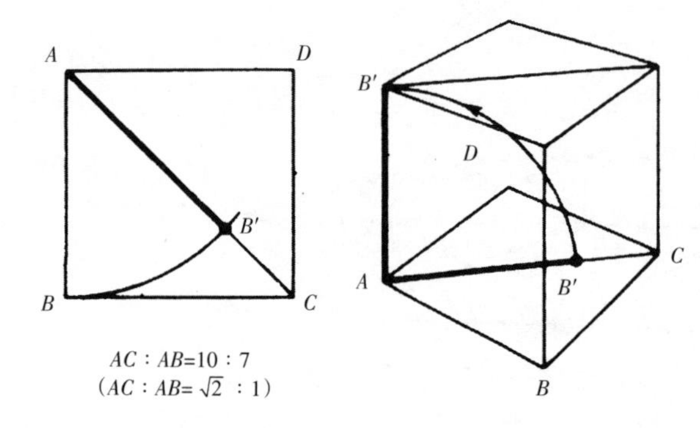

图8

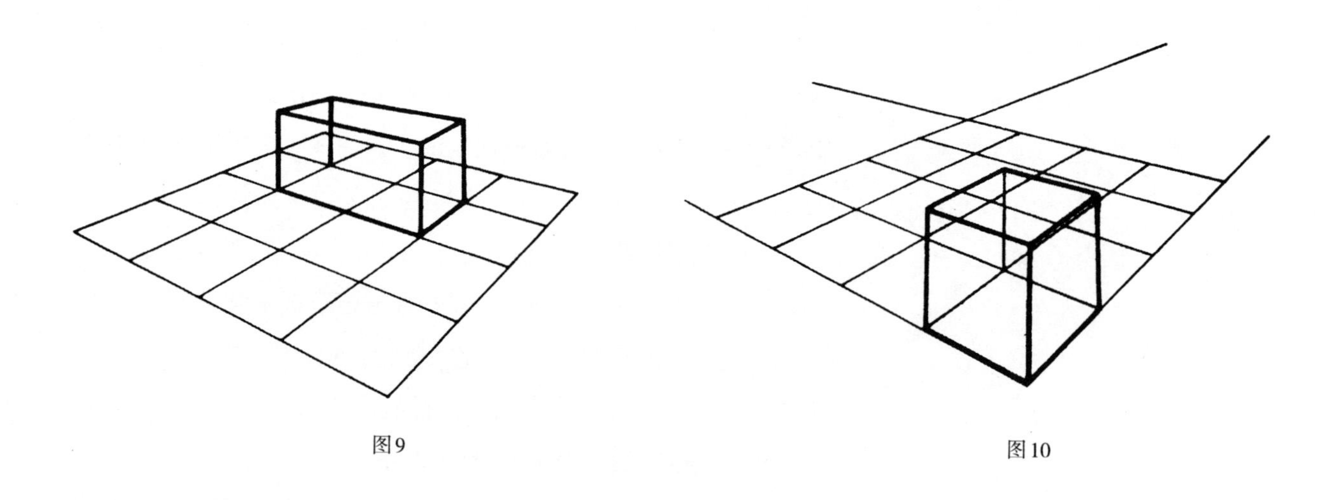

图9

图10

【过程4】

2）网格法透视图制图顺序实例

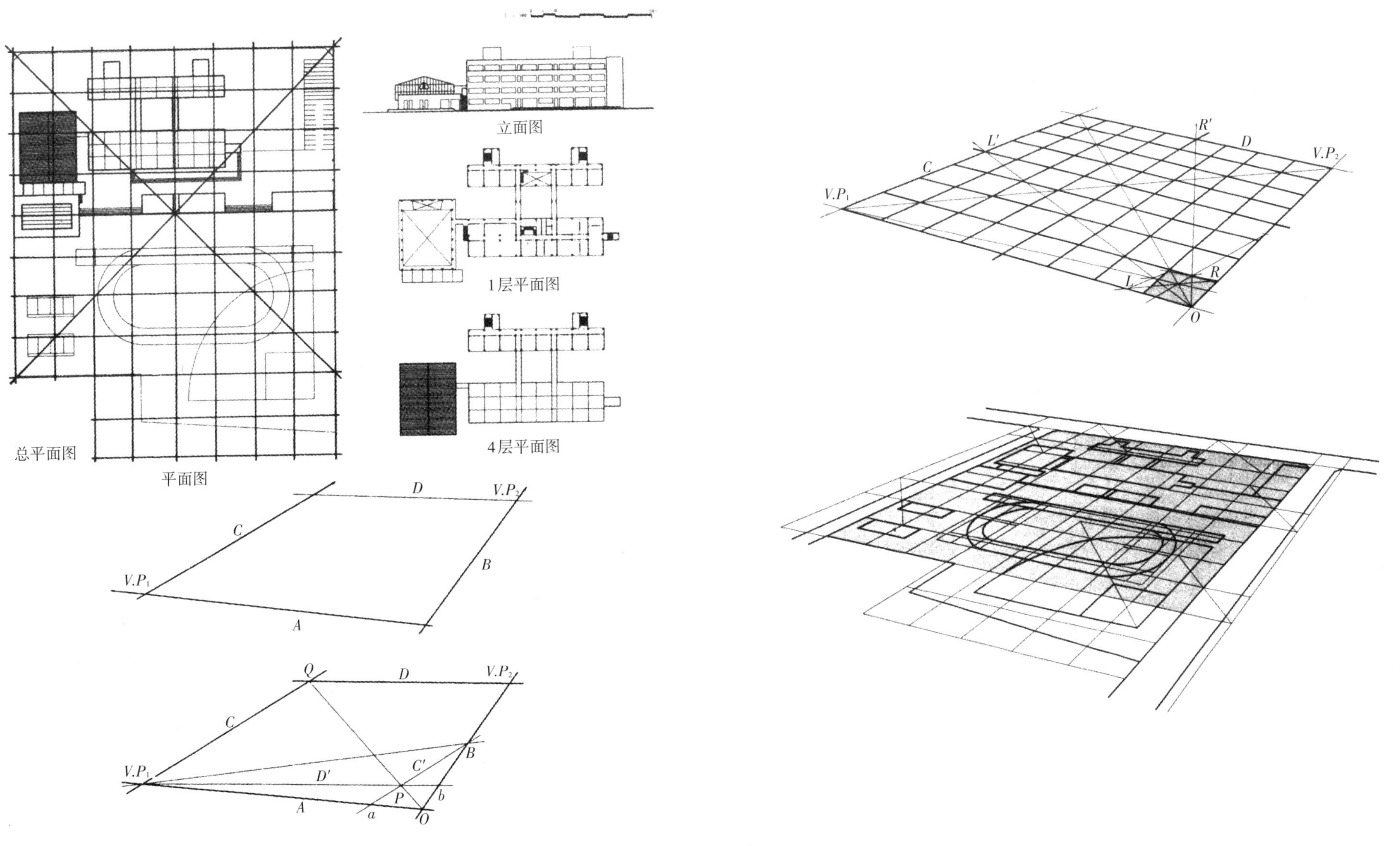

【过程1】

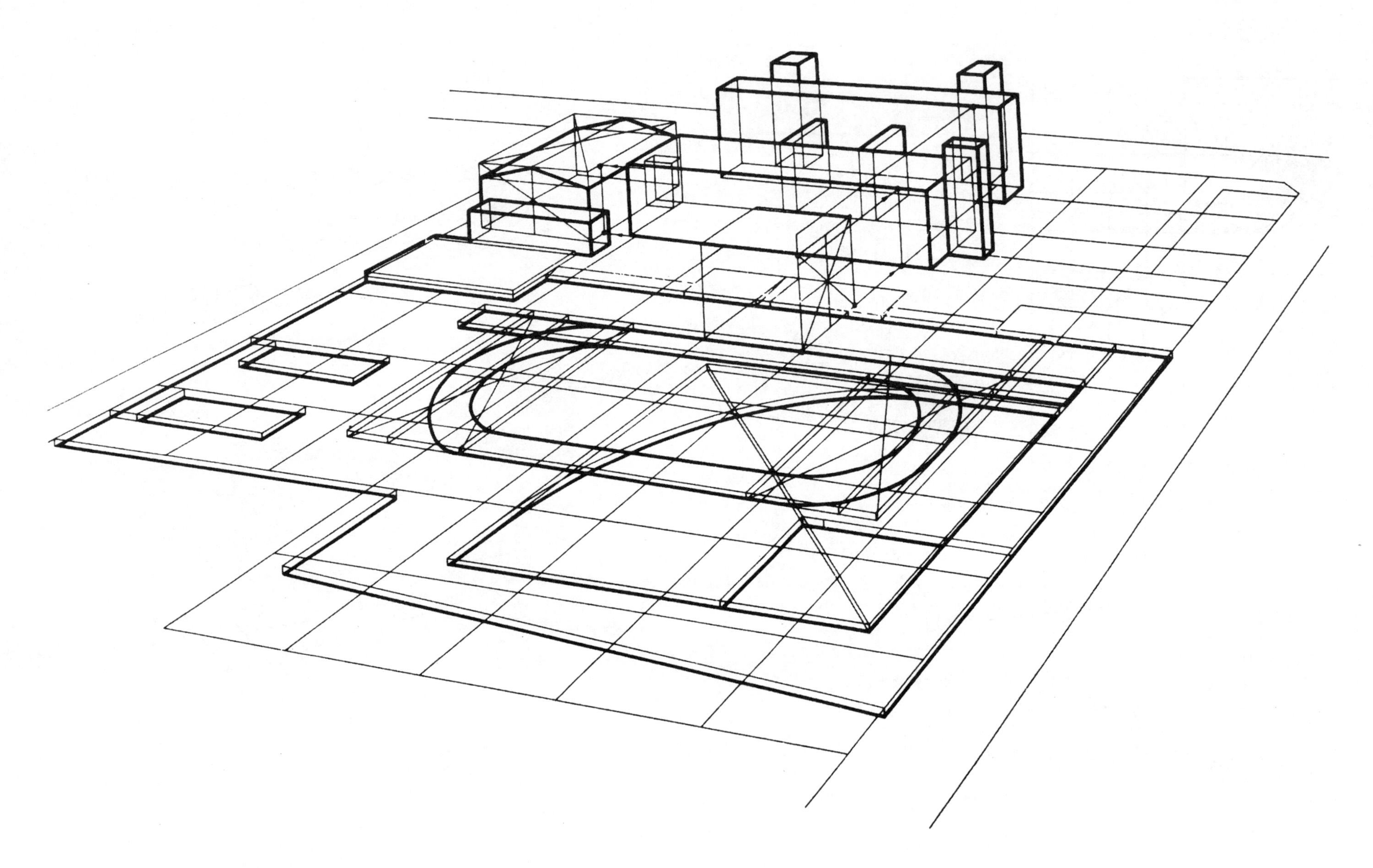

【过程2】

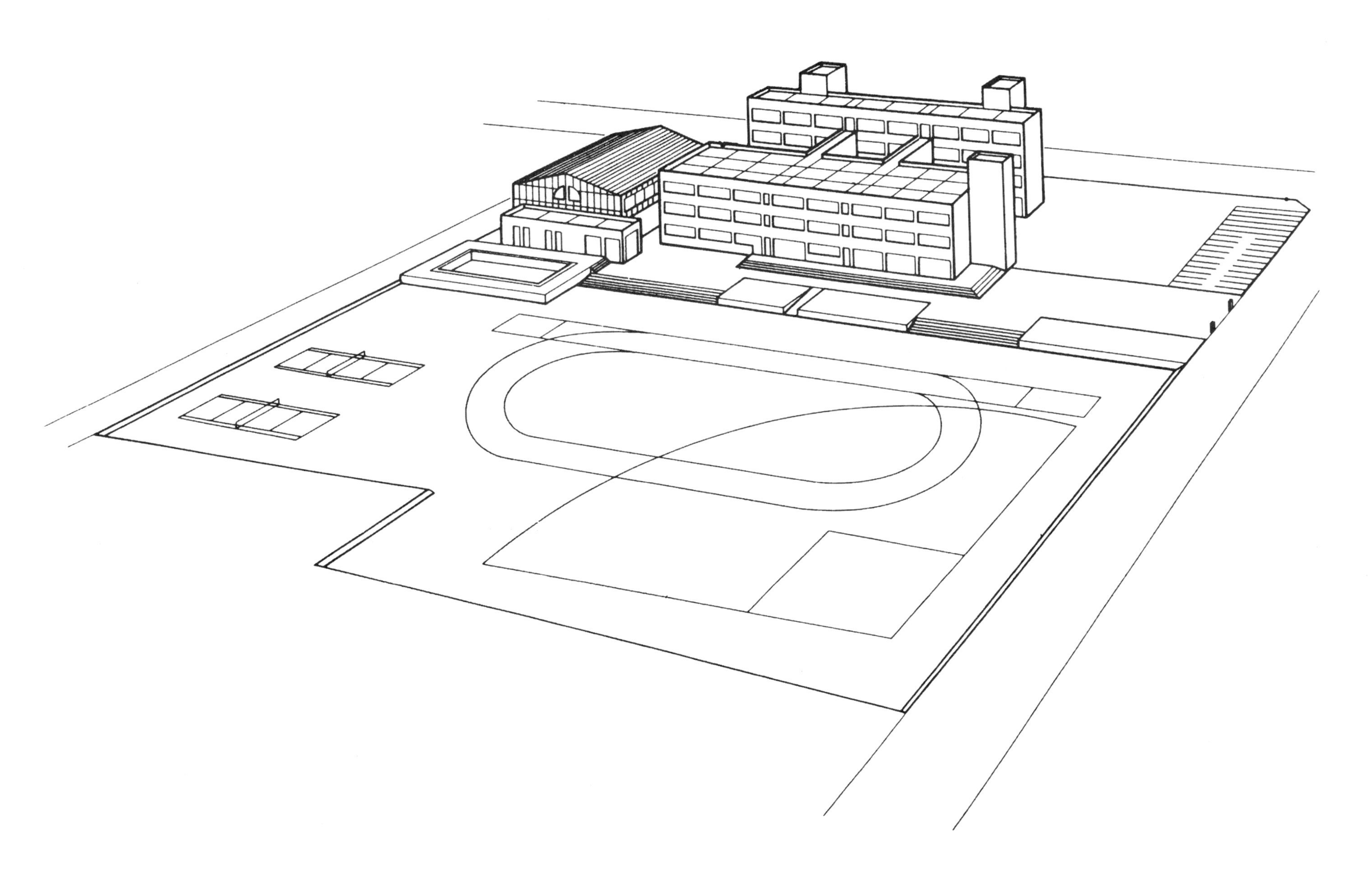

【过程3】

◆ 阴影透视过程

在草图及透视图中关于阴影部分的绘制与透视图制图法同样重要。在制图中存在着这样一种倾向，即常把重心放在关于规划形态或空间的制图构成方面，但对于透视图的结果来说，若缺少了阴影的表现，不但会丧失真实感，对于图面自身来说，其远近距离感、立体感、整体结构等都会消失，甚至于也很难取得最初构想的空间效果。阴影效果首先可以说明对象物体的高度和形态，同时对于阴影中的地面状态及收尾材料等的说明也很有帮助。特别要提的一点是，在以彩色收尾的透视图中，更需要阴影效果的存在。

下面对阴影制图中最基础的随光线条件变化的制图法进行说明。

1）平行光线形成的阴影绘制顺序（逆光的情况）

·从 *S* 引与光线平行的直线至画面 *P.P*，得到交点 *P*。

·从 *P* 点向下引垂线与视平线 *H.L* 相交于点 *r*。*r* 即为物体在垂直方向阴影的焦点。

·以 *P* 为中心画半径为 *PS* 的圆弧，找出其与画面 *P.P* 的交点 *Q*，从 *Q* 点向下引垂线与视平线 *H.L* 交于 *T*。

·以 *T* 为起点向上引与光线角度 *Q* 平行的直线，这条直线与垂线 *P.r* 的延长线交于点 *R*。即，将 *R* 与 *A* 用直线连接，得出其延长线与 *R*—*A* 的延长线的交点 *A″* 。

2）平行光线形成的阴影绘制顺序（侧光的情况）

·自物体的顶点 *A* 向下引垂线，找出其在底面上的位置 *A′* 。

·自 *A′* 引与光线方向平行的直线。

·自物体的 *A* 点引与光线角度 *Q* 平行的直线，这条直线与上面所得直线相交于点 *A″* 。

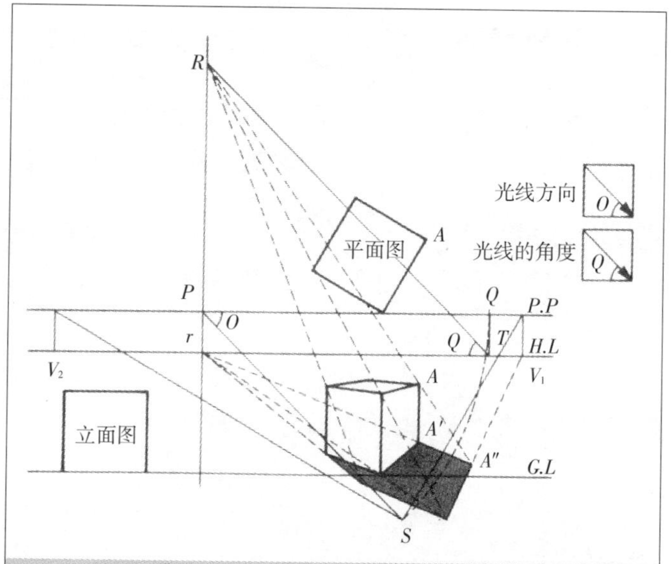

【平行光线形成的阴影图（逆光）】

·使用相同的方法作出B、C的阴影。

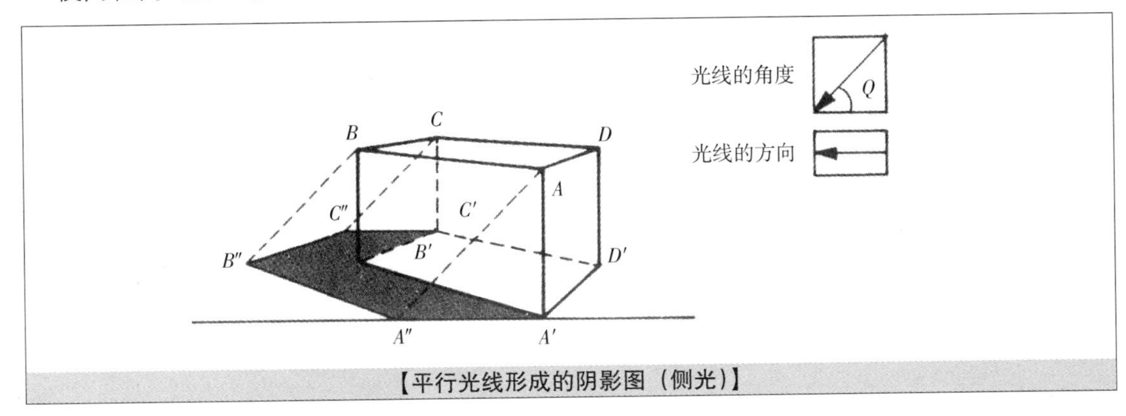

【平行光线形成的阴影图（侧光）】

3）平行光线形成的阴影绘制顺序（背光的情况）

·自S点向画面P.P引与光线平行的直线，确定交点P。

·从P点向下引垂线至视平线H.L，得到交点r。在物体垂落到地面的阴影中垂直方向的阴影都以r为焦点绘制。

·自T点向下引与光线角度Q平行的直线，得到交点R。在物体垂落到地面的阴影中水平方向的阴影都以R为焦点绘制。

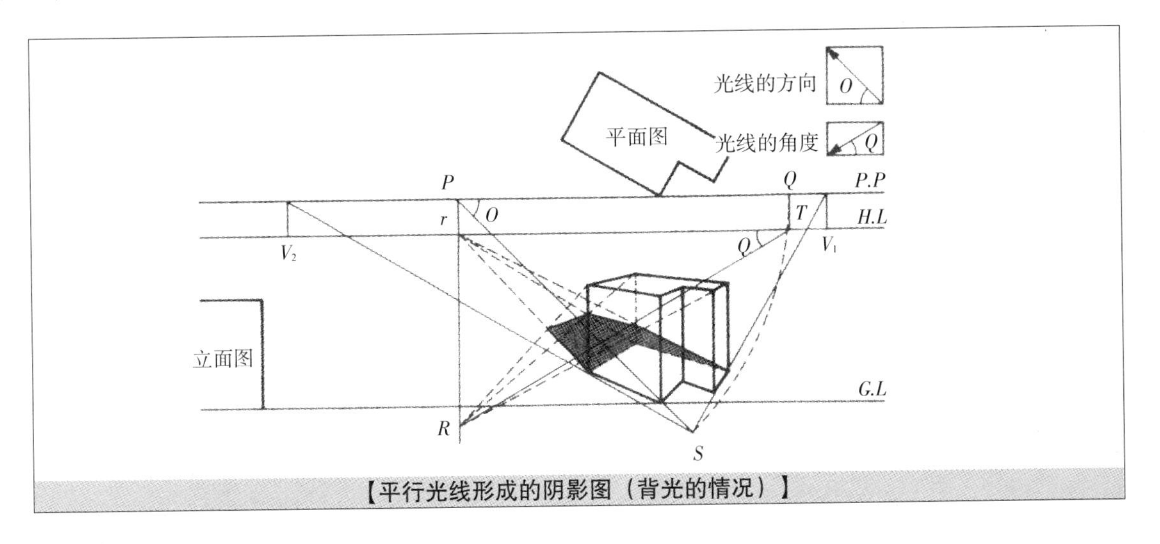

【平行光线形成的阴影图（背光的情况）】

4）墙壁、台阶、灯的阴影图

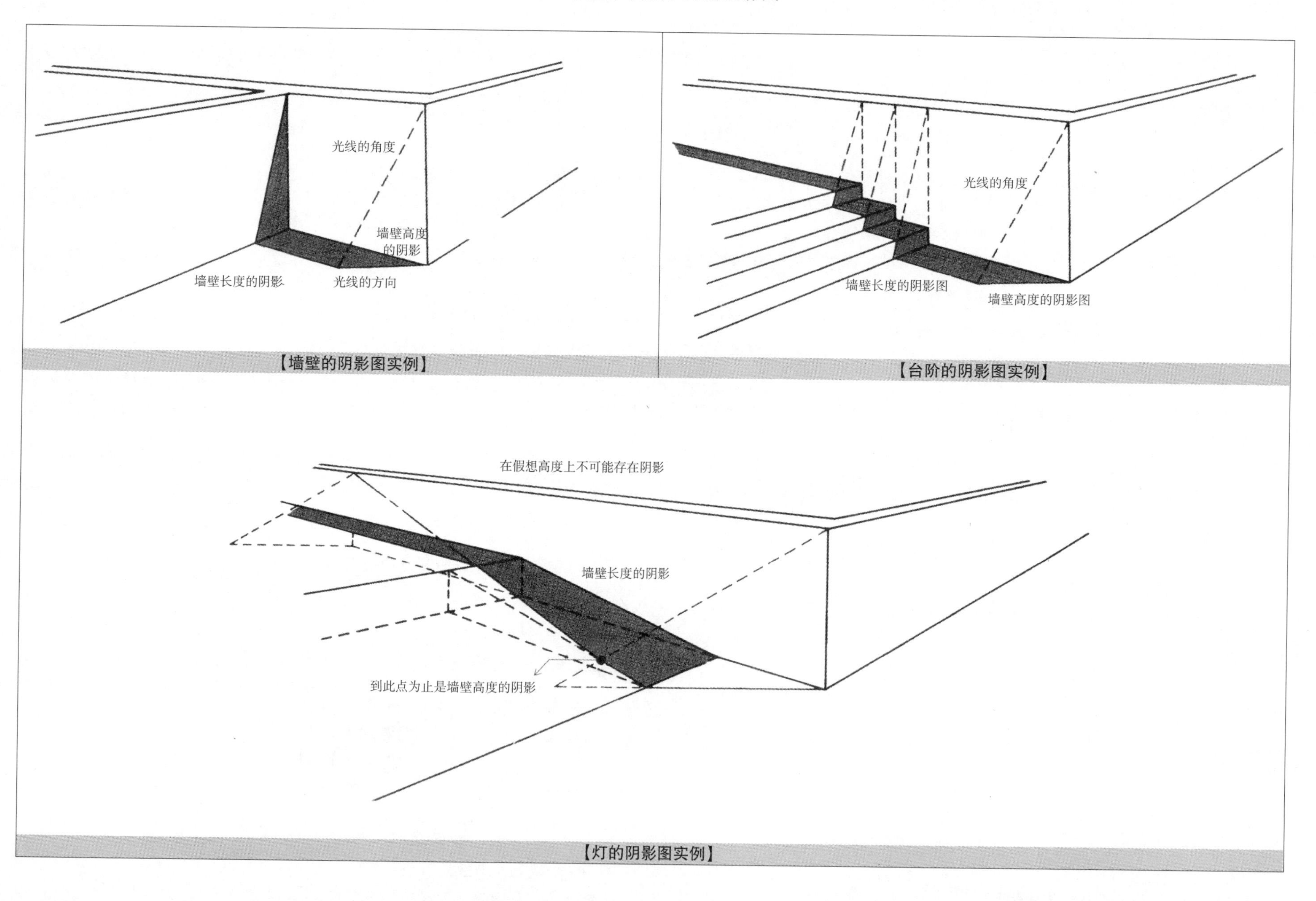

光线的角度
墙壁高度的阴影
墙壁长度的阴影
光线的方向
【墙壁的阴影图实例】
光线的角度
墙壁长度的阴影图
墙壁高度的阴影图
【台阶的阴影图实例】
在假想高度上不可能存在阴影
墙壁长度的阴影
到此点为止是墙壁高度的阴影
【灯的阴影图实例】

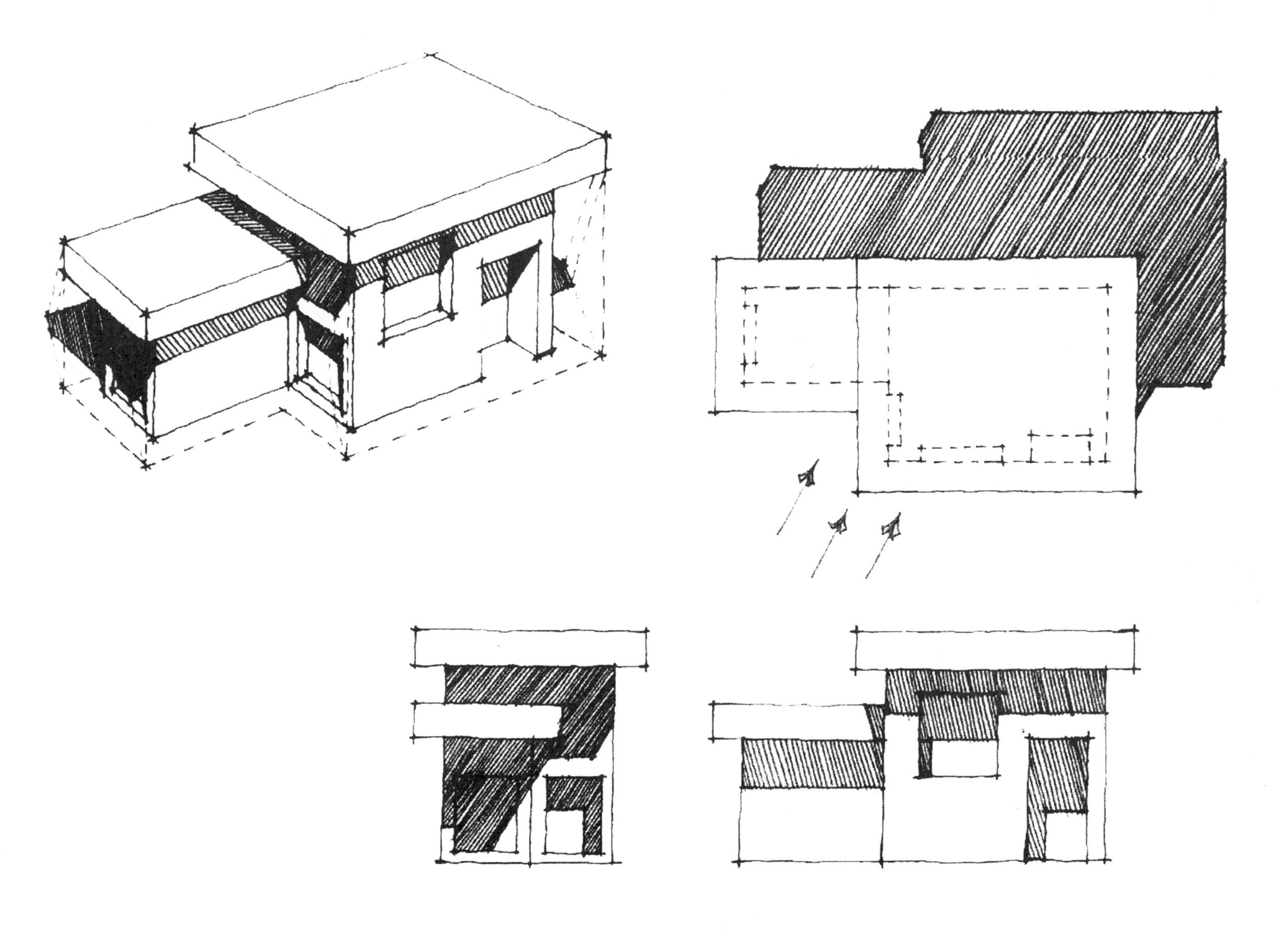

【建筑物自身的阴影图】

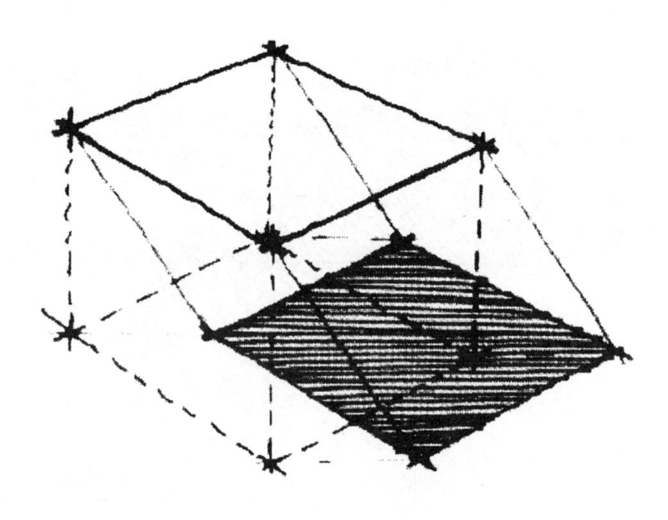

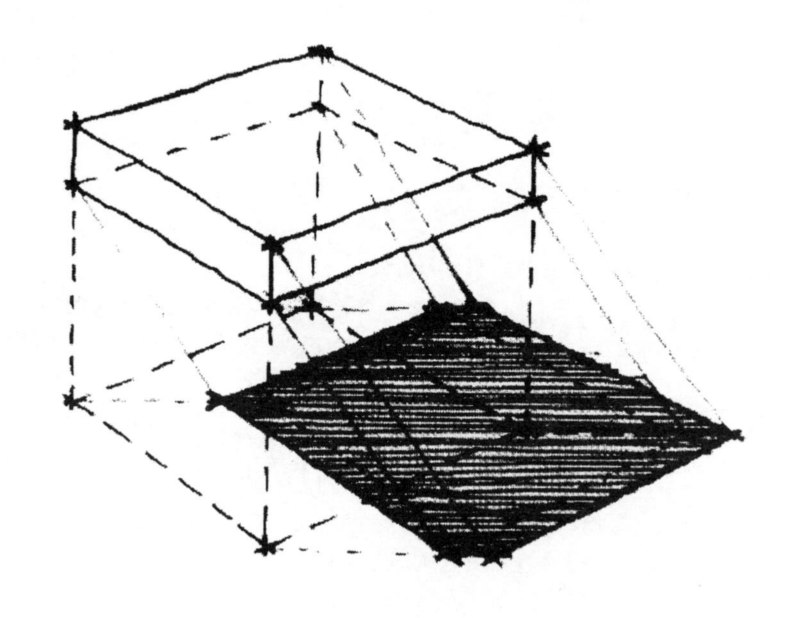

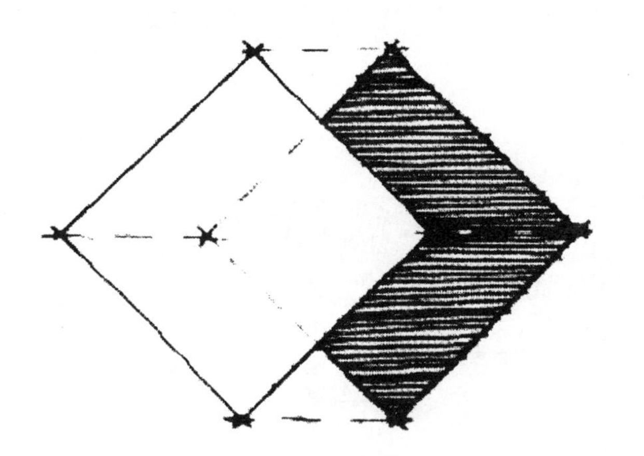

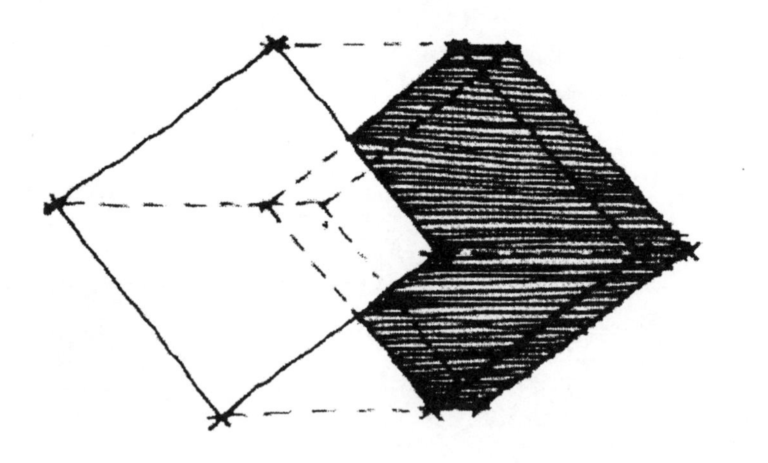

【悬浮在空中的形态】

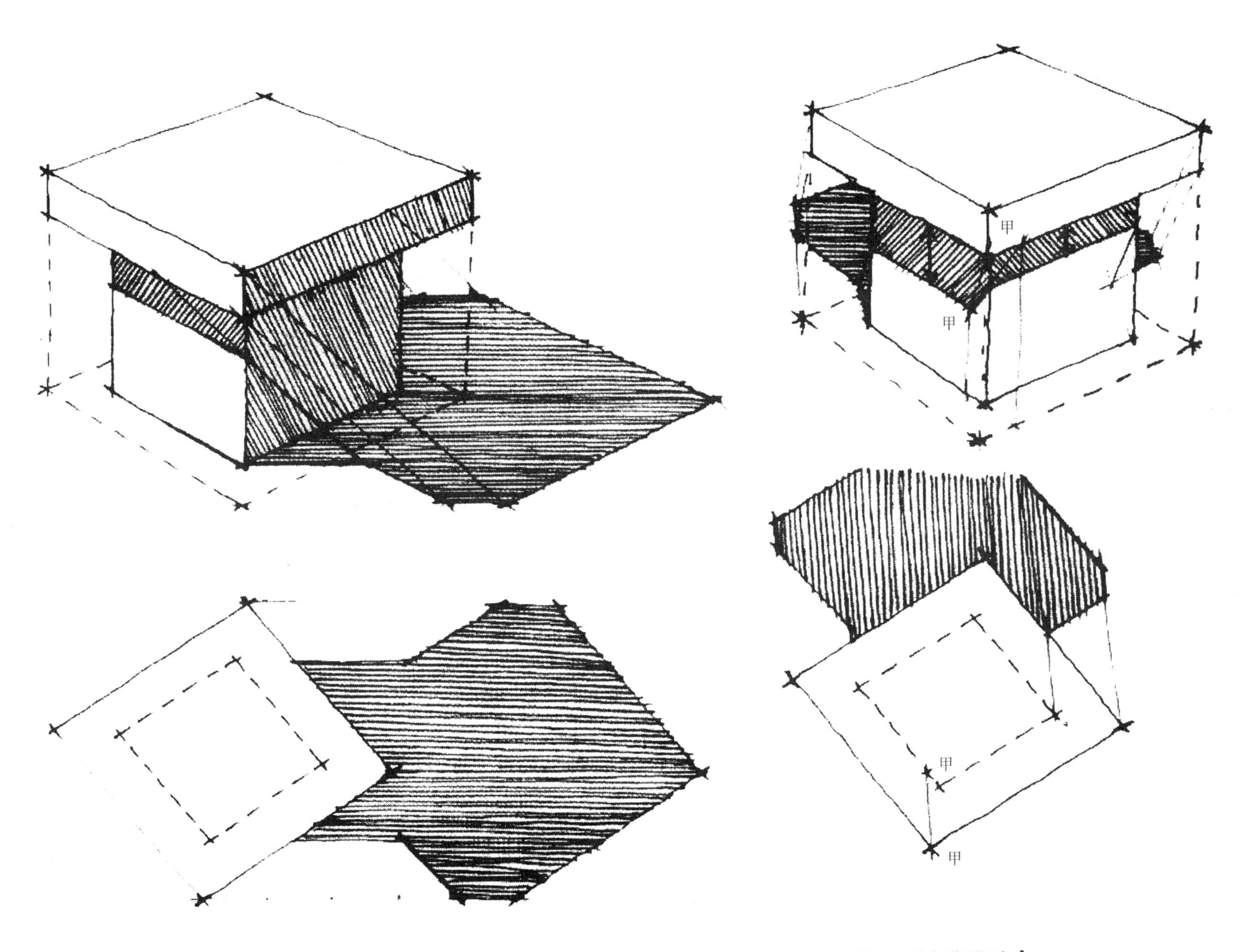

【将左侧的侧光形态旋转成为背光形态的实例（屋檐末端“甲”的阴影垂落在左侧墙壁上的部分更深）】

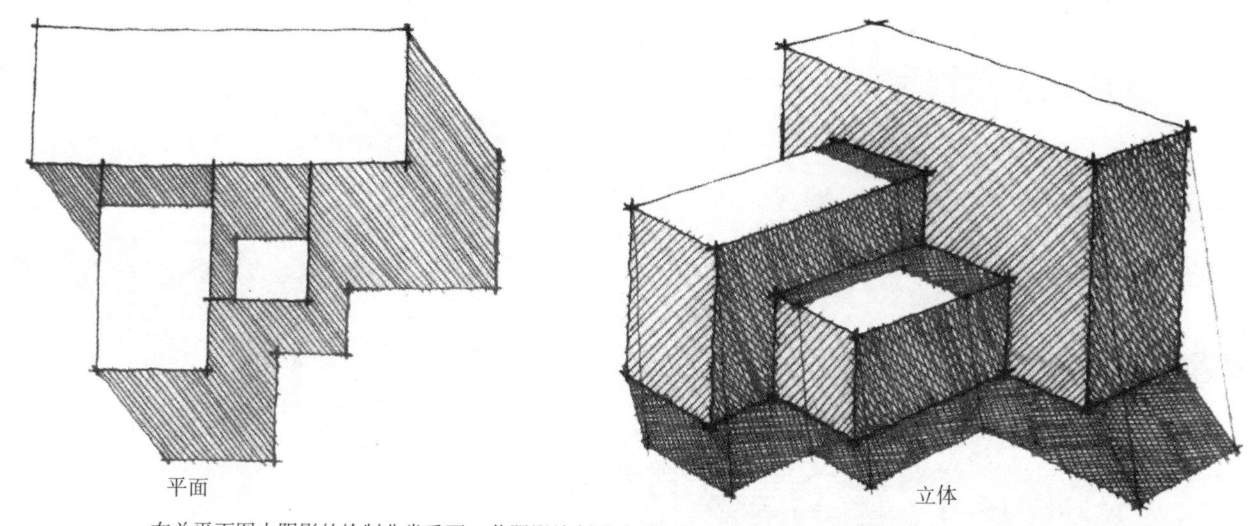

在总平面图中阴影的绘制非常重要。若阴影绘制准确，即便是总平面图，也可以大致了解其规模大小，同时也可以想象出其立体形象

上、下图即为说明总平面图的阴影绘制图。总平面图中光线的方向应该在准确把握对象物的高度后从容易说明的角度和部分来决定（上图的情况是按照从高到低的方式来决定的）

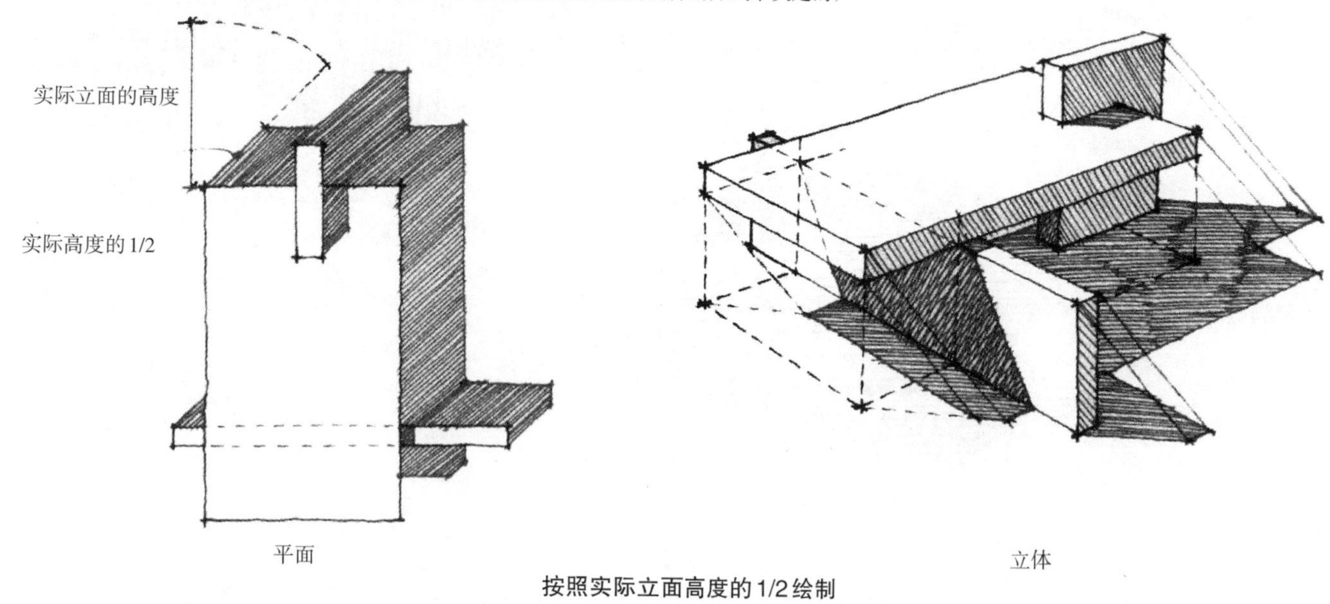

按照实际立面高度的1/2绘制

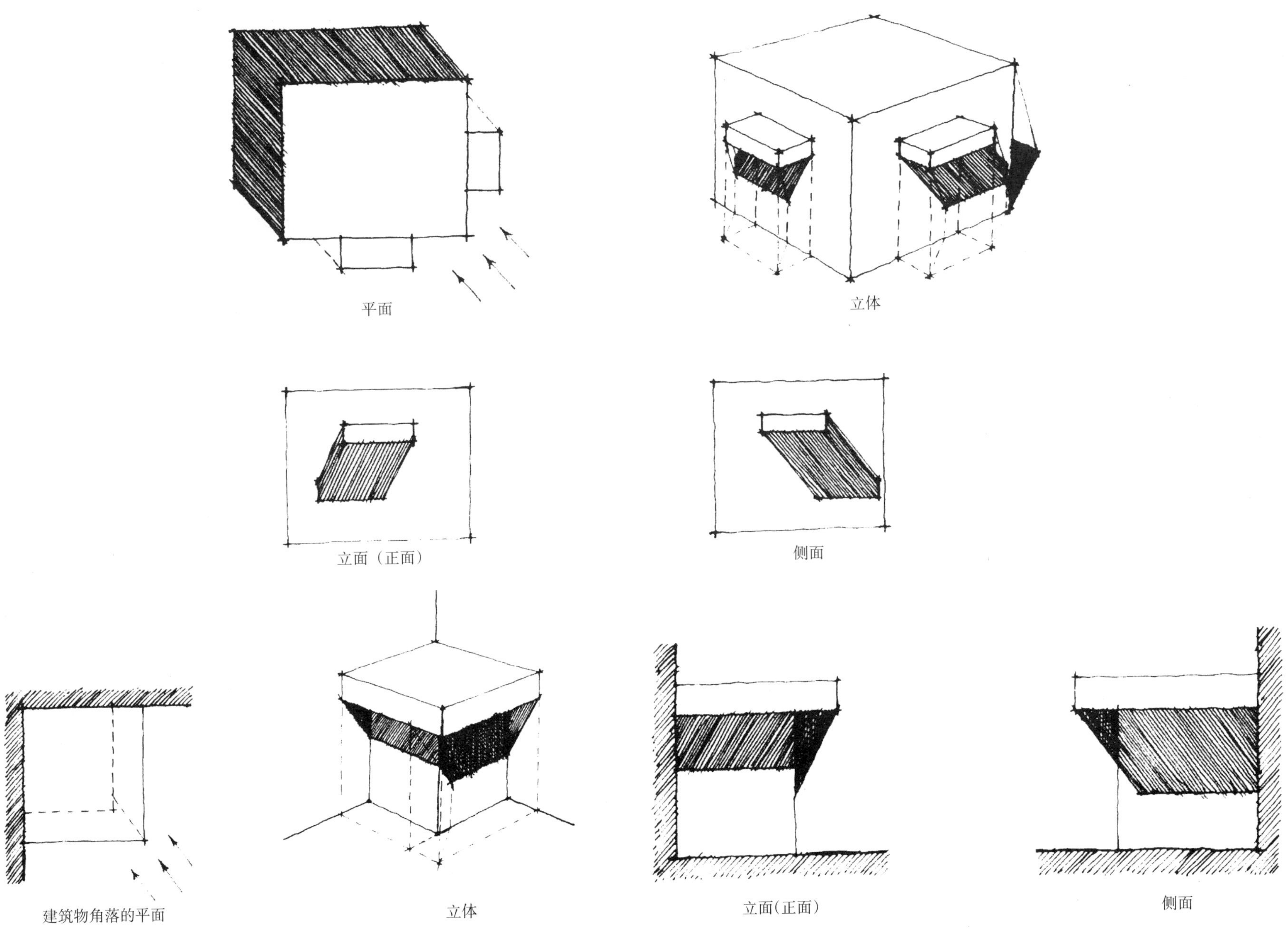

【建筑物自身的阴影图】

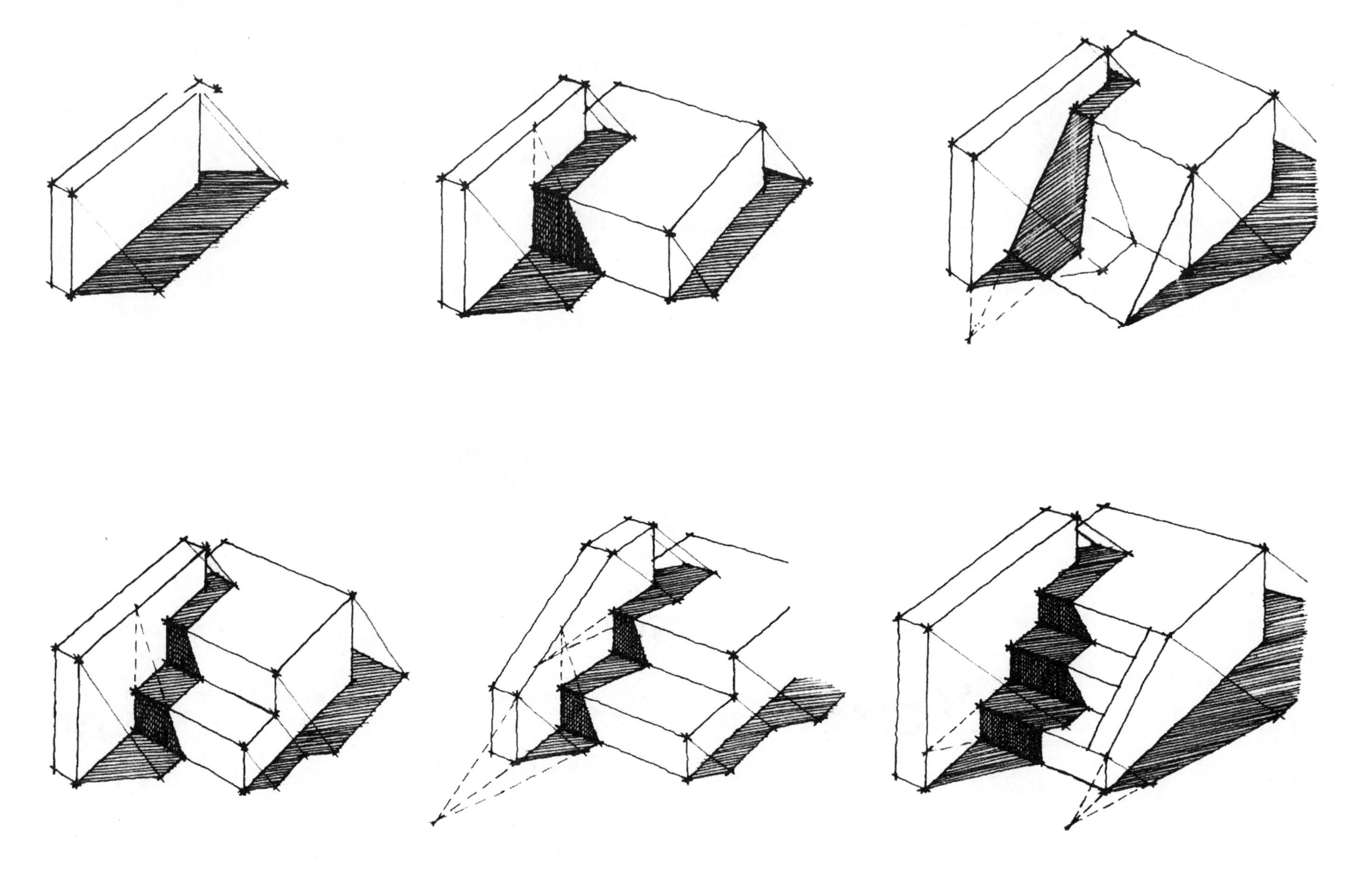

【墙壁和倾斜面、台阶的阴影图】

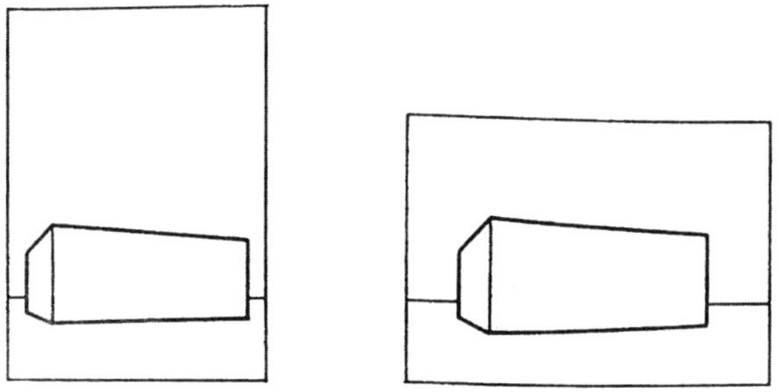

图1

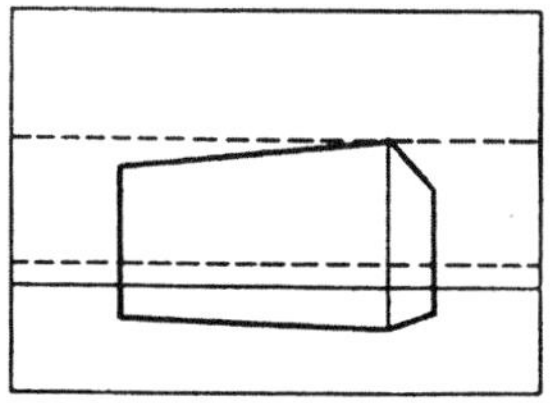

图2

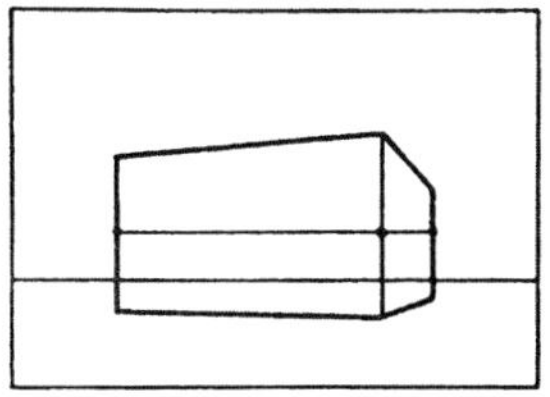

图3

图4

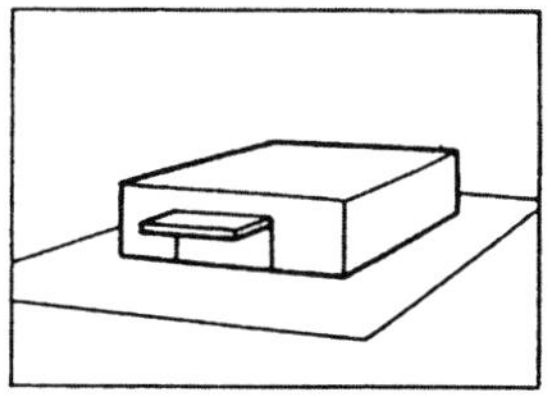

图5

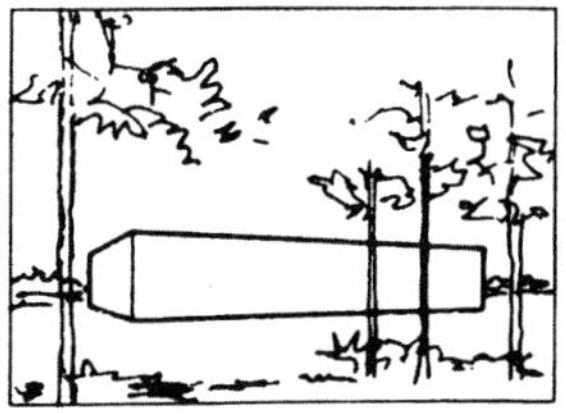

图6

图7

◆ 构图及构成

在充分考虑预定绘制的物体与环境的关系及对象物的特征等的基础上，有意识地赋予画面秩序感并提升整体效果的形象化的过程即为构图，也可称为构成。即便是相同内容的平面、立面规划，合理的构图会取得更好的效果，同时，平面和立面规划图从规划过程开始就很重视考虑实际的立体空间效果，因此在合适的位置确定一个优质的构图就成为一个非常必要且必需的环节。

下面结合透视图制图过程中需注意的几点事项做以下说明。

1）和谐

·物体的形态和画面。

确定与物体形态相融合的画面（横向、竖向的位置）（图1）。

·物体的大小和位置。

建筑物在画面中所占的位置既不能太大，也不宜过小。

通常为“地低天高”。同时避免将水平线放置于画面中央（图2）。

·物体的角度。

对象物体的条件可能会有很多，但对于占据画面整体的建筑物来说，其正面与侧面的比率以8.5：1.5或者8：2最为恰当（图3）。

鸟瞰图的情况下，除了以说明总平面规划为目的之外，应尽量不要将视高（*E.L*）提高至所需之上（图4）。

尽量将视高（*E.L*）降低，保证整体的说明（图5）。

·物体的形态和点景。

调整点景的位置，以保证物体特征的生动鲜活（图6）。

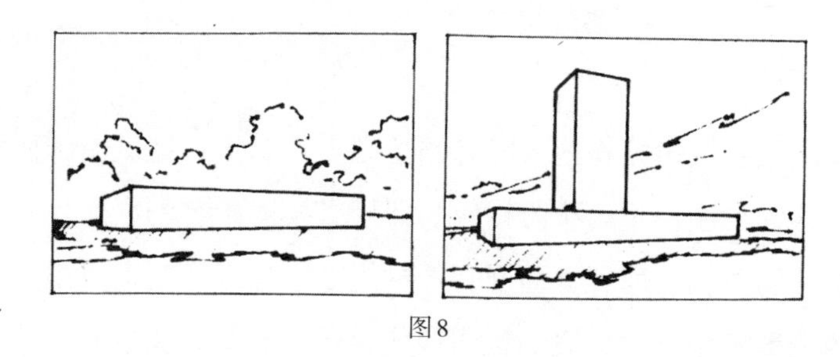
图8

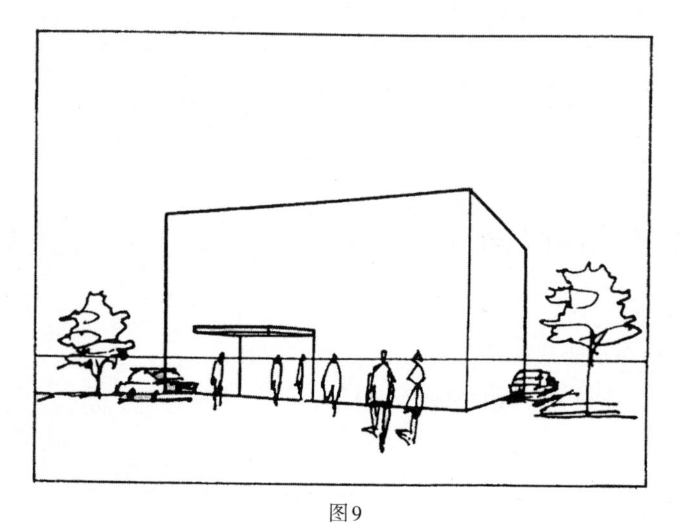
图9

2）强调

通过有效地调整点景、阴影及色调的变化，突出表现规划对象和场所（图7）。

3）均衡

当其他部分与中心内容不太和谐时，采用点景或界线处理手法来实现整体的均衡感（图8）。

4）插入点景的方法

在插入点景要素时，应扬弃随意添加的方法，在考虑下述要素的基础上进行。

如同远近距离感在传统的绘画艺术中占据非常重要的地位一样，透视图中的远近距离感在考虑其体现立体效果的规划目的时也可以说是最基本的要素了。

由此，即便是非目的对象的点景，按其所插入的位置不同也将会给远景、中景、近景效果带来深刻的影响。

我们应该充分考虑画面的整体效果，并积极引导观察者关注现实性氛围以及相关变化和发展趋势，最终使整体视线都集中于最主要的对象物。

·人物的布置。

应尽量避免将距离观察者最近的人物置于物体正面，应在注意其与主要物体关系的基础上尽量布置得自然并富有变化性（图9）。

·汽车、树木等的布置。

像这类要素也不应布置于物体的中心位置，应在考虑角落处较为尖利的线条及画面的整体均衡感的基础上进行布置。

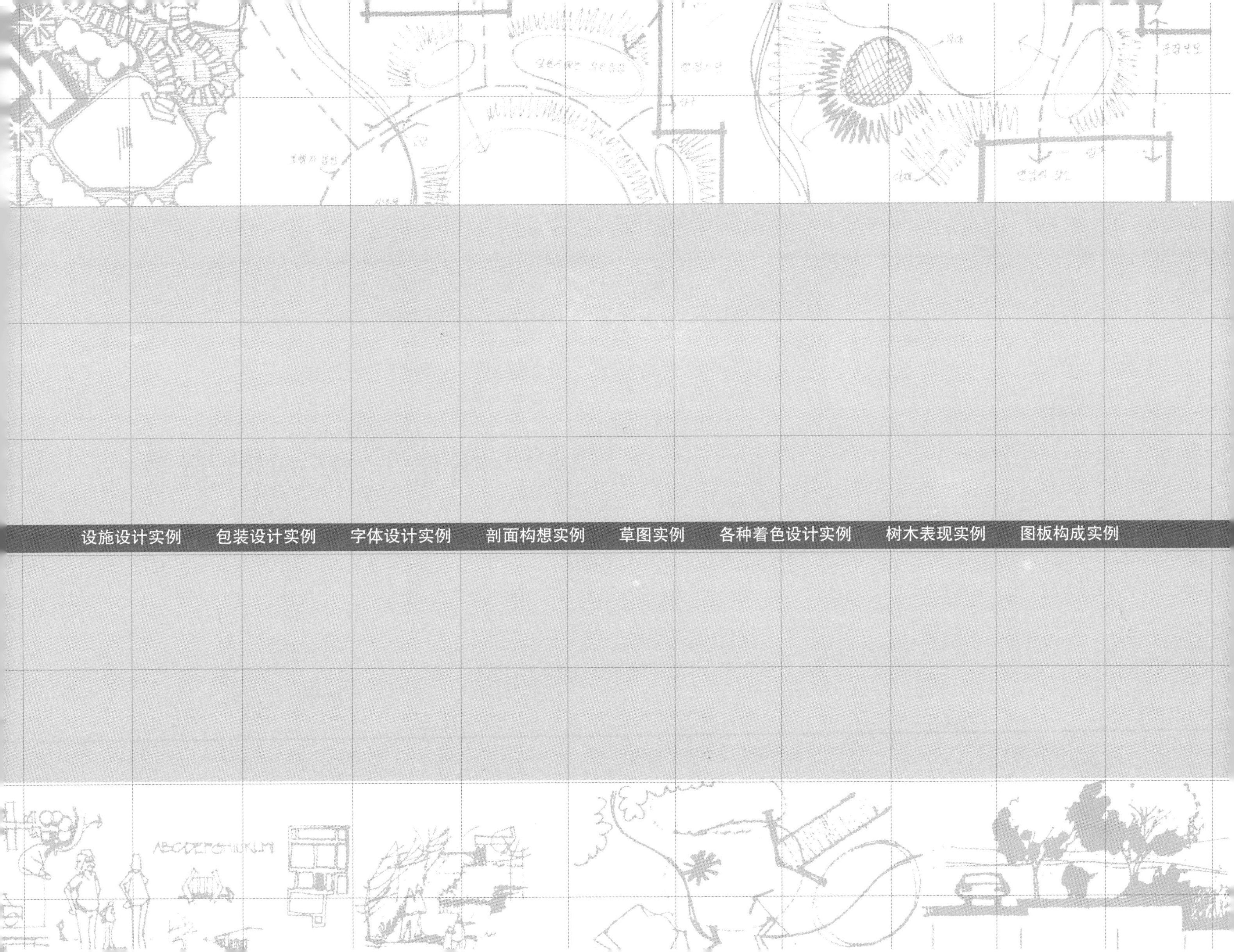
设施设计实例
包装设计实例
字体设计实例
剖面构想实例
草图实例
各种着色设计实例
树木表现实例
图板构成实例

附录：实例图面

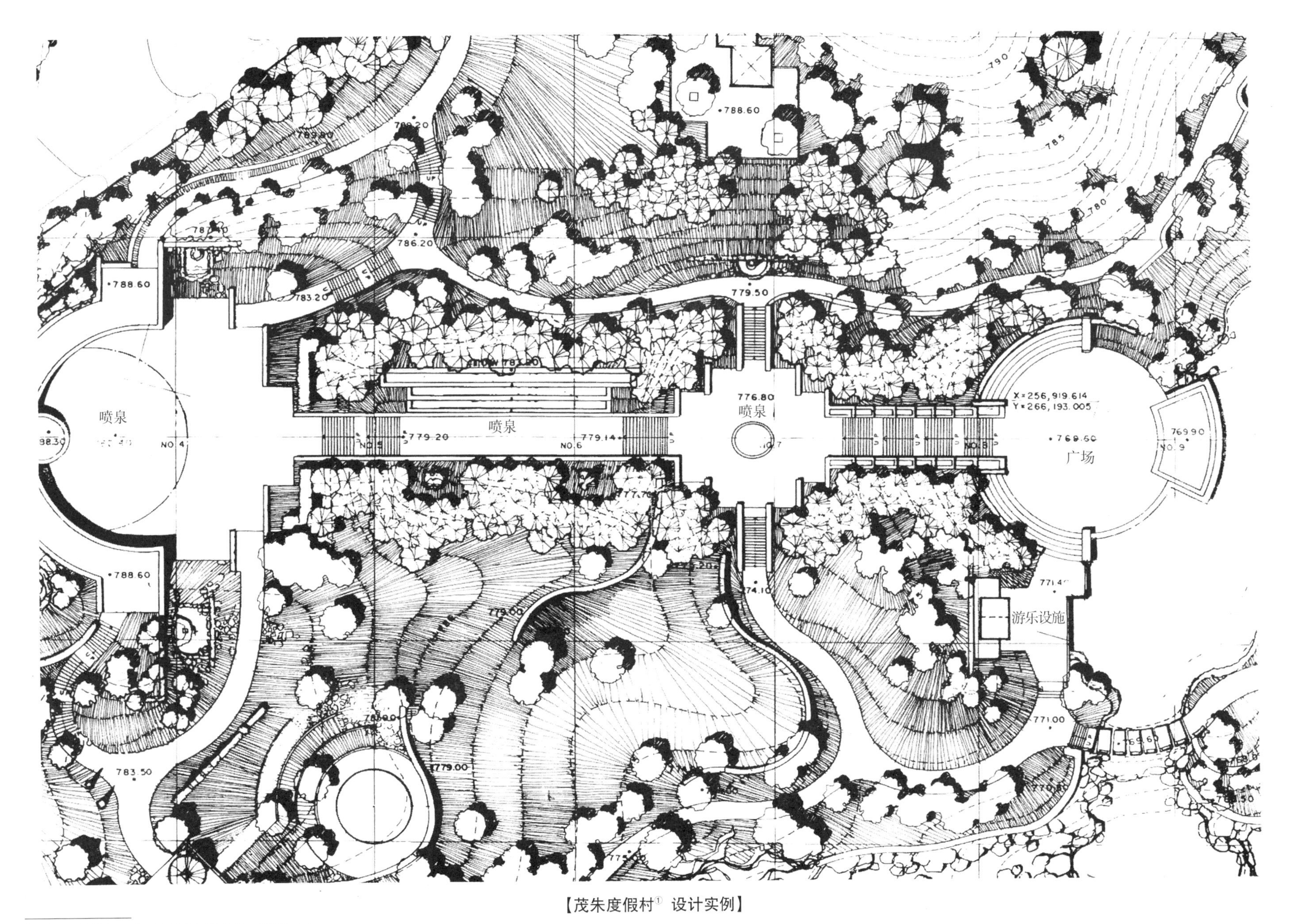

【茂朱度假村[1] 设计实例】

① 茂朱度假村：位于韩国全罗北道（译者注）。

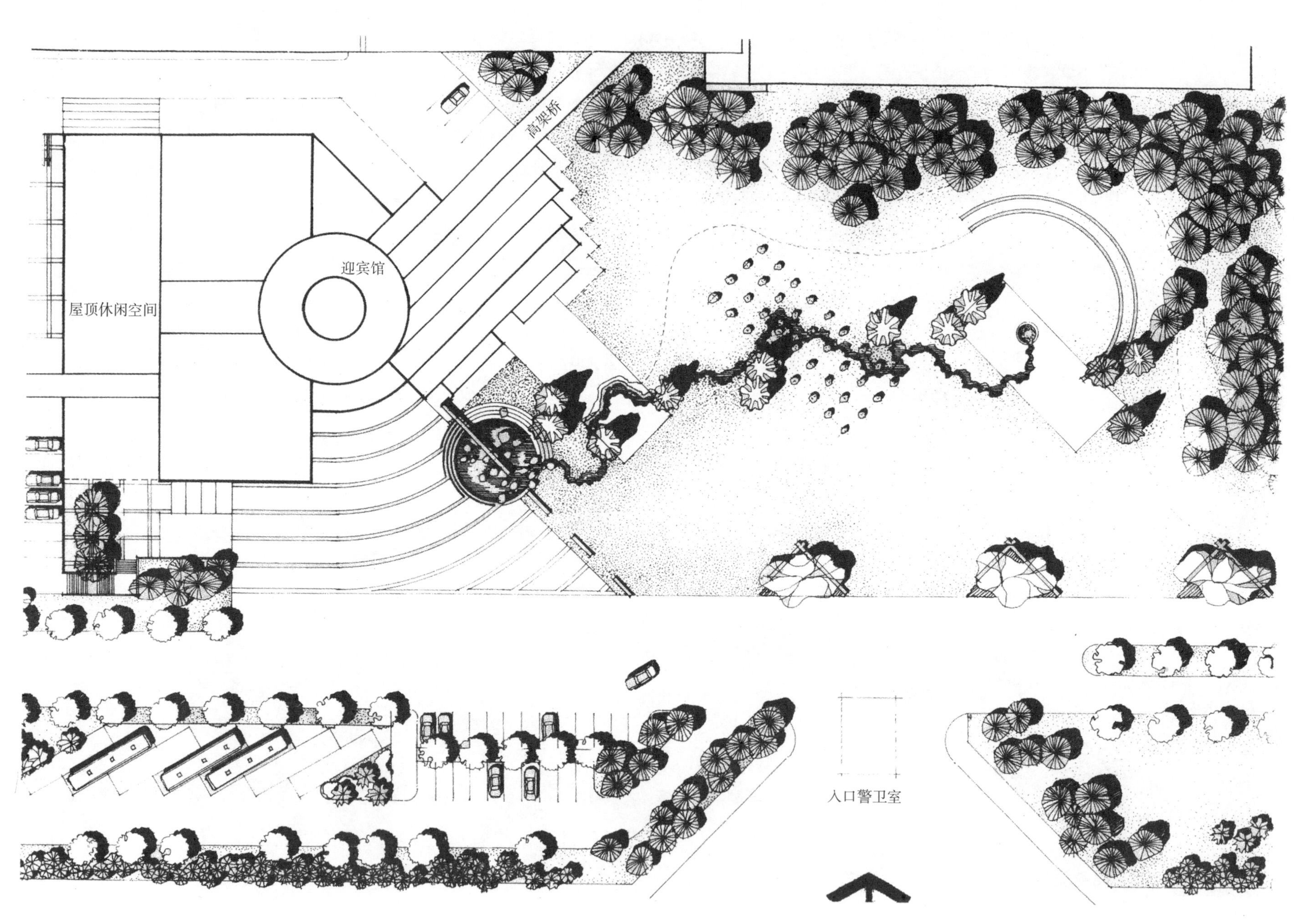

【茂朱度假村设计实例】

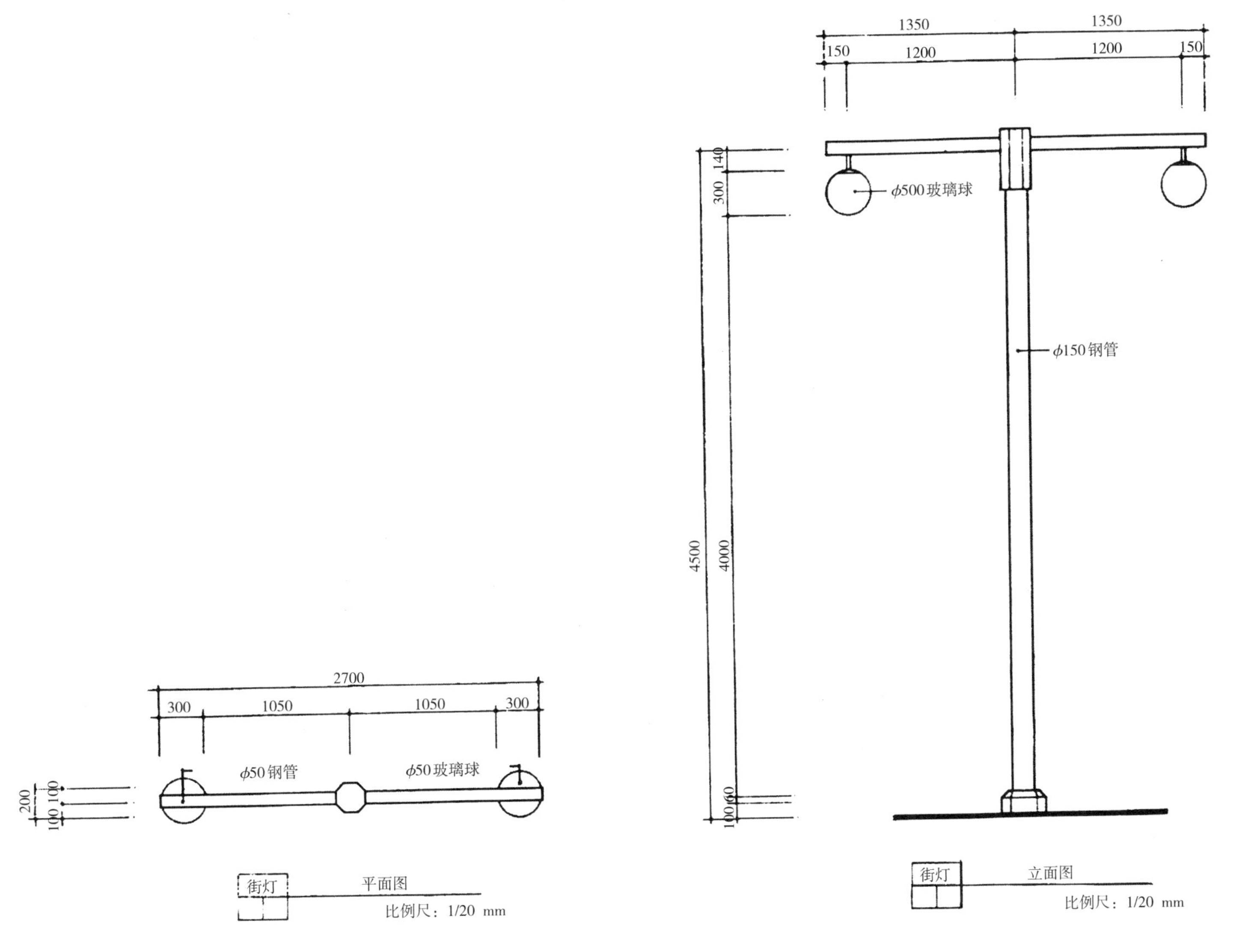
1350
1350
150
1200
1200
150
140
300
4500
4000
100
60
φ500玻璃球
φ150钢管
2700
300
1050
1050
300
φ50钢管
φ50玻璃球
200
100
100
100
街灯
平面图
比例尺：1/20 mm
街灯
立面图
比例尺：1/20 mm

【设施设计实例（街灯）】

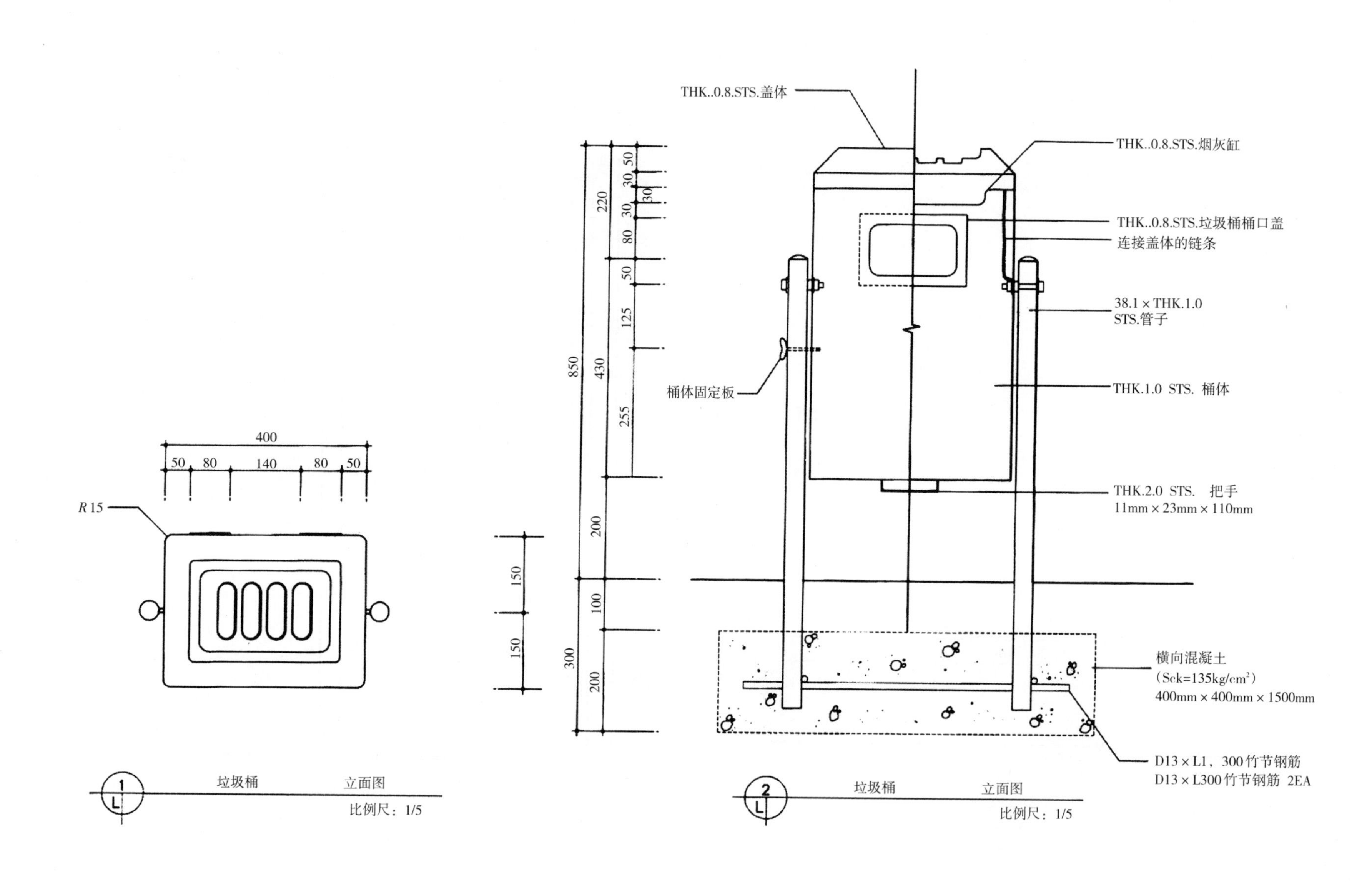
THK..0.8.STS.盖体
THK..0.8.STS.烟灰缸
THK..0.8.STS.垃圾桶桶口盖
连接盖体的链条
38.1 × THK.1.0
STS.管子
桶体固定板
THK.1.0 STS. 桶体
THK.2.0 STS. 把手
11mm × 23mm × 110mm
横向混凝土
(Sck=135kg/cm²)
400mm × 400mm × 1500mm
D13 × L1，300竹节钢筋
D13 × L300竹节钢筋 2EA
R15
400
50
80
140
80
50
850
220
430
200
300
255
125
垃圾桶
立面图
比例尺：1/5
垃圾桶
立面图
比例尺：1/5

【设施设计实例（垃圾桶）】

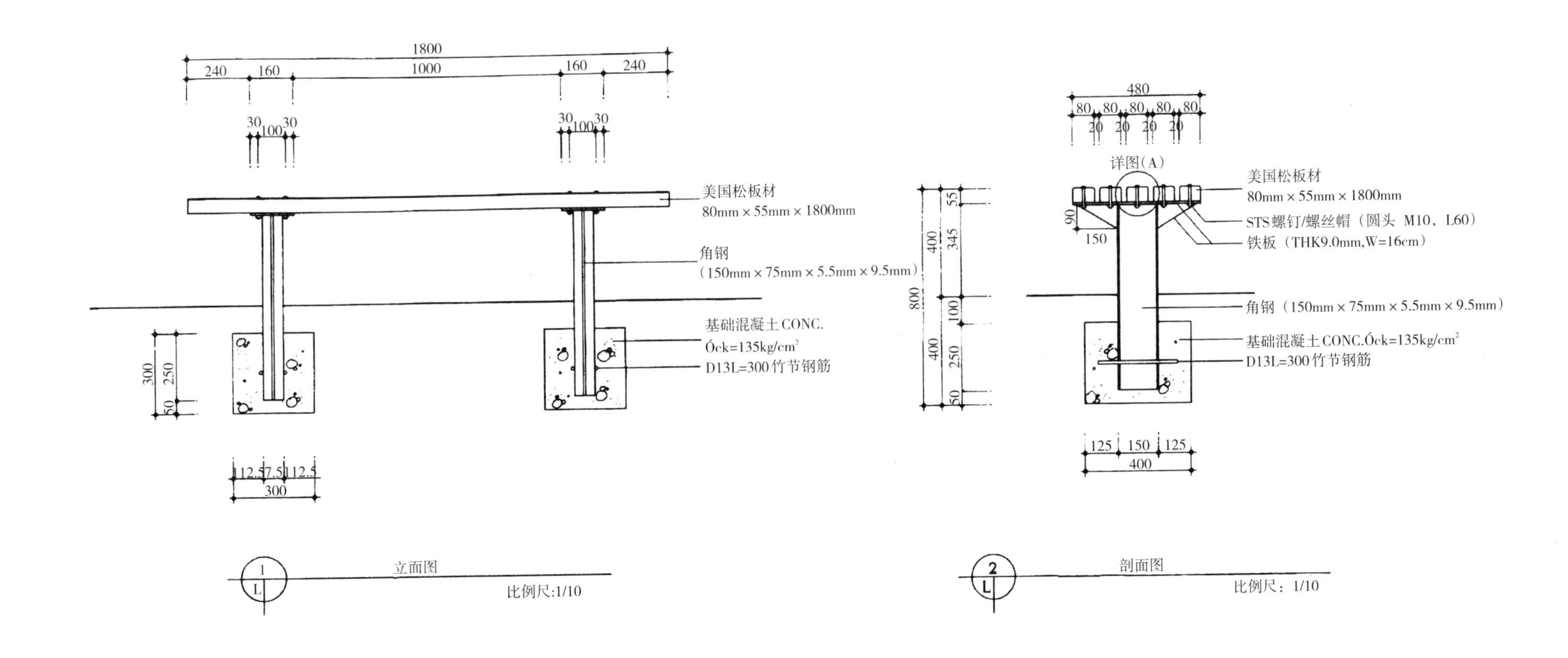
1800
240
160
1000
160
240
30
100
30
美国松板材
80mm × 55mm × 1800mm
角钢
（150mm × 75mm × 5.5mm × 9.5mm）
基础混凝土 CONC.
Óck=135kg/cm²
D13L=300 竹节钢筋
300
250
50
112.5
7.5
112.5
300
立面图
比例尺:1/10
480
80
20
详图（A）
STS 螺钉/螺丝帽（圆头 M10，L60）
铁板（THK9.0mm,W=16cm）
角钢（150mm × 75mm × 5.5mm × 9.5mm）
基础混凝土 CONC.Óck=135kg/cm²
90
150
55
345
400
800
100
250
125
剖面图
比例尺：1/10

【设施设计实例（长椅）】

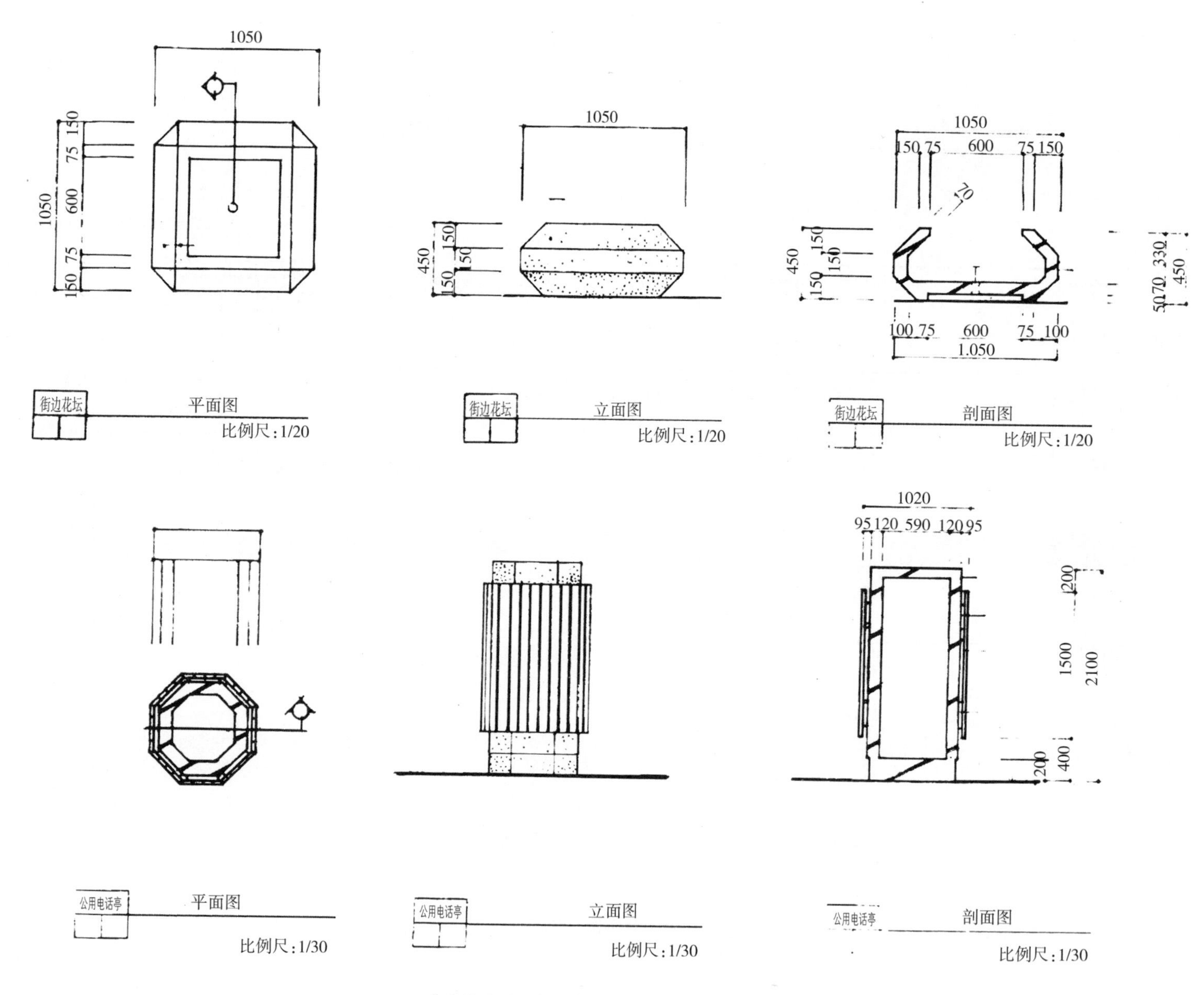

【设施设计实例（街边花坛和公用电话亭）】

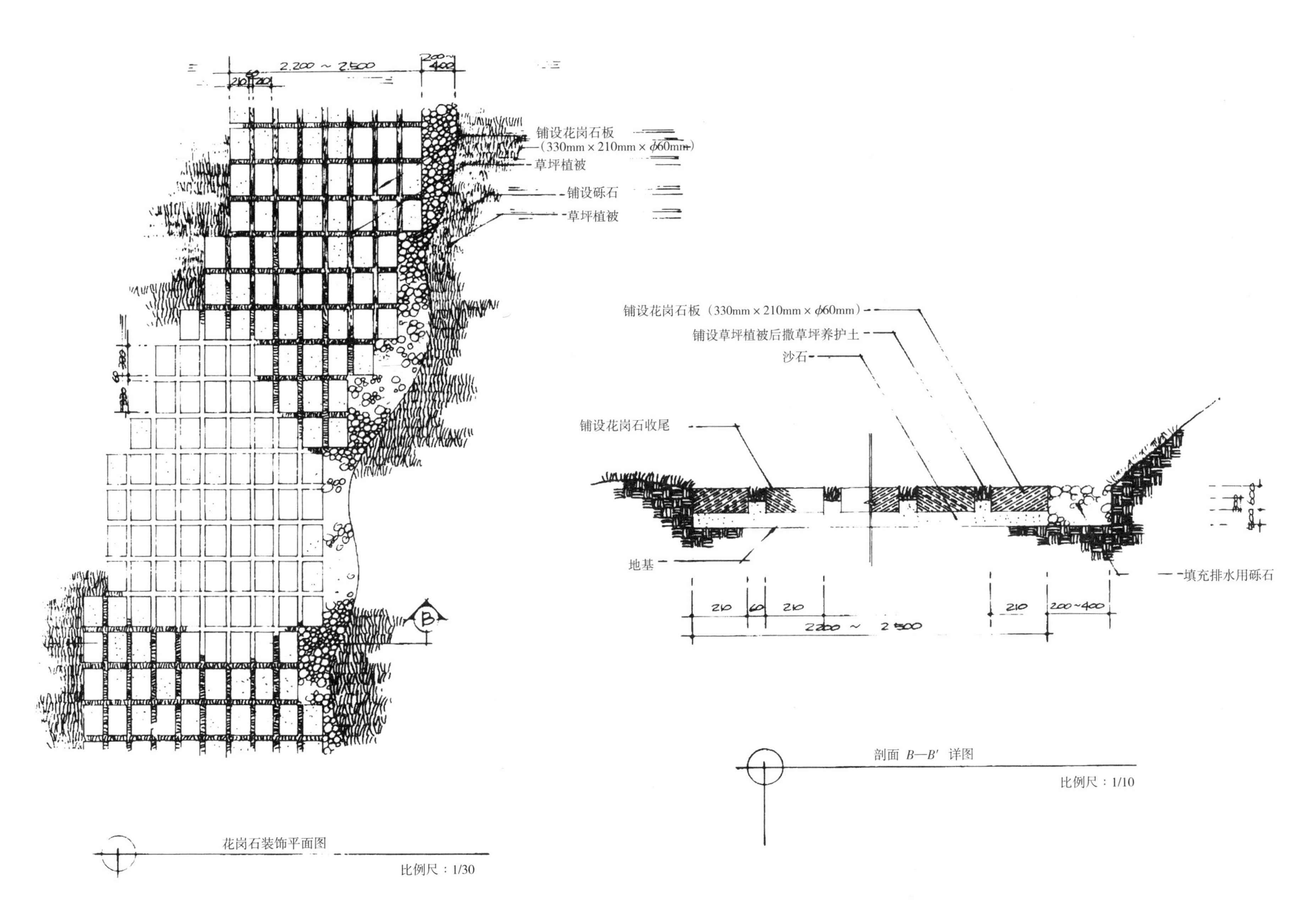
2.200 ~ 2.500
200~400
210
60
210
铺设花岗石板
（330mm × 210mm × ϕ60mm）
草坪植被
铺设砾石
草坪植被
B
花岗石装饰平面图
比例尺：1/30
铺设花岗石板（330mm × 210mm × ϕ60mm）
铺设草坪植被后撒草坪养护土
沙石
铺设花岗石收尾
地基
填充排水用砾石
210
60
210
210
200~400
2200 ~ 2500
剖面 B—B′ 详图
比例尺：1/10

【花岗石装饰设计实例】

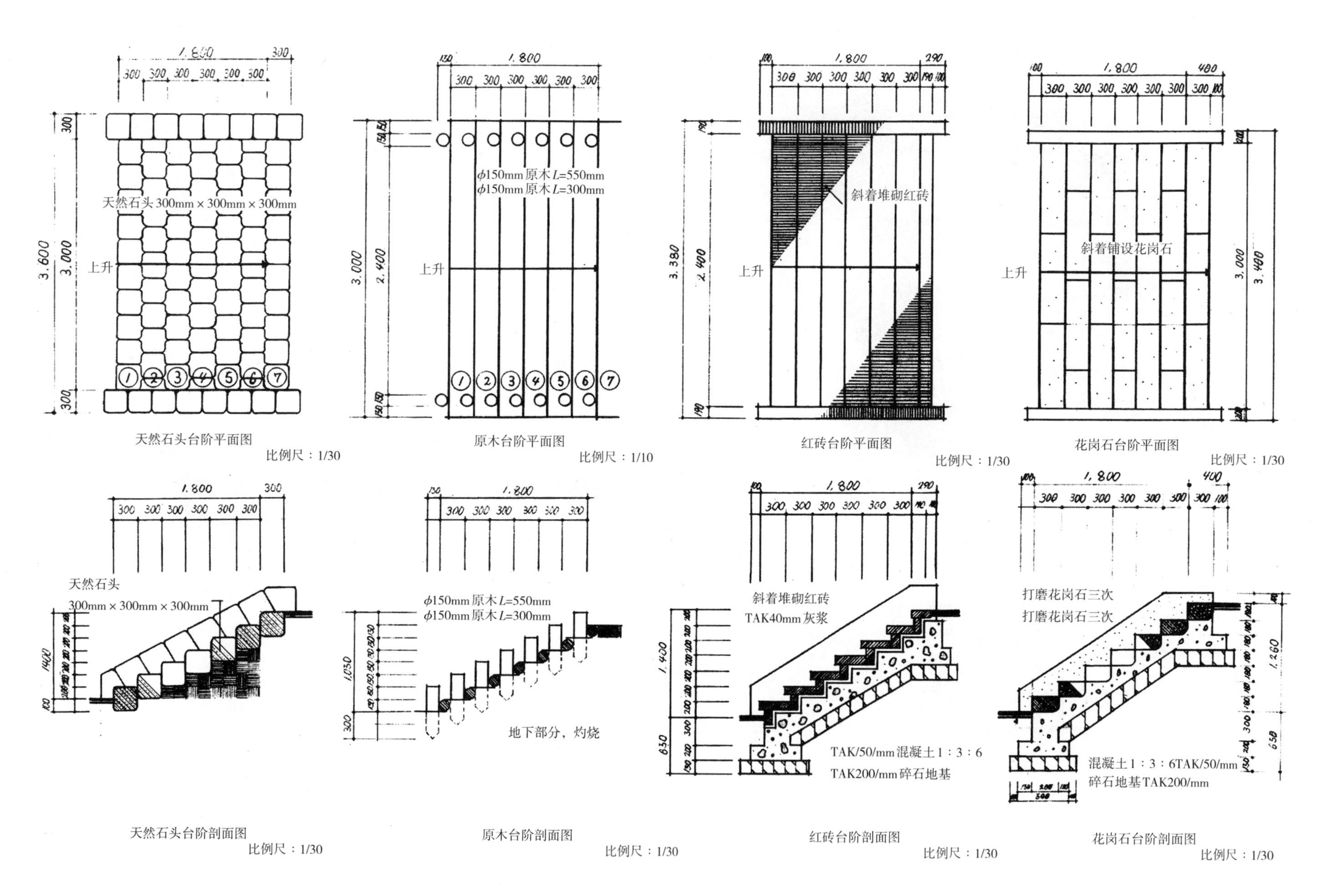
天然石头300mm×300mm×300mm
上升
天然石头台阶平面图
比例尺：1/30
ϕ150mm原木L=550mm
ϕ150mm原木L=300mm
原木台阶平面图
比例尺：1/10
斜着堆砌红砖
红砖台阶平面图
比例尺：1/30
斜着铺设花岗石
花岗石台阶平面图
比例尺：1/30
天然石头
300mm×300mm×300mm
天然石头台阶剖面图
比例尺：1/30
地下部分，灼烧
原木台阶剖面图
比例尺：1/30
斜着堆砌红砖
TAK40mm灰浆
TAK/50/mm混凝土1：3：6
TAK200/mm碎石地基
红砖台阶剖面图
比例尺：1/30
打磨花岗石三次
混凝土1：3：6TAK/50/mm
碎石地基TAK200/mm
花岗石台阶剖面图
比例尺：1/30

【台阶设计实例】

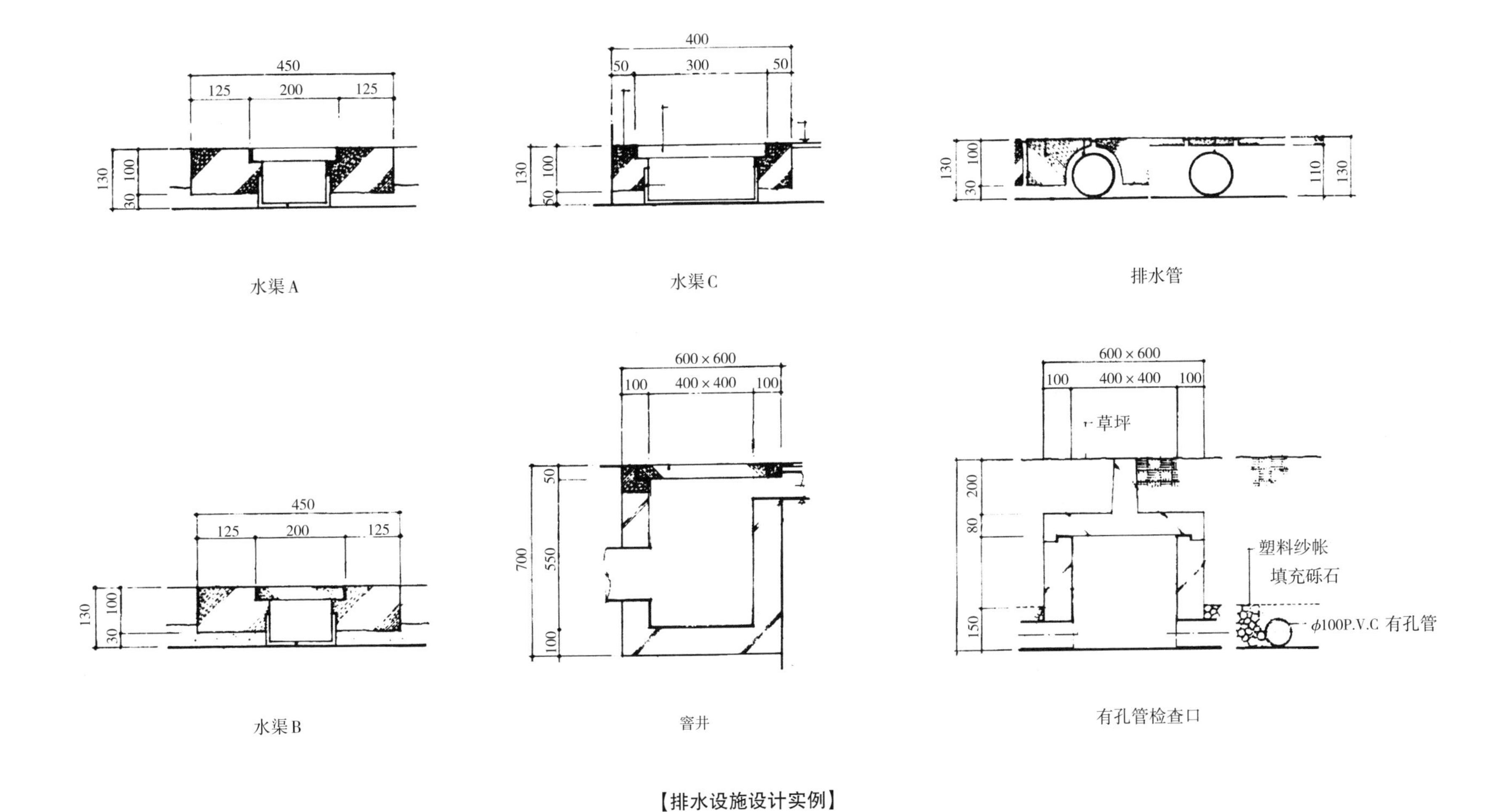
450
125
200
125
130
100
30
水渠A
400
50
300
50
130
100
50
水渠C
130
100
30
110
130
排水管
450
125
200
125
130
100
30
水渠B
600 × 600
100
400 × 400
100
700
50
550
100
窨井
600 × 600
100
400 × 400
100
草坪
200
80
150
塑料纱帐
填充砾石
ϕ100P.V.C 有孔管
有孔管检查口

【排水设施设计实例】

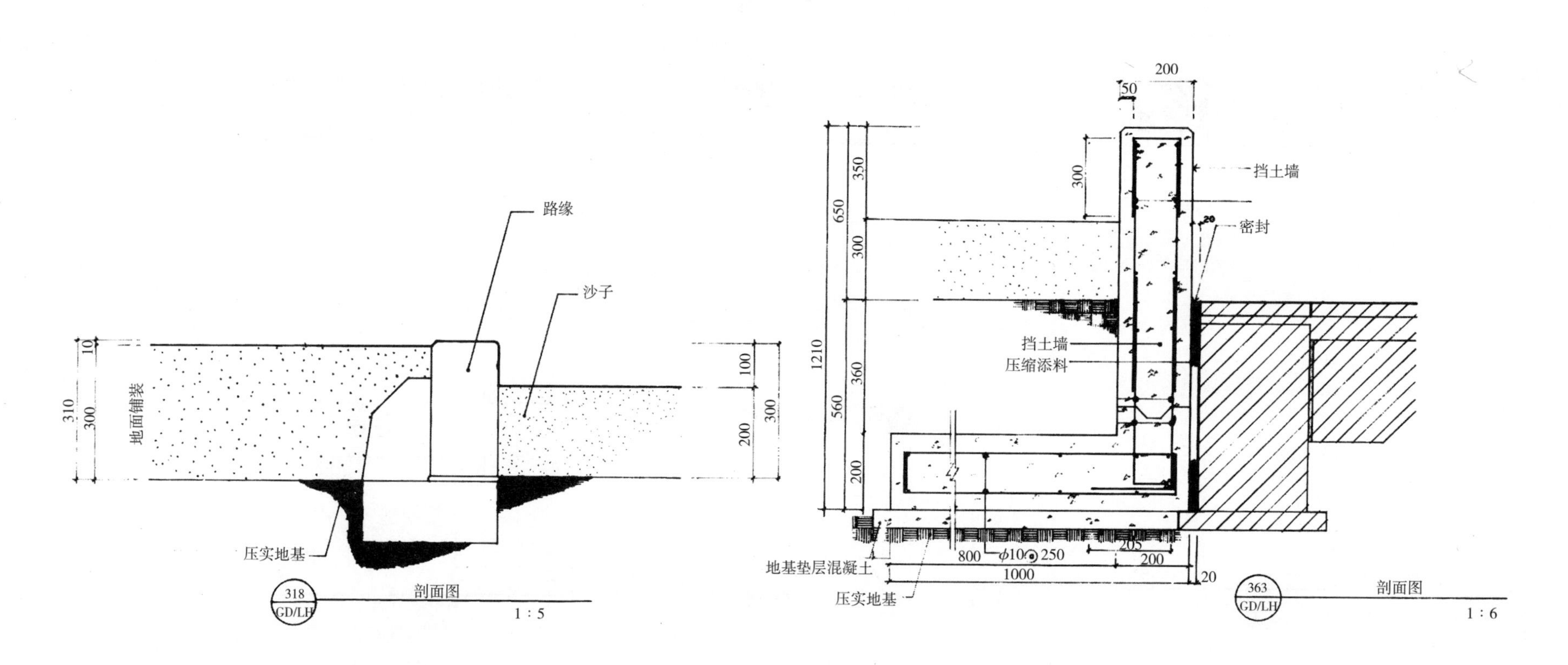

【装饰及保护墙设计实例（1）】

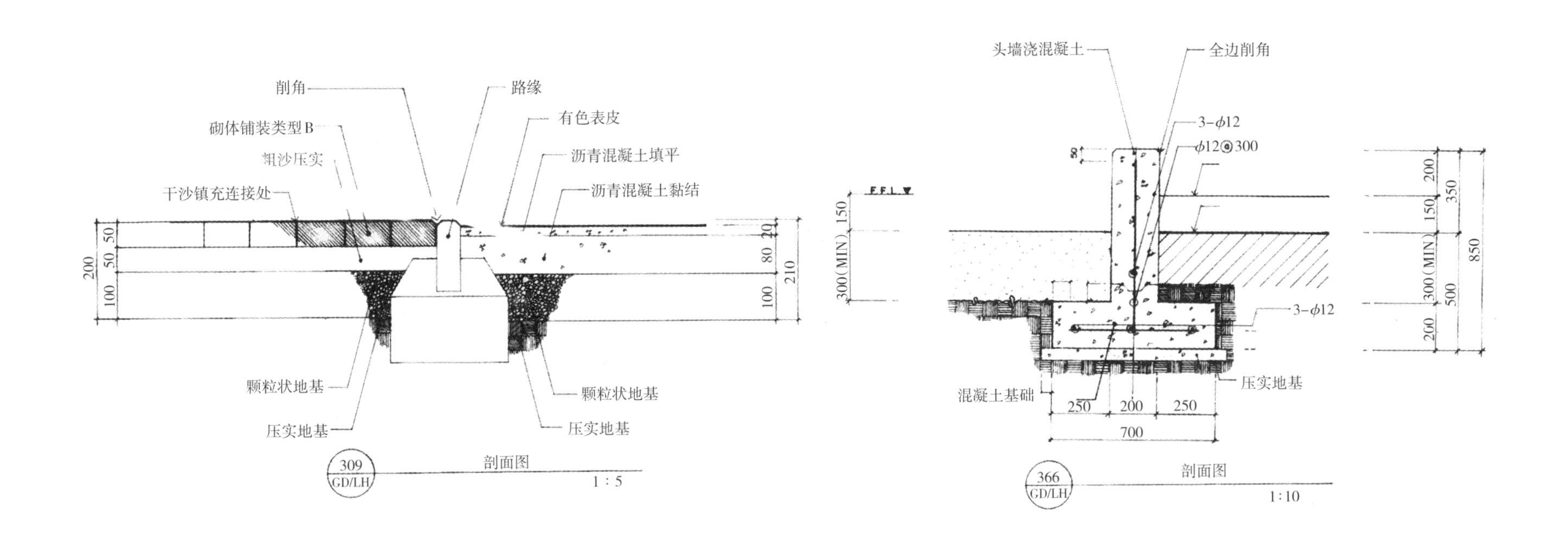

【装饰及保护墙设计实例（2）】

景观公司

设计图

景观公司

设计图

景观公司 设计图

景观公司 设计图

【字体设计实例（1）】

自然保护宪章

树木总览表

图面目录

韩国综合景观

景观公司设计图

【字体设计实例（2）】

【剖面构想实例】

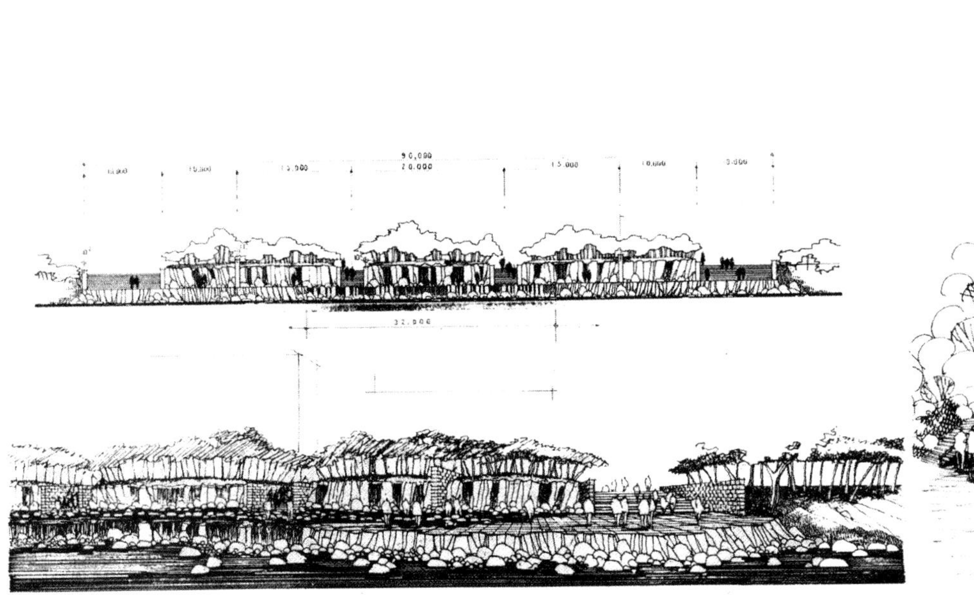

使用德国红环笔在描图纸上的表现

【立面图和立面透视图】

使用德国红环笔在描图纸上的表现

【草图实例】

使用墨水笔在描图纸上的表现

【草图实例】

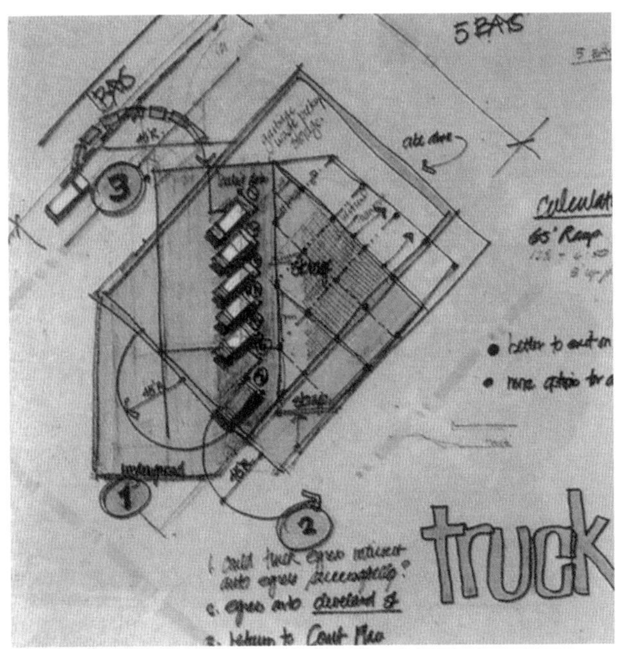

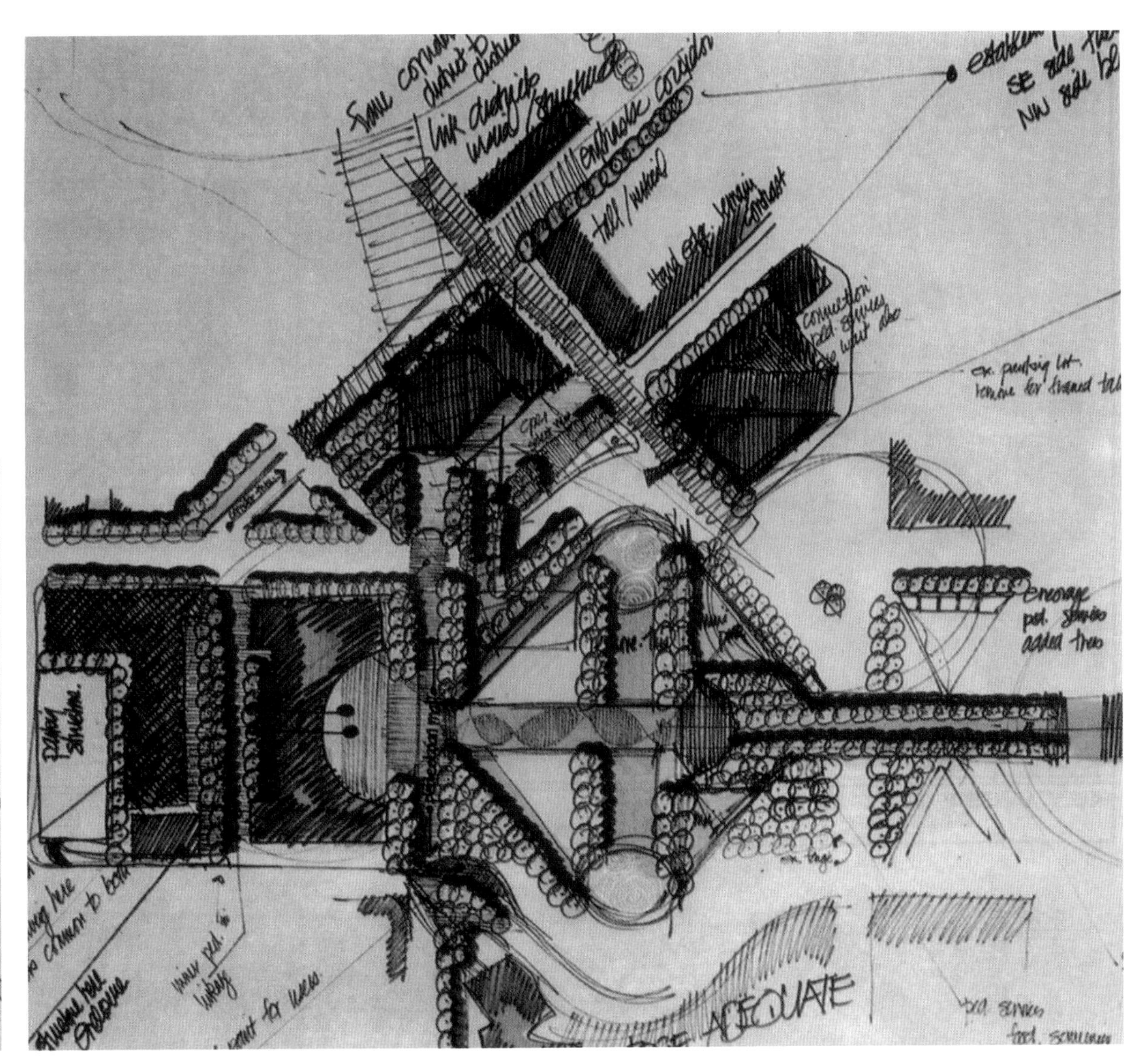

【构思阶段的着色设计实例】

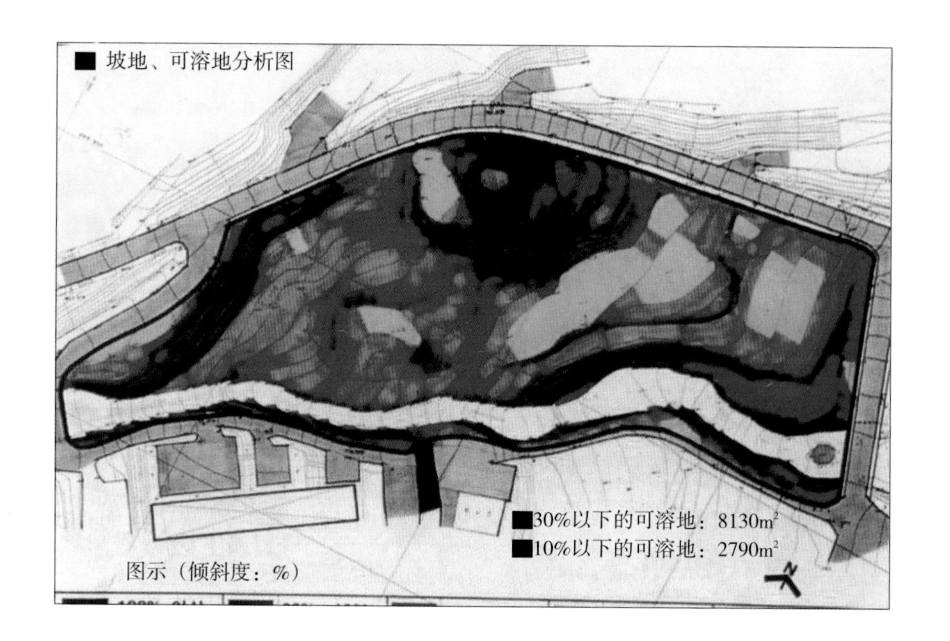

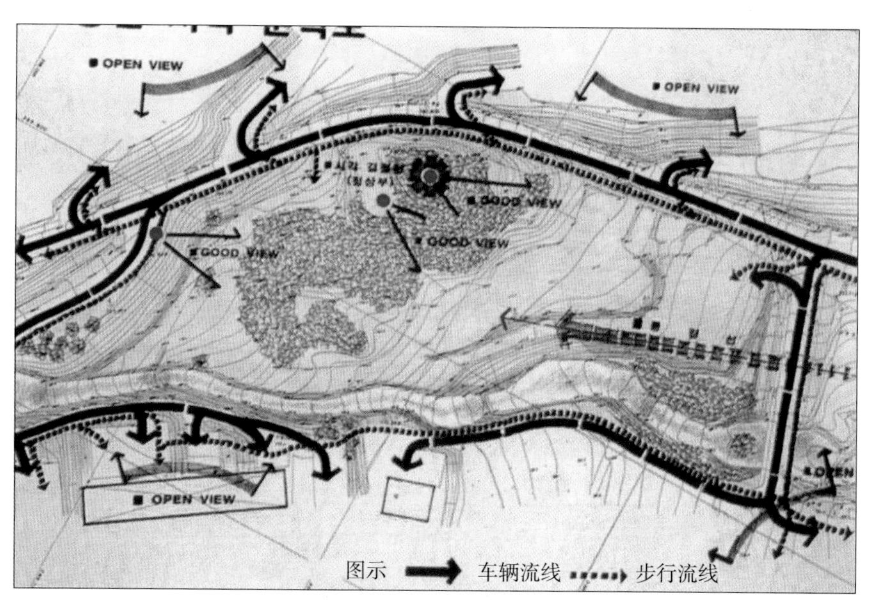

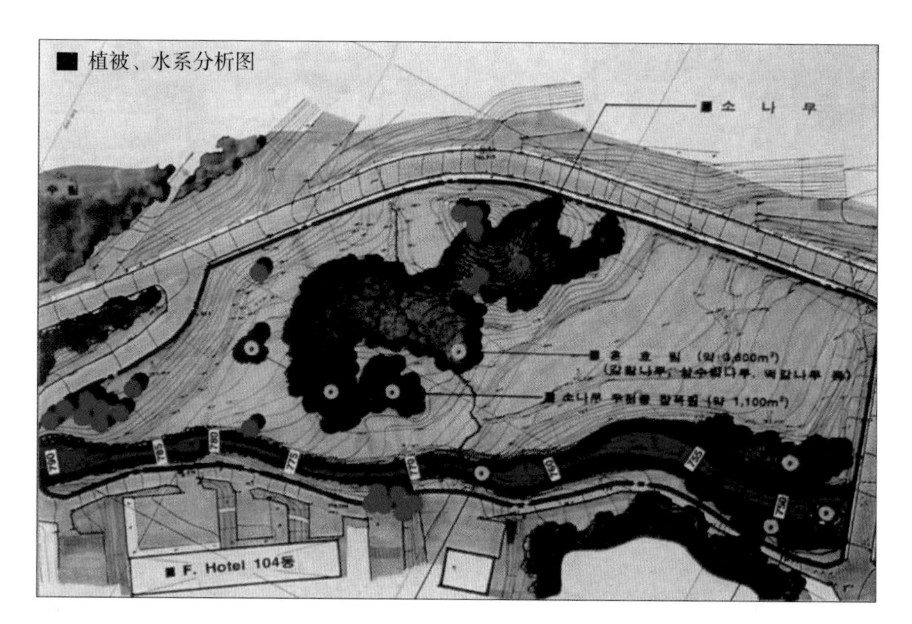

【茂朱度假村设计实例（分析过程）】

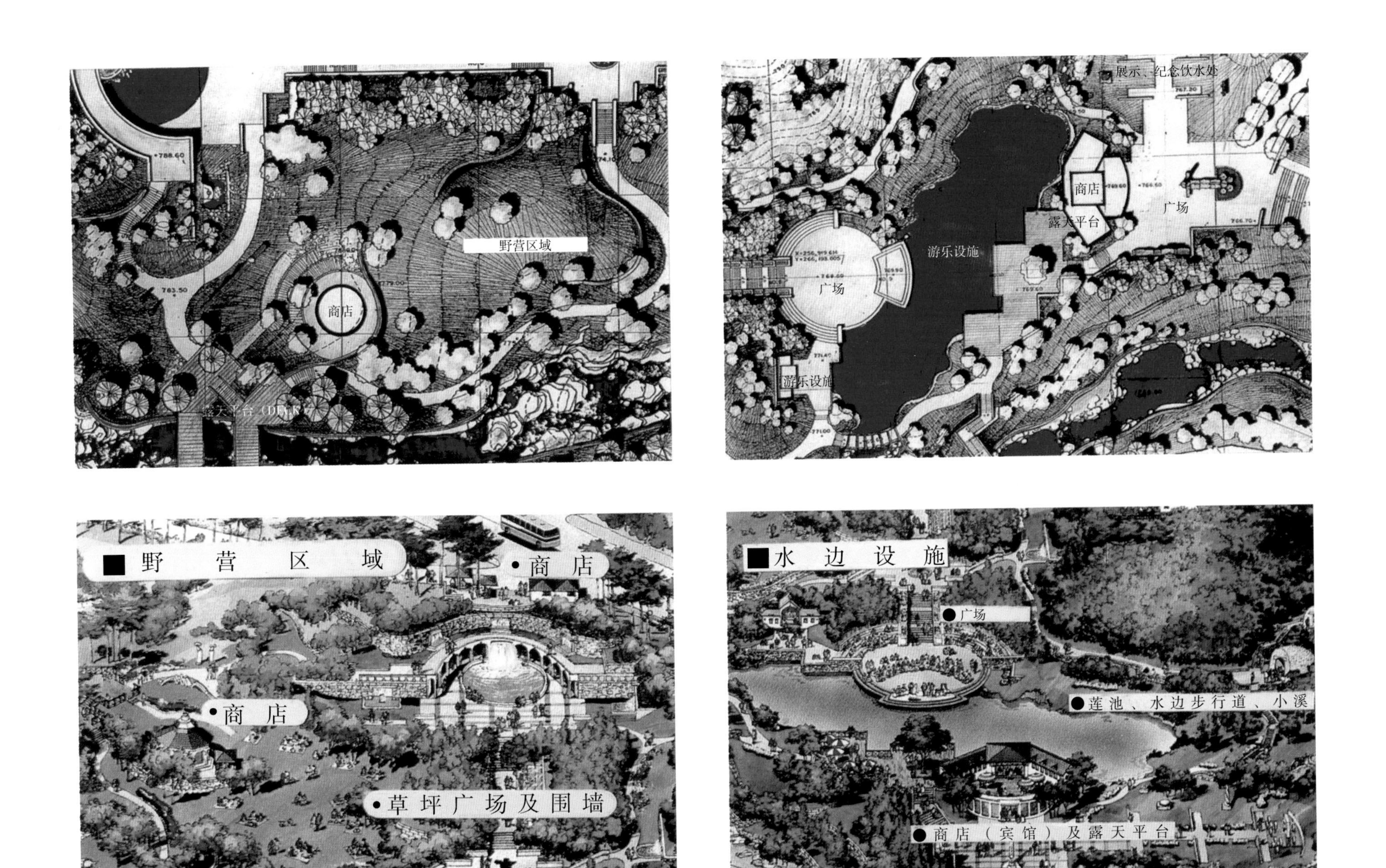

【茂朱度假村设计实例（部分平面及草图）】

entry
SITE
ANALYSIS...
Play
Living area
sleeping area
VISTA
REC.
POOL
SITE ANALYSIS
SCALE

【分析图的色彩设计实例】

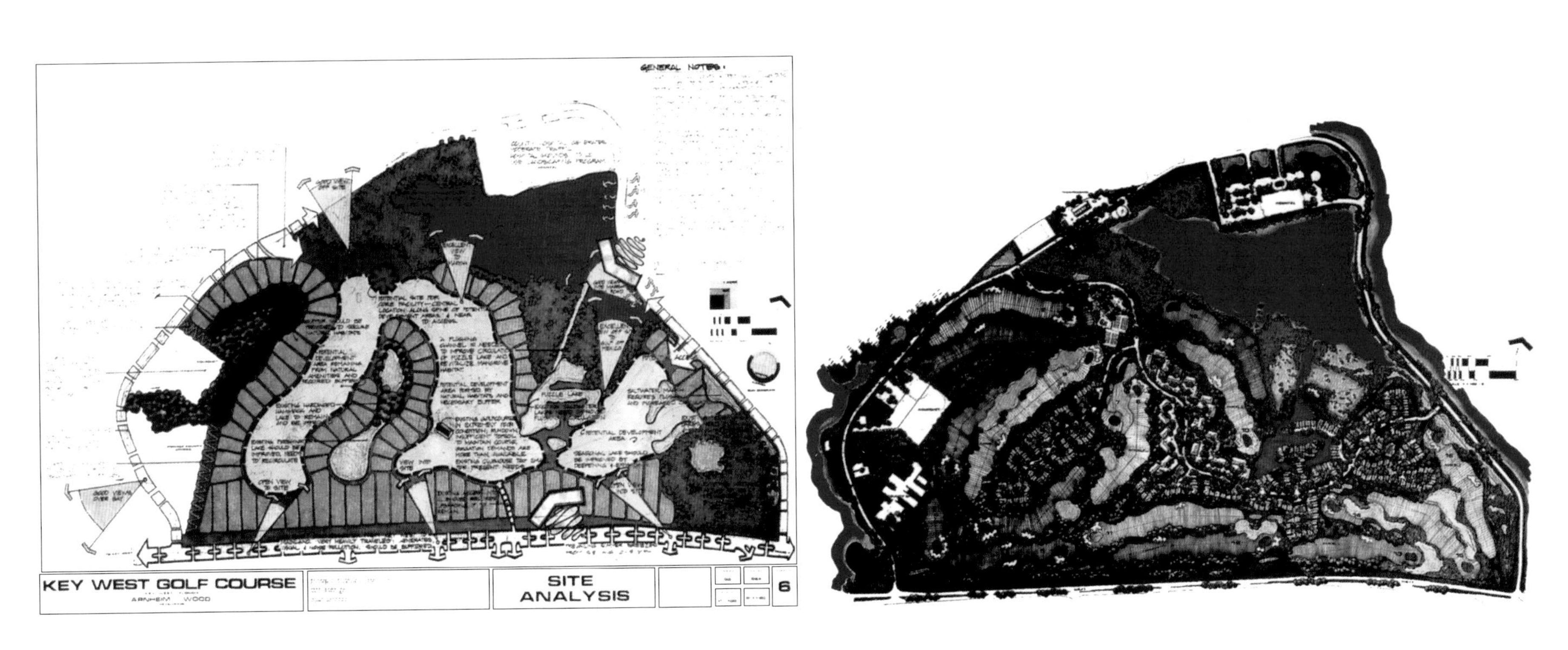

【分析及总规划的色彩设计实例】

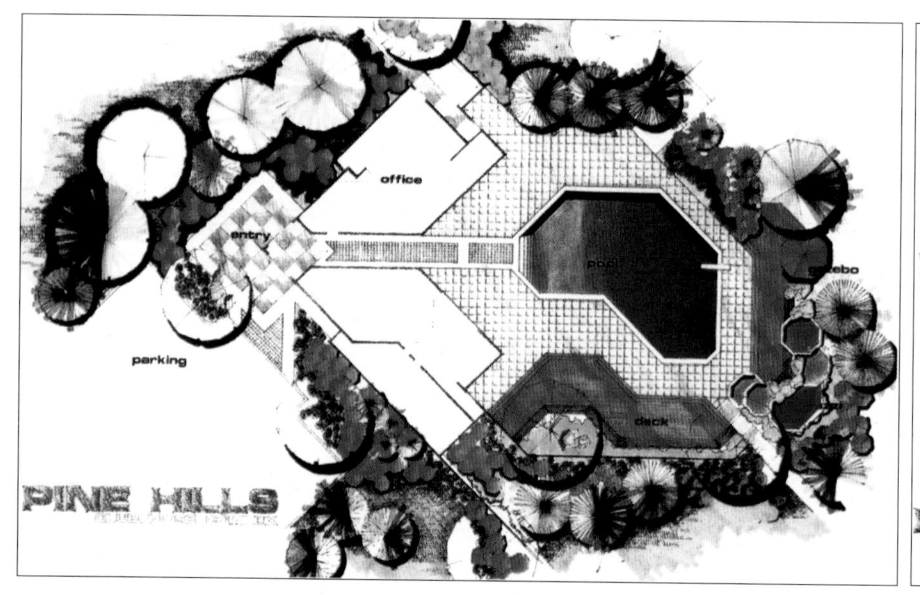

使用马克笔和喷枪在青色印刷纸上的表现

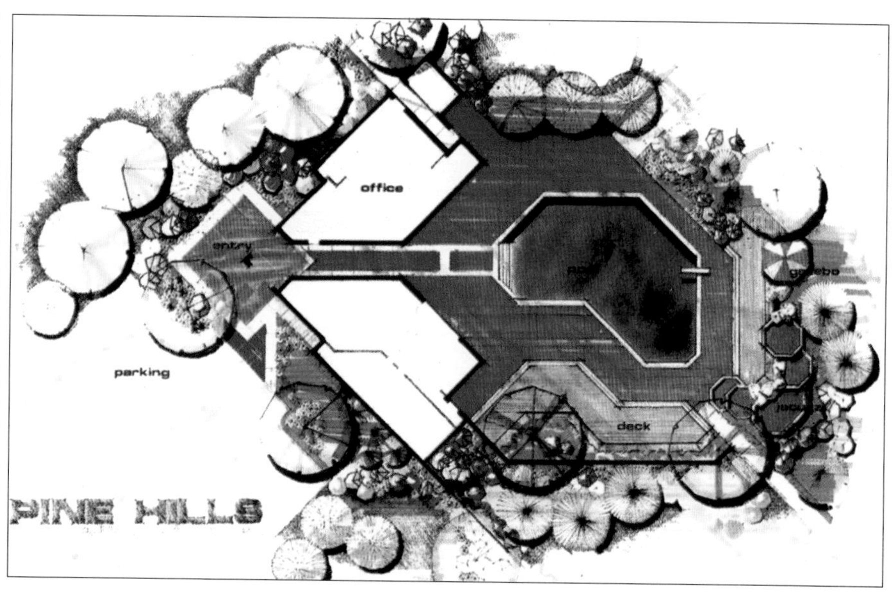

使用马克笔和彩色蜡笔在青色印刷纸上的表现

【平面色彩设计效果实例】

基本规划平面

施工实例

【基本规划平面和施工实例】

广场上的喷泉平面

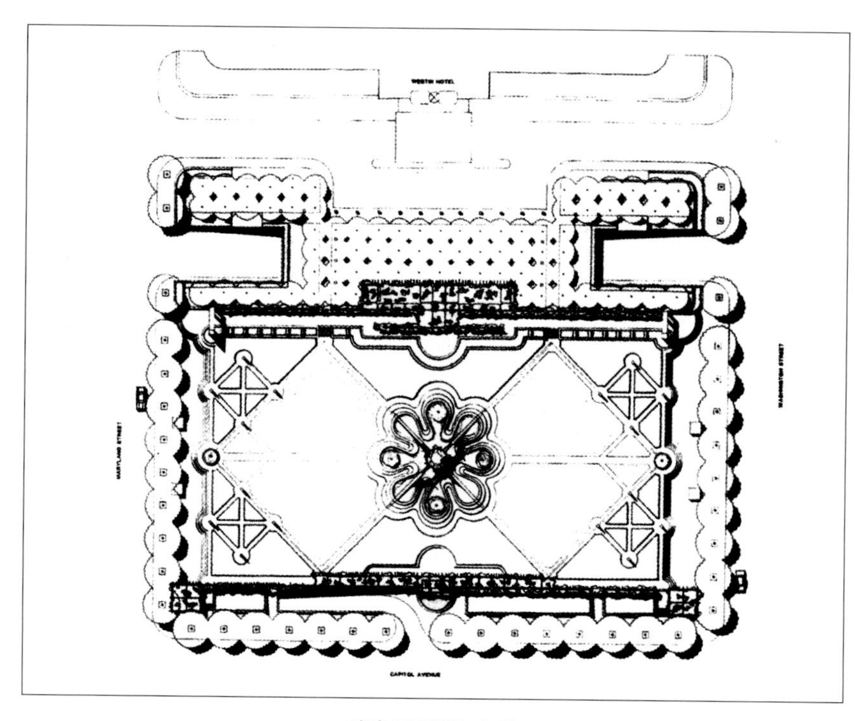

喷泉平面详细表现

【色彩设计效果和详细表现】

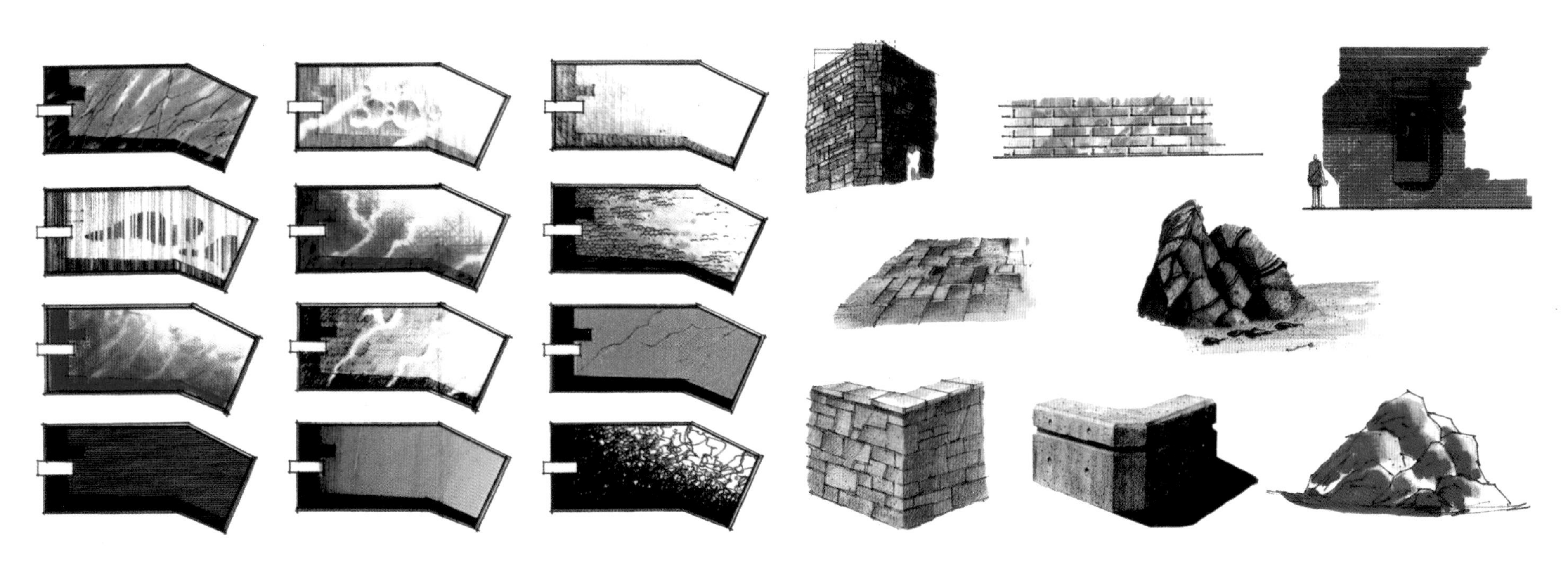

水的色彩设计表现

使用马克笔和彩笔在马克纸上的表现

【各种材料的色彩设计表现实例】

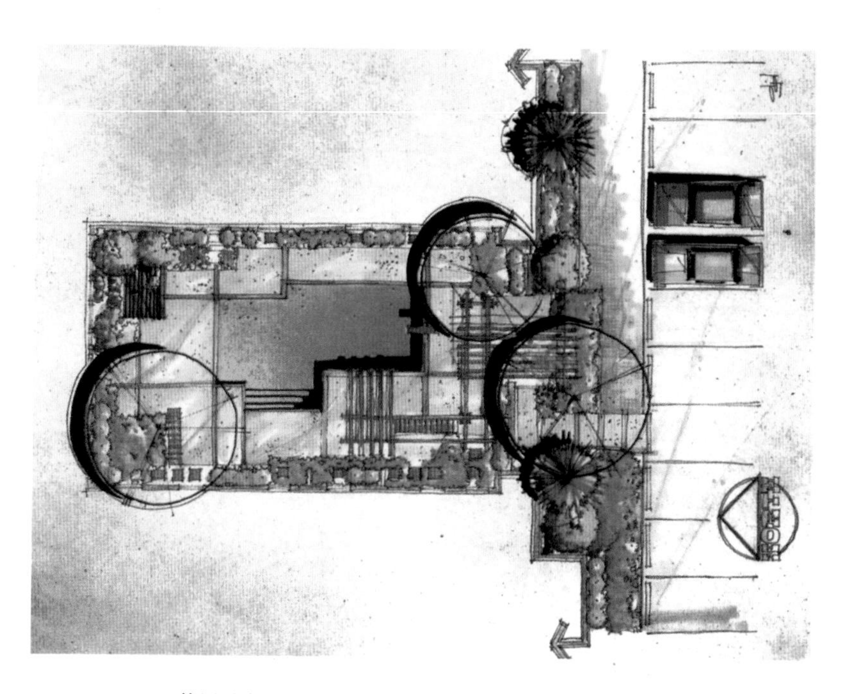

使用马克笔和喷枪在黑色偶氮燃料印刷纸上的表现

使用马克笔和毡头笔在马克纸上的表现

【树木的表现及平面色彩设计表现实例（1）】

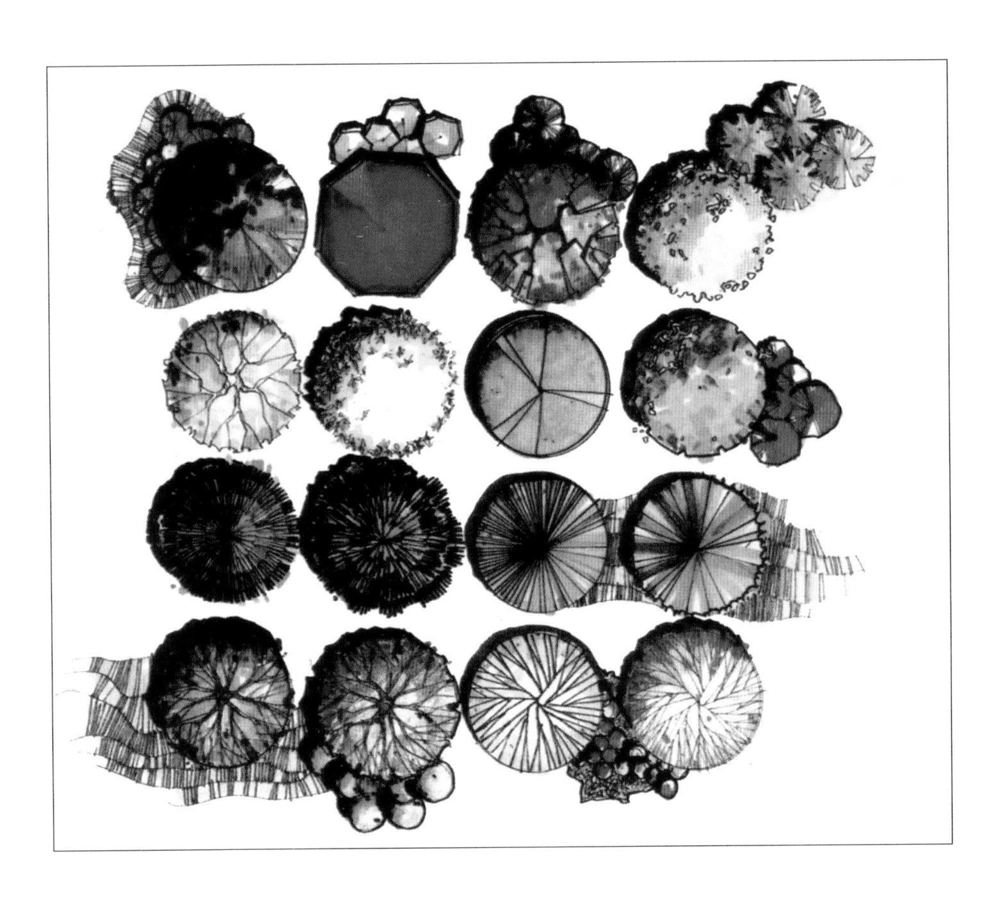

使用马克笔和彩色铅笔在马克纸上的表现

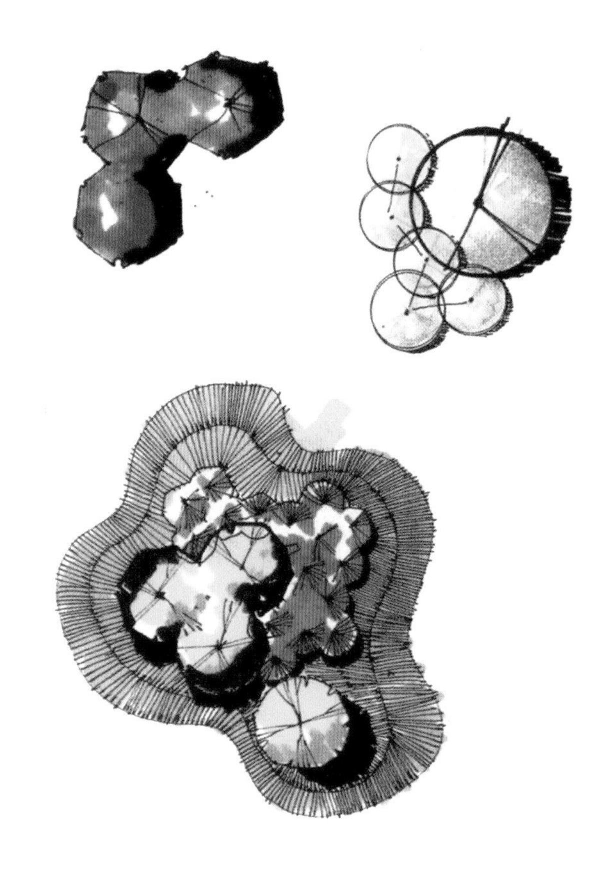

使用马克笔、毡头笔、彩色蜡笔在马克纸上的表现

【树木的平面色彩设计实例（2）】

使用水彩画颜料、彩色铅笔、彩色蜡笔、毡头笔在纸上的表现

使用马克笔和毡头笔、铅笔、自动铅笔在铜版纸上的表现

【树木立面的色彩设计实例】

【各种字体的色彩设计实例】

使用水彩画颜料在粉彩纸上的表现

使用水彩画颜料、墨水笔在水彩画纸上的表现

【草图的色彩设计实例】

【休闲园区草图（1）】

【休闲园区草图（2）】

使用水彩画颜料和墨水笔在水彩画纸上的表现

【白天和黑夜表现的色彩设计实例】

使用水彩画颜料和墨水笔在水彩画纸上的表现

使用马克笔、墨水刷在水彩画纸上的表现

【草图的色彩设计实例（1）】

使用亚克力色彩和水彩画在绘画纸上的表现

【草图色彩设计实例（2）】

使用水彩画颜料、彩色铅笔、无木石墨素描铅笔用黑色偶氮染料印刷的表现

使用水彩画颜料、毡头笔在绘画纸上的表现

【草图的色彩设计实例】

使用水彩画颜料在绘画纸上的表现

【西班牙——塞戈维亚城】

使用水彩画颜料在绘画纸上的表现

【日本——大阪城】

使用水彩画颜料在绘画纸上的表现

【德国——柏林威廉皇帝纪念教堂】

使用水彩画颜料在绘画纸上的表现

【意大利——锡耶纳广场】

使用水彩画颜料在绘画纸上的表现

【俄罗斯——莫斯科克里姆林宫】

使用水彩画颜料在绘画纸上的表现

【西班牙——巴塞罗那神圣家族大教堂】

使用水彩画颜料在绘画纸上的表现

【奥地利——维也纳植物园】

使用水彩画颜料在绘画纸上的表现

【意大利——罗马】

使用水彩画颜料在绘画纸上的表现

【英国——伦敦皮卡迪利广场】

使用水彩画颜料在绘画纸上的表现

【菲律宾——百胜滩岸边的自然风光】

清州大学（CHEONGJU UNIVERSITY）
艺术学院（College of Arts）

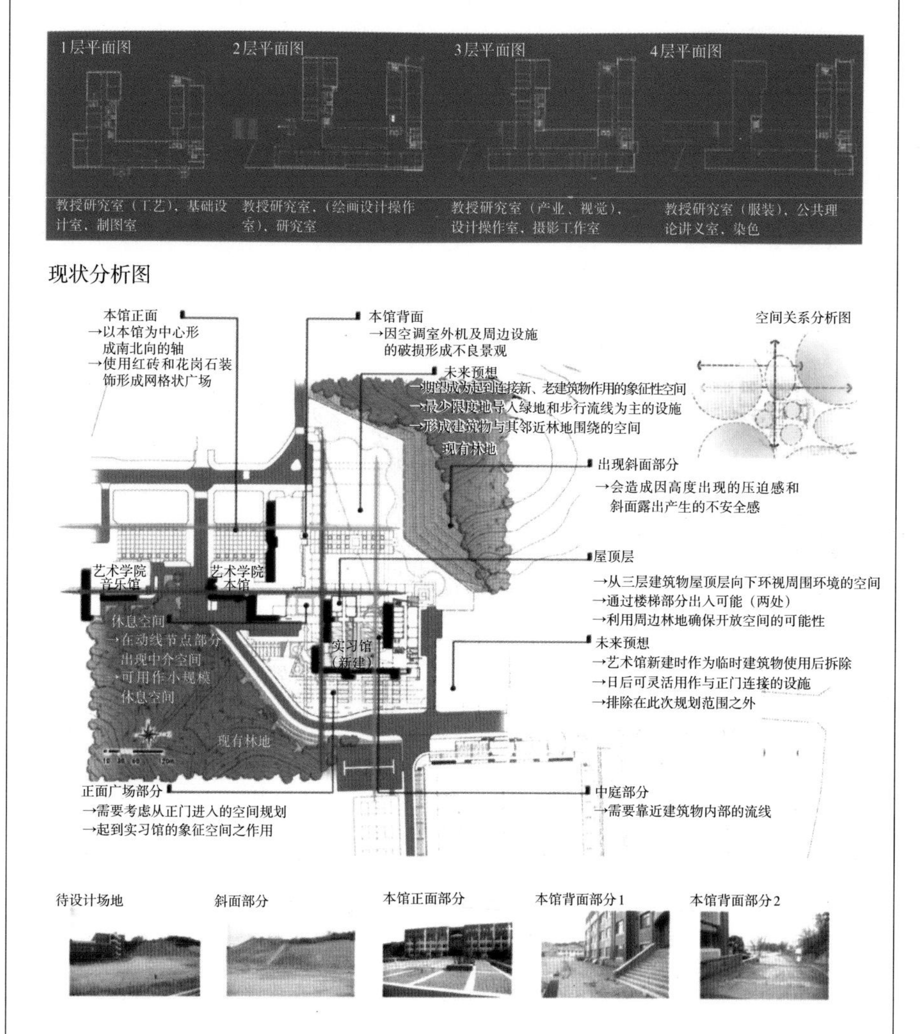

清州大学（CHEONGJU UNIVERSITY）
艺术学院（College of Arts）

【基本规划图板构成实例（1）】

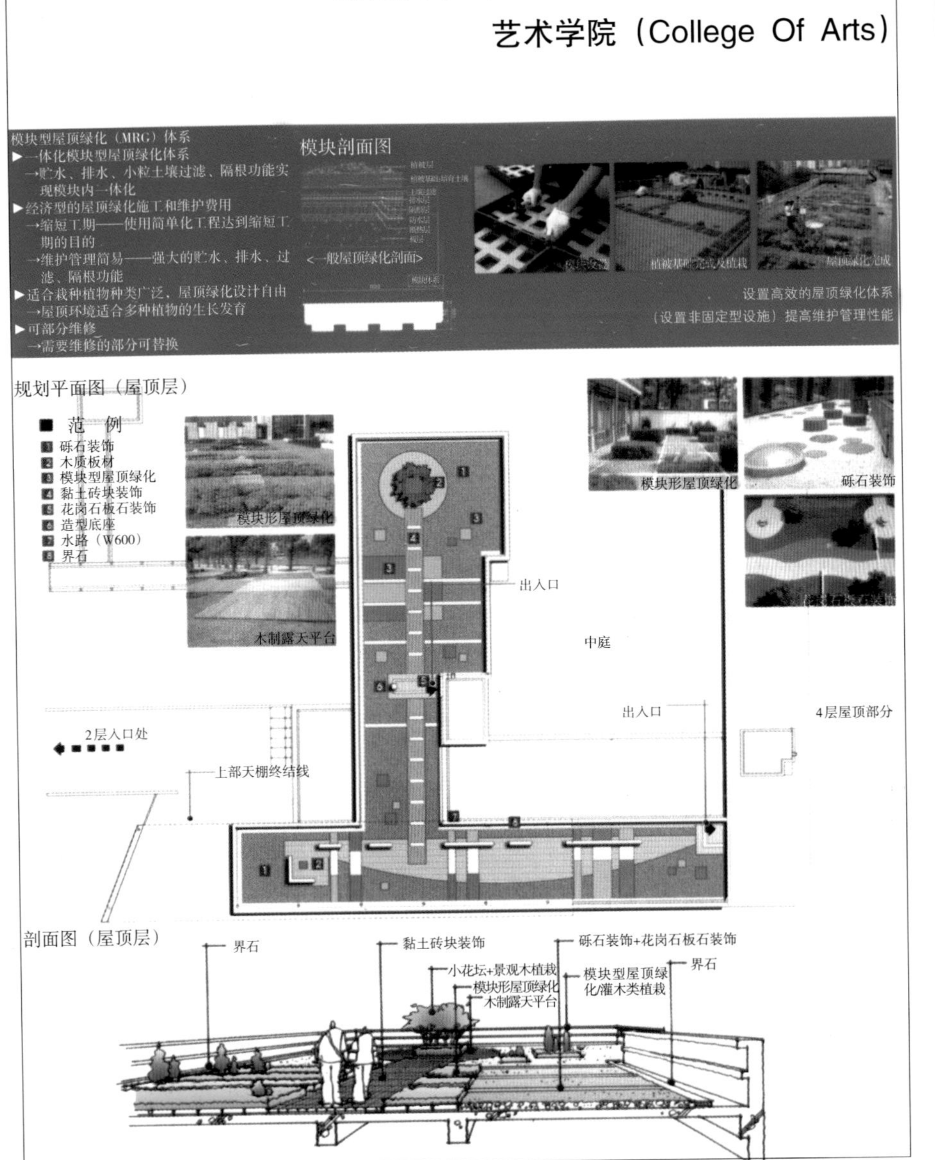

清州大学（CHEONGJU UNIVERSITY）
艺术学院（College Of Arts）

索引图

A—A′

营造由正面广场—屋顶景观—中庭—草坪广场—休闲空间连接而成的绿色轴及开放空间

B—B′

-充当本馆和实习馆的公用空间
-通过与本馆正面广场保持模式同质化赋予空间统一性和连续性

A—A′

青松群植栽
正面广场（倒影池+模式植栽）
屋顶景观（上端天棚）
中庭（营造简朴、规范的空间同时利用草坪广场营造开放式景观）
屋顶景观
人工堆土
本馆
营造本馆背面绿地空间

B—B′

现有树林
规划斜面部分
人工堆土+景观树木植栽（种植树林遮蔽斜面部分）
现有斜面部分
各种造型物
草坪广场+休闲广场
屋顶景观
人工堆土
营造本馆背面绿地空间（确保观赏性及遮蔽空调室外机等不良景观要素）

【基本规划图板构成实例（2）】

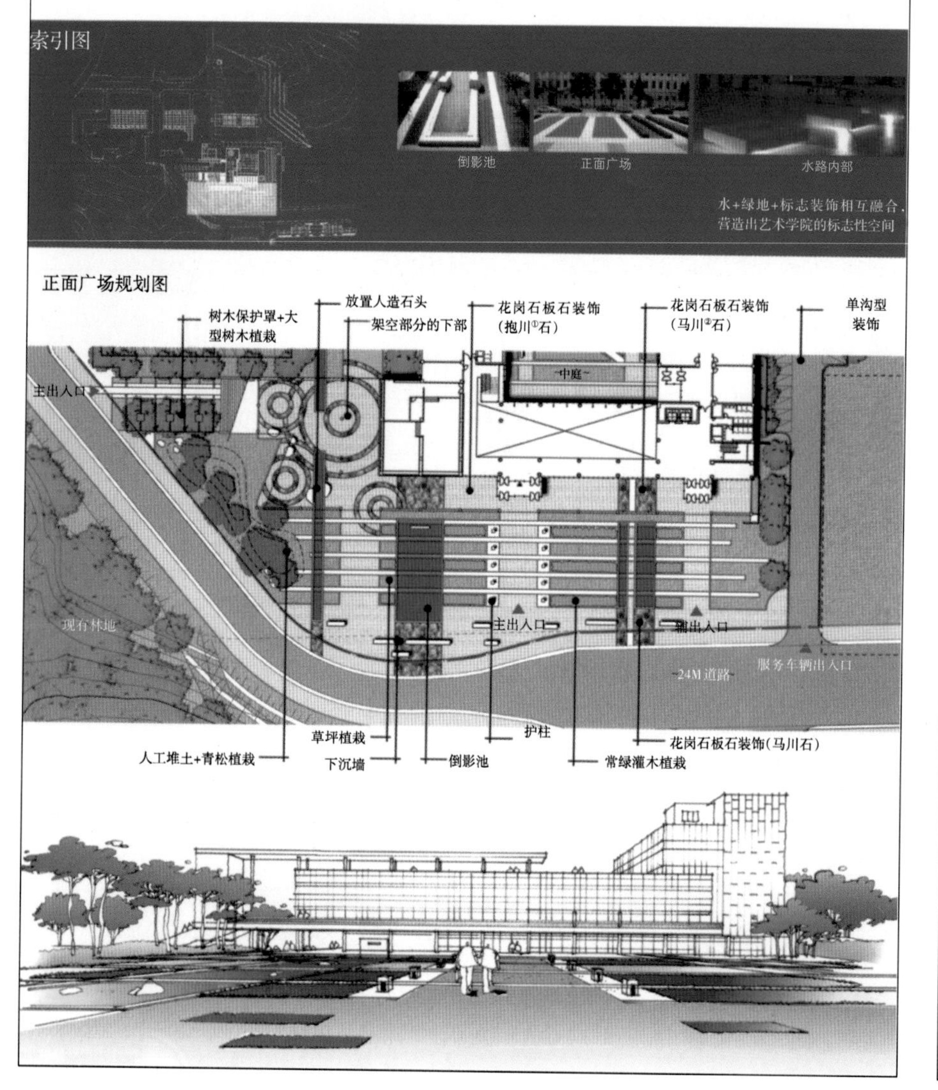

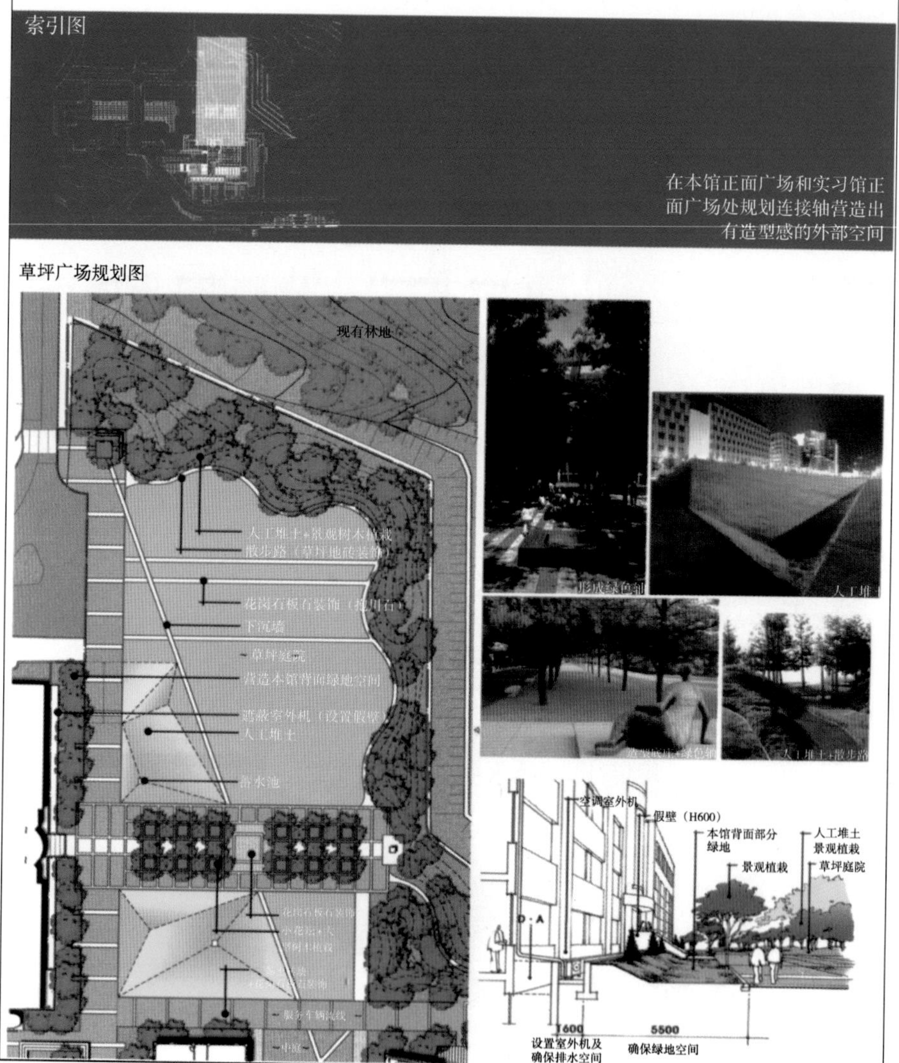

【基本规划图板构成实例（3）】

---

① 抱川：韩国地名（译者注）。 ② 马川：韩国地名（译者注）。

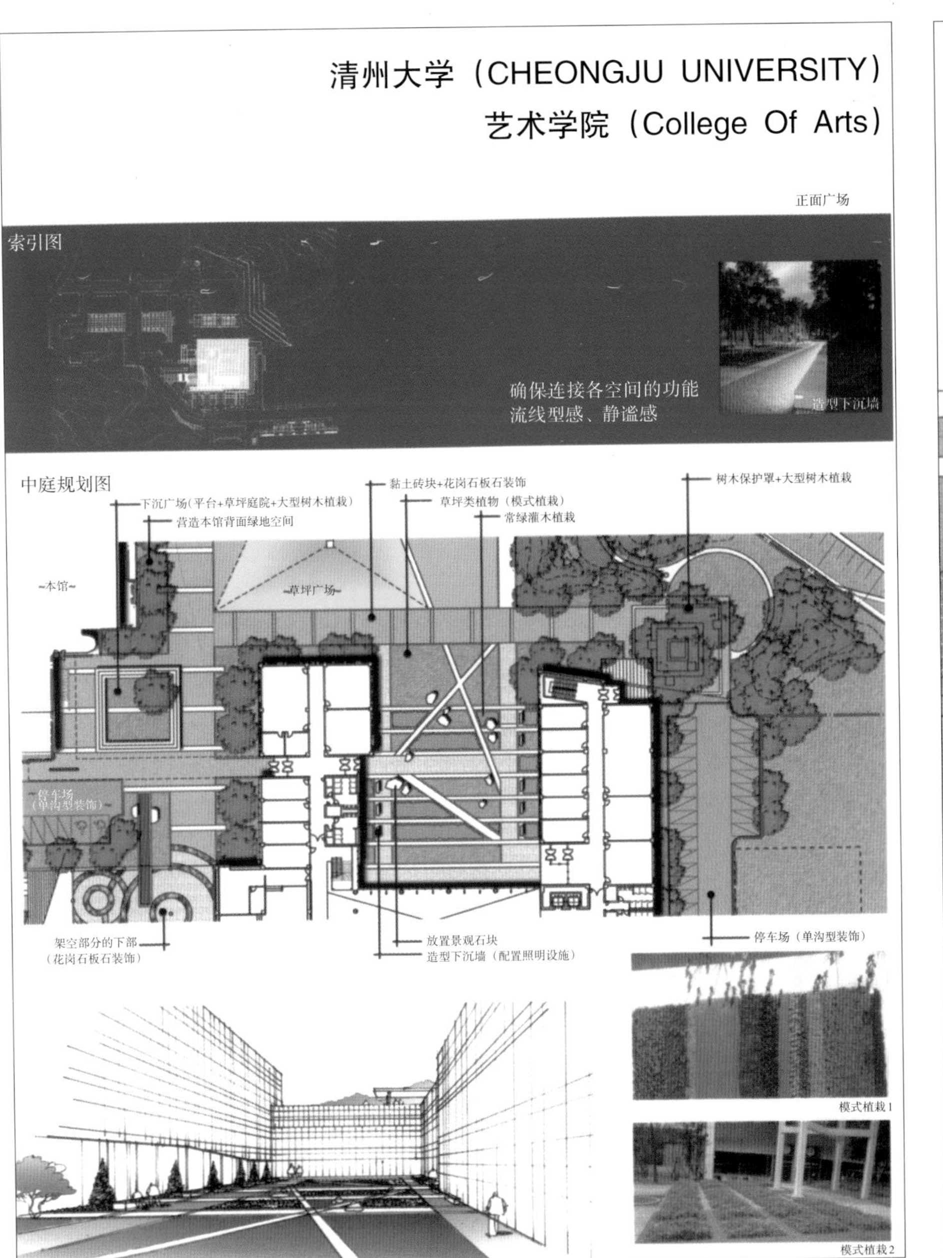

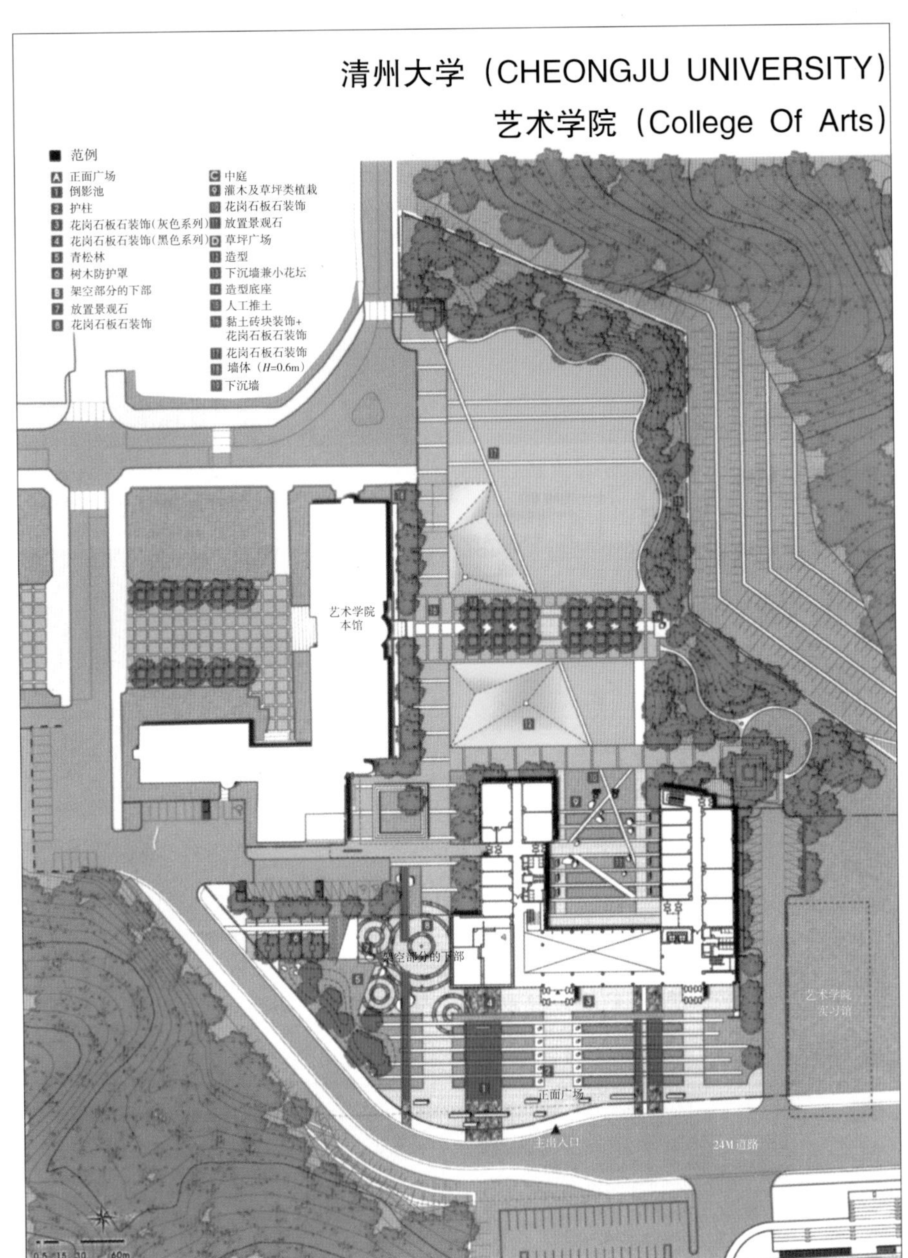

【基本规划图板构成实例（4）】